“十四五”职业教育国家规划教材配套用书

新编高等数学学习参考

（第 2 版）

主　编　尹　光
副主编　陈金涛　刘云川　高　宁

北京邮电大学出版社
www.buptpress.com

内容简介

本书是“十四五”职业教育国家规划教材《新编高等数学》(第2版)的配套用书，全书共分为10章，包括函数、极限与连续、导数与微分、导数的应用、不定积分、定积分及其应用、多元微积分、常微分方程、无穷级数、线性代数. 每章包含3个部分，分别为基本要求、内容提要、习题解答.

本书可作为高等职业院校高等数学课程的配套用书，也可供相关人员参考.

图书在版编目(CIP)数据

新编高等数学学习参考 / 尹光主编. --2版. --北京：北京邮电大学出版社，2023.8
ISBN 978-7-5635-6969-4

Ⅰ.①新… Ⅱ.①尹… Ⅲ.①高等数学—高等职业教育—教学参考资料 Ⅳ.①O13

中国国家版本馆CIP数据核字(2023)第143821号

策划编辑：金颖杰 **责任编辑**：高 宇 **封面设计**：刘文东

出版发行：北京邮电大学出版社
社 址：北京市海淀区西土城路10号
邮政编码：100876
发 行 部：电话：010-62282185 传真：010-62283578
E-mail：publish@bupt.edu.cn
经 销：各地新华书店
印 刷：三河市骏杰印刷有限公司
开 本：787 mm×1 092 mm 1/16
印 张：11
字 数：268千字
版 次：2023年8月第2版
印 次：2023年8月第1次印刷

ISBN 978-7-5635-6969-4 定 价：29.90元

前　言

高等数学是高等职业教育重要的基础课程，高等数学的思想和方法越来越多地应用于各个学科和领域. 党的二十大报告指出，"加强基础学科、新兴学科、交叉学科建设，加快建设中国特色、世界一流的大学和优势学科". 高等数学是高等职业教育各专业的公共基础课程，如何快速掌握其基本内涵和其所蕴含的思想、方法是相关教育部门与各个教学单位正在认真思考、仔细研究、积极应对的问题.

本书根据现阶段我国职业教育教学改革的需要，在充分总结一线教师教学经验的基础上编写而成，旨在满足教师教学和学生学习的需要. 本书是教材《新编高等数学》(第 2 版)的配套用书. 全书按照教材的章节进行编排，每章包含以下三部分内容.

(1)基本要求. 本部分列出了每章的学习要求，使学生能够清楚地了解每章的学习目标，便于学生对知识点进行把握，分清主次.

(2)内容提要. 本部分对《新编高等数学》(第 2 版)中对应章节的主要内容从基本概念、重要结论、方法与技巧等方面进行归纳总结，便于学生查找复习.

(3)习题解答. 本部分对《新编高等数学》(第 2 版)中每节的习题和每章的复习题做了详细的分析和解答，旨在帮助学生掌握解题方法和解题技巧，使学生能够举一反三、触类旁通.

本书由昆明铁道职业技术学院尹光任主编，由陈金涛、刘云川、高宁任副主编，宋武、谢文、张学云、黄涛、陈宇、白余、毛鑫、邹泳参与了编写.

由于编者水平有限，书中难免存在疏漏和不足之处，敬请广大读者批评指正.

编　者

目　录

第1章　函　　数

1.1　基本要求

(1)掌握函数的概念,知道反函数的定义.

(2)理解函数的性质,包括有界性、单调性、奇偶性和周期性.

(3)熟知基本初等函数,理解复合函数和初等函数.

(4)能用函数解决实际问题.

1.2　内容提要

1.2.1　函数及其性质

1. 函数的概念

函数是描述变量间相互依赖关系的一种数学模型.

定义 1.1　设 x 和 y 是两个变量,D 是一个给定的非空数集.若对于每个 $x\in D$,变量 y 按照一定法则 f 总有确定的数值与它对应,则称 y 是 x 的函数,记为

$$y=f(x),x\in D$$

其中 x 称为自变量,y 称为因变量,数集 D 称为这个函数的定义域.

对于每个 $x\in D$,按照对应法则 f,总有确定的值 y 与之对应,则称这个值为函数在点 x 处的函数值,记为 $f(x)$.因变量与自变量的这种依赖关系通常称为函数关系.

当自变量 x 遍取 D 的所有数值时,对应的函数值 $f(x)$ 的全体构成的集合称为函数 f 的值域,记为 M,即

$$M=\{y\mid y=f(x),x\in D\}$$

函数的定义域与对应法则是确定函数的两个必不可少的要素.

函数的常用表示法有以下三种.

(1)**列表法**.将自变量的值与对应的函数值列成表格的方法,称为列表法.

(2)**图像法**.在坐标系中用图像来表示函数关系的方法,称为图像法.

(3)**公式法(解析法)**.将自变量和因变量之间的关系用数学表达式(解析表达式)来表示的方法,称为公式法(解析法).

2. 反函数

定义 1.2 设函数 $y=f(x)$，其定义域为 D，值域为 M，如果对于任意 $y\in M$，由函数关系式 $y=f(x)$ 恰好唯一确定一个 $x\in D$ 与之对应，那么认为 x 是 y 的函数，记作 $x=g(y)$，我们称上述的 $y=f(x)$ 与 $x=g(y)$ 互为**反函数**，习惯上将 $x=g(y)$ 记作

$$x=f^{-1}(y)$$

习惯上常用 x 表示自变量，y 表示因变量，故常把 $y=f(x)$ 的反函数写作

$$y=f^{-1}(x)$$

由反函数的定义可知，在定义区间上单调的函数必有反函数.

定理 1.1 设函数 $f(x)$ 的定义域为 D，值域为 M. 若 $f(x)$ 在 D 上是单调增加或单调减少的，则在 M 上 $f(x)$ 的反函数 $f^{-1}(x)$ 存在，且 $f^{-1}(x)$ 在 M 上也是单调增加或单调减少的.

对于分段函数求其反函数，只需分别求出与各自定义域相对应的函数表达式的反函数及其自变量的取值范围即可.

3. 函数的性质

设函数 $y=f(x)$ 在区间 I 上有定义〔区间 I 为函数 $f(x)$ 的整个定义域或其定义域的一部分〕，则函数一般具有下列几种特性.

1)有界性

如果存在正数 M，使对任意的 $x\in I$，恒有 $|f(x)|\leqslant M$，则称函数 $y=f(x)$ 在区间 I 上有界，否则称 $y=f(x)$ 在区间 I 上无界.

2)单调性

若对任意的 $x_1,x_2\in I$，当 $x_1<x_2$ 时，恒有 $f(x_1)<f(x_2)$〔或 $f(x_1)>f(x_2)$〕，则称函数 $y=f(x)$ 在区间 I 上单调增加(或单调减少). 区间 I 称为单调增区间(或单调减区间)；单调增加函数和单调减少函数统称为单调函数；单调增区间和单调减区间统称为单调区间.

3)奇偶性

设函数 $f(x)$ 的定义区间 I 关于原点对称，若对于任意的 $x\in I$，都有 $f(-x)=f(x)$，则称函数 $f(x)$ 是区间 I 上的偶函数；若对于任意的 $x\in I$，都有 $f(-x)=-f(x)$，则称函数 $f(x)$ 是区间 I 上的奇函数；若函数既不是奇函数也不是偶函数，则称为非奇非偶函数.

4)周期性

如果存在不为零的正实数 T，使得对于任意的 $x\in I$，$x+T\in I$，都有 $f(x+T)=f(x)$，则称函数 $y=f(x)$ 为周期函数，T 是 $y=f(x)$ 的一个周期. 通常所说的周期函数的周期是指它的最小正周期.

1.2.2 初等函数

1. 基本初等函数

(1)常量函数. $y=C$(C 为常数)，该函数的定义域为$(-\infty,+\infty)$，图像为过点$(0,C)$且平行于 x 轴的直线.

(2)幂函数. $y=x^a$(a 为实数)，该函数的定义域因 a 的取值不同而不同，但无论 a 为何值，它在区间$(0,+\infty)$内总有定义，且图像过点$(1,1)$.

(3)指数函数. $y=a^x$($a>0$,且$a\neq1$,a为常数),该函数的定义域为$(-\infty,+\infty)$,值域为$(0,+\infty)$. 当$a>1$时,函数单调增加;当$0<a<1$时,函数单调减少,图像过点$(0,1)$.

(4)对数函数. $y=\log_a x$($a>0$,且$a\neq1$,a为常数),该函数的定义域为$(0,+\infty)$,值域为$(-\infty,+\infty)$. 当$a>1$时,函数单调增加;当$0<a<1$时,函数单调减少,图像过点$(1,0)$. 在科学记数法中常用到以 e 为底的对数函数,称为自然对数,记作$y=\ln x$.

(5)三角函数. $y=\sin x$,$y=\cos x$,$y=\tan x$,$y=\cot x$,$y=\sec x$,$y=\csc x$统称为三角函数.

(6)反三角函数. $y=\arcsin x$,$y=\arccos x$,$y=\arctan x$,$y=\text{arccot}\, x$统称为反三角函数.

2. 复合函数和初等函数

定义 1.3 设$y=f(u)$,其中$u=\varphi(x)$,且函数$u=\varphi(x)$的值域包含在函数$y=f(u)$的定义域内,则称$y=f[\varphi(x)]$为由$y=f(u)$与$u=\varphi(x)$复合而成的复合函数,其中u叫作中间变量.

关于复合函数有如下几点说明.

(1)复合函数的定义可以推广到多个中间变量的情形.

(2)将一个较复杂的函数分解为若干个简单函数时,一定要分清层次,由外到内逐层分解.

(3)并不是任意两个函数都能构成复合函数.

1.3 习题解答

习题 1.1

1. 判断下列结论是否正确(请在括号中打"√"或"×").

(1)若两个函数的定义域与值域相同,则这两个函数是相同的函数.　(　　)

(2)分段函数是由两个或两个以上函数组成的.　(　　)

(3)偶函数的图像不一定过原点,奇函数的图像一定过原点.　(　　)

(4)当$x\in(0,+\infty)$时,函数$y=|f(x)|$与$y=f(|x|)$的图像相同.　(　　)

【解】 (1)×　(2)√　(3)×　(4)×

2. 填空题.

(1)已知定义在 **R** 上的奇函数$f(x)$满足$f(x+3)=f(x)$,则$f(6)=$________.

(2)函数$f(x)=x^2-5x+4$在________内单调递减,在________内单调递增.

(3)$f(x)=\begin{cases}x^2+1, x\geq1\\1-x, x<1\end{cases}$,则$f[f(-2)]=$________.

【解】 (1)答案:$f(6)=f(3)=f(0)=0$.

解析:$y=f(x)$为 **R** 上的奇函数,且$f(x+3)=f(x)$,所以$y=f(x)$的周期$T=3$,则$f(6)=f(3)=f(0)=0$.

提示:定义在 **R** 上的奇函数一定过原点.

(2)答案:$\left(-\infty,\frac{5}{2}\right)$,$\left(\frac{5}{2},+\infty\right)$.

解析:$f(x)=x^2-5x+4$ 的对称轴为 $x=\frac{5}{2}$. 所以,其在 $\left(-\infty,\frac{5}{2}\right)$ 内单调递减,在 $\left(\frac{5}{2},+\infty\right)$ 内单调递增.

(3)答案:$f[f(-2)]=f(3)=10$.

解析:首先计算 $f(-2)$,因为 $-2<1$,所以应该代入 $f(1-x)$ 中,得到 $f(3)$;而 $3>1$,所以将 3 代入 $f(x)=x^2+1$ 中,得到结果 10.

3. 求下列函数的定义域.

(1)$y=\sqrt{2x-3}+\frac{1}{x-3}$;　　(2)$f(x)=\sqrt{1-2^x}+\frac{1}{\sqrt{x+3}}$.

【解】 (1)答案:定义域为 $\left\{x\mid x\geqslant\frac{3}{2}\text{且 }x\neq 3\right\}$.

解析:求原函数的定义域需要满足两个条件:一是 $2x-3\geqslant 0$;二是 $x-3\neq 0$. 由此即得 $x\geqslant\frac{3}{2}$ 且 $x\neq 3$.

(2)答案:定义域为 $\{x\mid -3<x\leqslant 0\}$.

解析:求原函数的定义域需要满足两个条件:一是 $1-2^x\geqslant 0$;二是 $x+3>0$. 由此即得 $-3<x\leqslant 0$.

4. 做出下列函数的图像.

(1)$y=|x-2|\cdot(x+1)$;　　(2)$y=\begin{cases}x+1, x\geqslant 3\\ x^2-5, x<3\end{cases}$.

【解】 (1)提示:可先将原函数进行转化,转化为如下分段函数的形式.

$$y=|x-2|\cdot(x+1)=\begin{cases}(x-2)(x+1), x\geqslant 2\\ (2-x)(x+1), x<2\end{cases}$$

再根据分段函数取样点,画出函数图像. 图像略.

(2)画图原理同(1). 图像略.

5. 珍惜不可再生资源、节能环保是我们每个人都应该奉行的生活理念. 现在很多城市采用了阶梯式收水费的政策. 例如,某城市规定四口及四口以下的居民之家每月每户基准用水量核定为 26 t,每吨按 1.98 元计收,超出部分的用水将分别按照基准水价的1.5 倍(1~8 t)、2 倍(8 t 以上)进行阶梯收费. 请你列出上述函数关系式,读取你家当月水表数据,按此收费标准计算出该月水费,并思考可以从哪些方面减少用水量.

【解】 函数关系式为:$f(x)=\begin{cases}1.98x, 0<x\leqslant 26\\ 1.98\times 26+2.97(x-26), 26<x\leqslant 34\\ 1.98\times 26+3.96(x-26), x>34\end{cases}$. 其他略.

习题 1.2

1. 指出下列函数由哪些简单函数复合而成.

(1)$y=\sin(x^2+1)$;　　(2)$y=\ln[\sin(x+5)]$;

(3) $y=e^{\cos 2x}$； (4) $y=\arctan(\ln x)$.

【解】 (1) $y=\sin(x^2+1)$可看作由 $y=\sin u$ 和 $u=x^2+1$ 复合而成.

(2) $y=\ln[\sin(x+5)]$可看作由 $y=\ln u, u=\sin v, v=x+5$ 复合而成.

(3) $y=e^{\cos 2x}$可看作由 $y=e^u$ 和 $u=\cos 2x$ 复合而成.

(4) $y=\arctan(\ln x)$可看作由 $y=\arctan u$ 和 $u=\ln x$ 复合而成.

2. 设 $f(x)=3^x, g(x)=\sqrt{x}$，求

(1) $f[g(x)]$； (2) $g[f(x)]$.

【解】 (1) $f[g(x)]=3^{g(x)}=3^{\sqrt{x}}$.

(2) $g[f(x)]=\sqrt{f(x)}=\sqrt{3^x}$.

3. 选择题.

(1) $\arccos\dfrac{\sqrt{2}}{2}$ 的值为（ ）.

A. $\dfrac{\pi}{6}$ B. $\dfrac{\pi}{3}$

C. $\dfrac{\pi}{4}$ D. $\dfrac{\pi}{2}$

(2) $y=\arcsin 2x$ 的反函数为（ ）.

A. $y=2\sin x$ B. $y=\dfrac{\sin x}{2}$

C. $y=\sin 2x$ D. $y=\sin\dfrac{x}{2}$

【解】 (1) C (2) B

复习题一

1. 选择题.

(1) 函数 $f(x)=\sqrt{2^x-1}+\dfrac{1}{x-2}$的定义域为（ ）.

A. $[0,2)$ B. $(2,+\infty)$

C. $(0,2)\cup(2,+\infty)$ D. $[0,2)\cup(2,+\infty)$

(2) 函数 $y=(2m-1)x+b$ 在 $\mathbf{R}$ 上是减函数，则（ ）.

A. $m>\dfrac{1}{2}$ B. $m<\dfrac{1}{2}$

C. $m>-\dfrac{1}{2}$ D. $m<-\dfrac{1}{2}$

(3) 已知函数 $f(x)$是定义在 $\mathbf{R}$ 上的奇函数，且当 $x>0$ 时，$f(x)=\dfrac{1}{x}+x^2$，则 $f(-1)$等于（ ）.

A. -2 B. 0

C. 1 D. 2

【解】 (1)D (2)B (3)A

2. 填空题.

(1)函数 $y=\sqrt{3-2x-x^2}$ 的定义域是________.

(2)已知 $f(\sqrt{x}+1)=x+2\sqrt{x}$,则 $f(x)=$________.

(3)函数 $f(x)=4-2\cos\frac{1}{3}x$ 的最小值是______;$f(x)$ 取得最小值时,x 的值为________.

(4)若 $f(x)=\begin{cases}1-x, x\geqslant 0\\ 2^x, x<0\end{cases}$,则 $f(3)=$________.

【解】 (1)答案:定义域为$[-3,1]$.

解析:原题可转化为解一元二次不等式 $3-2x-x^2\geqslant 0$,解得 $-3\leqslant x\leqslant 1$,即定义域为$[-3,1]$.

(2)答案:$f(x)=x^2-1$.

解析:令 $\sqrt{x}+1=t$,则 $\sqrt{x}=t-1\Rightarrow x=(t-1)^2$,故由 $f(\sqrt{x}+1)=x+2\sqrt{x}$ 得

$$f(t)=(t-1)^2+2(t-1)=t^2-1$$

即 $f(x)=x^2-1$.

(3)答案:$2,6k\pi(k\in\mathbf{Z})$.

解析:由 $f(x)=4-2\cos\frac{1}{3}x$ 的图像可知,当 $\cos\frac{1}{3}x=1$ 时,$f(x)$ 取得最小值 2,而此时 x 的取值为 $6\pi,12\pi,18\pi,\cdots$,即 $6k\pi$,其中 $k\in\mathbf{Z}$.

(4)答案:-2.

解析:因为 $3>0$,所以将 $x=3$ 代入式 $f(x)=1-x$ 中,得到 $f(3)=-2$.

3. 设 $f(x)=\begin{cases}2^x, -1<x<0\\ 2, 0\leqslant x<1\\ x-1, 1\leqslant x\leqslant 3\end{cases}$,求 $f(2), f\left(\frac{1}{2}\right), f\left(-\frac{1}{2}\right)$.

【解】 答案:$f(2)=1, f\left(\frac{1}{2}\right)=2, f\left(-\frac{1}{2}\right)=\frac{\sqrt{2}}{2}$.

解析:由于 $2\in[1,3]$,所以 $f(2)=2-1=1$;由于 $\frac{1}{2}\in[0,1)$,所以 $f\left(\frac{1}{2}\right)=2$;由于 $-\frac{1}{2}\in(-1,0)$,所以 $f\left(-\frac{1}{2}\right)=2^{-\frac{1}{2}}=\frac{1}{\sqrt{2}}=\frac{\sqrt{2}}{2}$.

4. 下列函数 $f(x)$ 与 $g(x)$ 是否相同?

(1)$f(x)=\frac{x-1}{x^2-1}, g(x)=\frac{1}{x+1}$;

(2)$f(x)=\sqrt{(1-x)^2}, g(x)=1-x$;

(3)$f(x)=x, g(x)=\ln e^x$.

【解】 答案:(1)不同;(2)不同;(3)相同.

解析：两个函数是相同的，需要满足两个条件：一是函数的定义域相同；二是在函数定义域相同的情况下，相同的自变量得到的函数值相同.

首先看第(1)题，函数 $f(x)$ 的定义域为 $\{x|x\in(-\infty,-1)\cup(1,+\infty)\}$，而函数 $g(x)$ 的定义域为 $\{x|x\in(-\infty,-1)\cup(-1,+\infty)\}$，故函数 $f(x)$ 和函数 $g(x)$ 不同.

其次看第(2)题，函数 $f(x)$ 的定义域为 $\{x|x\in(-\infty,+\infty)\}$，函数 $g(x)$ 的定义域为 $\{x|x\in(-\infty,+\infty)\}$，两个函数的定义域相同. 接下来判断当 x 取同一值时所得到的函数值是否相同. 取 $x=2$ 代入函数 $f(x)$ 和函数 $g(x)$，得到 $f(x)=1,g(x)=-1$，可知对于同一自变量 x 值，得到的两个函数值不相同. 故这两个函数不同.

最后看第(3)题，函数 $f(x)$ 的定义域为 $\{x|x\in(-\infty,+\infty)\}$，函数 $g(x)$ 的定义域为 $\{x|x\in(-\infty,+\infty)\}$，两个函数的定义域相同. 而对于任意取值 x，均有 $f(x)=g(x)$，故这两个函数相同.

5. 求下列函数的定义域.

(1) $y=\frac{1}{1-x^2}+\sqrt{x+2}$； (2) $y=\ln(x^2-1)+\arcsin\frac{1}{x+1}$.

【解】 答案：(1) $[-2,-1)\cup(-1,1)\cup(1,+\infty)$；(2) $(-\infty,-2]\cup(1,+\infty)$.

解析：首先看第(1)题，要想使函数有意义，则 x 必须满足如下不等式组.

$$\begin{cases}1-x^2\neq 0\\ x+2\geqslant 0\end{cases}$$

解上述不等式组，可得 $x\in[-2,-1)\cup(-1,1)\cup(1,+\infty)$.

其次看第(2)题，要想使函数有意义，则 x 必须满足如下不等式组.

$$\begin{cases}x^2-1>0\\ -1\leqslant\frac{1}{x+1}\leqslant 1\end{cases}$$

解上述不等式组，可得 $x\in(-\infty,-2]\cup(1,+\infty)$.

6. 对于下列函数 $f(x)$ 与 $g(x)$，求复合函数 $f[g(x)]$ 和 $g[f(x)]$，并确定它们的定义域.

(1) $f(x)=\sqrt{x+1},g(x)=x^4$；

(2) $f(x)=\sqrt{1-x},g(x)=\sqrt{x-1}$.

【解】 答案：(1) $f[g(x)]=\sqrt{x^4+1},x\in\mathbf{R},g[f(x)]=(x+1)^2,x\geqslant-1$.

(2) $f[g(x)]=\sqrt{1-\sqrt{x-1}},1\leqslant x\leqslant 2,g[f(x)]=\sqrt{\sqrt{1-x}-1},x\leqslant 0$.

解析：首先看第(1)题，对于复合函数 $f[g(x)]$，将 $g(x)$ 作为函数 $f(x)$ 的自变量，因此将 $g(x)=x^4$ 代入函数 $f(x)$ 中，可得 $f[g(x)]=\sqrt{x^4+1}$；接下来判定该复合函数的定义域，因为无论 x 取何值，复合函数都有意义，所以该复合函数的定义域为全体实数，即 $\mathbf{R}$.

对于复合函数 $g[f(x)]$，将函数 $f(x)$ 作为函数 $g(x)$ 的自变量，因此，将 $f(x)=\sqrt{x+1}$ 代入函数 $g(x)$ 中，可得 $g[f(x)]=(x+1)^2$；接下来判定该复合函数的定义域，如果单看复合函数 $g[f(x)]=(x+1)^2$，x 可以取任意值，但是这里要注意，自变量在满足复合函数之前首先要满足 $f(x)$ 的定义域，即 $x+1\geqslant 0$，从而得出复合函数 $g[f(x)]=(x+1)^2$ 的定义域为 x

$\geqslant -1$.

其次看第(2)题,解题过程参考第(1)题,即可得到结果.

7. 求下列函数的反函数.

(1)$y=1+\log_4 x$;　　　　(2)$y=\dfrac{2^x}{2^x+1}$.

【解】 答案:(1)$y=4^{x-1}$,$x\in\mathbf{R}$;(2)$y=\log_2\dfrac{x}{1-x}$,$0<x<1$.

解析:首先看第(1)题,由 $y=1+\log_4 x$ 得

$$4^{y-1}=x$$

所以,函数 $y=1+\log_4 x$ 的反函数为 $y=4^{x-1}$,其定义域为原函数的值域,即 $x\in\mathbf{R}$.

其次看第(2)题,由 $y=\dfrac{2^x}{2^x+1}$得

$$2^x(1-y)=y$$

从而有 $2^x=\dfrac{y}{1-y}$,得出 $x=\log_2\dfrac{y}{1-y}$,所以函数 $y=\dfrac{2^x}{2^x+1}$的反函数为 $y=\log_2\dfrac{x}{1-x}$,其定义域为原函数的值域,即 $0<x<1$.

8. 已知 $f(x-1)=x^2+x+1$,求 $f\left(\dfrac{1}{x-1}\right)$.

【解】 由 $f(x-1)=x^2+x+1=(x-1)^2+3(x-1)+3$ 得

$$f(x)=x^2+3x+3$$

因此可得 $f\left(\dfrac{1}{x-1}\right)=\left(\dfrac{1}{x-1}\right)^2+\dfrac{3}{x-1}+3$.

9. 设 $f(x)$的定义域为$(-\infty,+\infty)$,对于任意 x,y 都有

$$f(x+y)+f(x-y)=f(x)f(y)$$

且 $x\neq 0$ 时 $f(x)\neq 0$. 证明 $f(x)$为偶函数.

【证明】 因为对于任意 $x,y\in\mathbf{R}$,都有

$$f(x+y)+f(x-y)=f(x)f(y)$$

令 $x=y=0$,得 $f(0)=2$ 或 $f(0)=0$.

当 $f(0)=0$ 时,对于任意的 $x\neq 0$,都有 $f(x+0)+f(x-0)=f(x)\cdot f(0)=0$ 与 $f(x)\neq 0$ 矛盾. 所以,$f(0)=0$ 舍去.

所以,$f(0)=2$,$f(0+y)+f(0-y)=f(0)\cdot f(y)$,从而得 $f(-y)=f(y)$,即函数 $f(x)$为偶函数.

10. 某单位有汽车一辆,一年中的税款、保险费及司机工资等支出共为 a,另外,行驶单位路程需油费 b,试写出一年中平均每千米费用 y 与行驶路程 x 的函数关系式.

【解】 由题干可知,一年中的税款、保险费及司机工资等费用为固定费用 a,而油费会随着路程的增加而增加,所以油费是个变量,于是可以得出如下的函数关系式.

$$y=bx+a$$

但是要注意,上式求得的是一年汽车行驶的总费用,而我们的目的是写出一年中平均每千米费用与行驶路程的函数关系式,所以得出如下结果.

$$y=\frac{bx+a}{x}$$

即所求的函数关系式.

11. 一物体由静止开始做直线运动，前 10 s 内做匀加速运动，加速度为 2 cm/s^2，10 s 后做匀速运动，运动开始时路程为零，试建立路程 s 与时间 t 之间的函数关系.

【解】 由题干知，该物体的运动可看作两部分：一部分是匀加速运动，另一部分是匀速运动，时间分割点是 10 s. 于是，当 $0\leqslant t\leqslant 10$ 时，可由匀加速直线运动的位移公式（$s=v_0t+\frac{1}{2}at^2$，因为物体的初始速度为 0，且从时间 0 s 开始运动，因此可将位移公式简化为 $s=\frac{1}{2}at^2$）得到下面的关系式.

$$s=\frac{1}{2}at^2=\frac{1}{2}\times 2\times t^2=t^2 \tag{1-1}$$

10 s 后（$t>10$）物体开始做匀速直线运动，由匀速直线运动的位移公式得到如下的关系式.

$$s=s_0+v_0t \tag{1-2}$$

式(1-2)中的 s_0 实际上是物体在前 10 s 内做匀加速直线运动所产生的位移，即由式(1-1)可得 $s_0=1\mathrm{C}^2=100$，即在到达时刻 10 s 时，物体已经走了 100 cm. 而对于 10 s 时刻的初始速度，应该按照匀加速直线运动的速度公式计算得出.

$$v=v_0+at=0+2\times 10=20$$

即物体在 10 s 时开始做匀速直线运动的速度为 20 cm/s，所以最终可以得出路程 s 与时间 t 之间的函数关系式为

$$s=\begin{cases}t^2, 0\leqslant t\leqslant 10\\ 100+20t, t>10\end{cases}$$

第 2 章　极限与连续

2.1　基 本 要 求

(1)理解数列极限的定义,知道收敛数列的性质.

(2)了解函数极限的定义,并能利用极限的四则运算法则对极限进行求解.

(3)理解无穷小与无穷大,并会对无穷小和无穷大进行求解.

(4)会使用两个重要极限进行极限的变换求解.

(5)理解函数连续性的概念,尤其是左连续和右连续的概念.

(6)知道什么是函数的间断点,并能够利用函数的间断点判断函数的连续性.

(7)掌握闭区间上连续函数的性质.

2.2　内 容 提 要

2.2.1　数列的极限

1. 数列极限的定义

定义 2.1　对于数列$\{x_n\}$,如果当 n 无限增大时,通项 x_n 无限接近于某个确定的常数 A,则称 A 为数列$\{x_n\}$的极限,或称数列$\{x_n\}$收敛于 A,记为

$$\lim_{n\to\infty} x_n = A \text{ 或 } x_n \to A(n\to\infty)$$

若数列$\{x_n\}$没有极限,则称该数列发散.

2. 收敛数列的性质

定理 2.1(极限的唯一性)　收敛数列$\{x_n\}$的极限是唯一的.

定理 2.2(收敛数列的有界性)　如果数列$\{x_n\}$收敛,那么数列$\{x_n\}$一定有界.

推论 2.1　有界数列未必收敛,无界数列必定发散.

2.2.2　函数的极限

1. 函数极限的定义

1)当 $x\to\infty$时,函数 $f(x)$的极限

定义 2.2　一般地,如果当自变量 x 的绝对值无限增大($x\to\infty$)时,函数 $f(x)$无限趋近

于一个确定的常数 A，那么 A 就叫作函数 $f(x)$ 当 $x\to\infty$ 时的极限，记作

$$\lim_{x\to\infty}f(x)=A \text{ 或 } f(x)\to A(x\to\infty)$$

定义 2.3　类似地，如果当 $x\to+\infty$（或 $x\to-\infty$）时，函数 $f(x)$ 无限趋近于一个确定的常数 A，那么 A 就叫作函数 $f(x)$ 当 $x\to+\infty$（或 $x\to-\infty$）时的极限，记作

$$\lim_{x\to+\infty}f(x)=A \text{ 或 } f(x)\to A(x\to+\infty)$$

$$\left[\lim_{x\to-\infty}f(x)=A \text{ 或 } f(x)\to A(x\to-\infty)\right]$$

不难证明，$\lim\limits_{x\to\infty}f(x)$ 存在的充分必要条件是 $\lim\limits_{x\to+\infty}f(x)$ 和 $\lim\limits_{x\to-\infty}f(x)$ 都存在且相等，即

$$\lim_{x\to\infty}f(x)=A\Leftrightarrow\lim_{x\to+\infty}f(x)=\lim_{x\to-\infty}f(x)=A$$

2）当 $x\to x_0$ 时，函数 $f(x)$ 的极限

定义 2.4　设函数 $f(x)$ 在点 x_0 的附近有定义，如果当 $x\to x_0$ 时，函数 $f(x)$ 无限趋近于一个确定的常数 A，那么 A 就叫作函数 $f(x)$ 当 $x\to x_0$ 时的极限，记作

$$\lim_{x\to x_0}f(x)=A \text{ 或 } f(x)\to A(x\to x_0)$$

左极限：当自变量 x 小于 x_0 而无限趋近于 x_0 时，如果函数 $f(x)$ 无限趋近于一个确定的常数 A，那么 A 就叫作函数 $f(x)$ 当 $x\to x_0$ 时的左极限，记作

$$\lim_{x\to x_0^-}f(x)=A \text{ 或 } f(x_0-0)=A$$

右极限：当自变量 x 大于 x_0 而无限趋近于 x_0 时，如果函数 $f(x)$ 无限趋近于一个确定的常数 A，那么 A 就叫作函数 $f(x)$ 当 $x\to x_0$ 时的右极限，记作

$$\lim_{x\to x_0^+}f(x)=A \text{ 或 } f(x_0+0)=A$$

不难证明，$\lim\limits_{x\to x_0}f(x)$ 存在的充分必要条件是 $\lim\limits_{x\to x_0^-}f(x)$ 和 $\lim\limits_{x\to x_0^+}f(x)$ 都存在且相等，即

$$\lim_{x\to x_0}f(x)=A\Leftrightarrow\lim_{x\to x_0^-}f(x)=\lim_{x\to x_0^+}f(x)=A$$

2. 极限的四则运算法则

定理 2.3（极限的四则运算法则）　设在自变量 x 的同一变化过程中，极限 $\lim f(x)$ 和 $\lim g(x)$ 都存在，则有

(1) $\lim[f(x)\pm g(x)]=\lim f(x)\pm\lim g(x)$；

(2) $\lim[f(x)\cdot g(x)]=\lim f(x)\cdot\lim g(x)$；

(3) $\lim\dfrac{f(x)}{g(x)}=\dfrac{\lim f(x)}{\lim g(x)}[\lim g(x)\neq 0]$.

法则(1)和法则(2)均可推广到有限个函数的情形，并有如下推论.

推论 2.2　$\lim[Cf(x)]=C\lim f(x)$（C 为常数）.

推论 2.3　$\lim[f(x)]^n=[\lim f(x)]^n$（$n$ 为正整数）.

3. 无穷小与无穷大

1）无穷小

定义 2.5　若在 x 的某一变化趋势下，函数 $f(x)$ 的极限为零，则称函数 $f(x)$ 为在 x 的这种变化趋势下的无穷小，简称无穷小.

无穷小具有如下几个性质.

性质 2.1 有限个无穷小的代数和仍为无穷小.

性质 2.2 有界函数与无穷小的乘积是无穷小.

推论 2.4 常数与无穷小的乘积也是无穷小.

推论 2.5 有限个无穷小的乘积仍是无穷小.

设 α,β 是同一变化过程中的无穷小,则:

(1)如果 $\lim\frac{\beta}{\alpha}=0$,就说 β 是比 α 高阶的无穷小,记作 $\beta=o(\alpha)$.

(2)如果 $\lim\frac{\beta}{\alpha}=C\neq0$,就说 β 是和 α 同阶的无穷小.

(3)如果 $\lim\frac{\beta}{\alpha}=1$,就说 β 与 α 是等价无穷小,记作 $\alpha\sim\beta$.

定理 2.4 设 $\alpha\sim\alpha',\beta\sim\beta'$,且 $\lim\frac{\beta'}{\alpha'}$ 存在,则 $\lim\frac{\beta}{\alpha}=\lim\frac{\beta'}{\alpha'}$.

2)无穷大

定义 2.6 在 x 的某一变化趋势下,若函数 $f(x)$ 的绝对值 $|f(x)|$ 无限增大,则称函数 $f(x)$ 为在 x 的这种变化趋势下的无穷大,简称无穷大. $f(x)$ 为 $x\to x_0$ 的无穷大,记作 $\lim\limits_{x\to x_0}f(x)=\infty$.

定理 2.5 在自变量的同一变化过程中有以下两种情况.

(1)如果函数 $f(x)$ 是无穷小,且 $f(x)\neq0$,则 $\frac{1}{f(x)}$ 是无穷大.

(2)如果函数 $f(x)$ 是无穷大,则 $\frac{1}{f(x)}$ 是无穷小.

2.2.3 两个重要极限

1. 第一个重要极限 $\lim\limits_{x\to0}\frac{\sin x}{x}=1$

$\lim\limits_{x\to0}\frac{\sin x}{x}=1$ 的基本特征是:分子、分母的极限值均为零,即 $\frac{0}{0}$ 型,且分母中的变量与分子正弦函数的变量相同. 根据 $\lim\limits_{x\to0}\frac{\sin x}{x}=1$ 的基本特征可写出如下推广形式.

若 $\varphi(x)\neq0$,而 $\lim\limits_{x\to x_0}\varphi(x)=0$,则 $\lim\limits_{x\to x_0}\frac{\sin[\varphi(x)]}{\varphi(x)}=\lim\limits_{\varphi(x)\to0}\frac{\sin[\varphi(x)]}{\varphi(x)}=1$. 其中,$x_0$ 可以为 0、常数或无穷大.

2. 第二个重要极限 $\lim\limits_{x\to\infty}\left(1+\frac{1}{x}\right)^x=\mathrm{e}$

$\lim\limits_{x\to\infty}\left(1+\frac{1}{x}\right)^x=\mathrm{e}$ 的基本特征是:底数的极限值为 1,指数的极限值是无穷大,即 1^∞ 型,且指数与底数中第二项[记为 $\varphi(x)$]互为倒数,底数为 $1+\varphi(x)$.

根据 $\lim\limits_{x\to\infty}\left(1+\frac{1}{x}\right)^x=\mathrm{e}$ 的基本特征可写出如下推广形式.

若 $\varphi(x)\neq0$,而 $\lim\limits_{x\to x_0}\varphi(x)=0$,则 $\lim\limits_{x\to x_0}[1+\varphi(x)]^{\frac{1}{\varphi(x)}}=\lim\limits_{\varphi(x)\to0}[1+\varphi(x)]^{\frac{1}{\varphi(x)}}=\mathrm{e}$. 其中,$x_0$ 可以为 0、常数或无穷大.

2.2.4　函数的连续性

1. 函数连续性的概念

定义 2.7　设函数 $y=f(x)$在点 x_0 的附近有定义，如果$\lim\limits_{\Delta x\to 0}\Delta y=0$，那么就称函数 $y=f(x)$在点 x_0 处连续.

定义 2.8　设函数 $y=f(x)$在点 x_0 的附近有定义，如果函数 $f(x)$当 $x\to x_0$ 时的极限存在，且等于它在点 x_0 处的函数值 $f(x_0)$，即$\lim\limits_{x\to x_0}f(x)=f(x_0)$，那么就称函数 $y=f(x)$在点 x_0 处连续.

由定义 2.8 可知，函数 $f(x)$在点 x_0 处连续必须满足以下三个条件.

(1)函数 $f(x)$在点 x_0 处有定义，即 $f(x_0)$有意义.

(2)极限$\lim\limits_{x\to x_0}f(x)$存在.

(3)$\lim\limits_{x\to x_0}f(x)=f(x_0)$.

左连续：如果 $\lim\limits_{x\to x_0^-}f(x)=f(x_0-0)$存在且等于 $f(x_0)$，即 $f(x_0-0)=f(x_0)$，就说函数 $f(x)$在点 x_0 处左连续.

右连续：如果 $\lim\limits_{x\to x_0^+}f(x)=f(x_0+0)$存在且等于 $f(x_0)$，即 $f(x_0+0)=f(x_0)$，就说函数 $f(x)$在点 x_0 处右连续.

显然，函数 $y=f(x)$在点 x_0 处连续的充分必要条件是函数 $y=f(x)$在点 x_0 处左连续且右连续.

2. 函数的间断点

如果函数 $f(x)$在点 x_0 处不连续，则称函数 $f(x)$在点 x_0 处间断，称点 x_0 为函数 $f(x)$的间断点.

设函数 $f(x)$在点 x_0 的附近有定义，如果函数 $f(x)$有下列三种情形之一，则函数 $f(x)$在点 x_0 处不连续，且称点 x_0 为函数 $f(x)$的不连续点或间断点.

(1)在点 $x=x_0$ 处没有定义.

(2)虽在点 $x=x_0$ 处有定义，但$\lim\limits_{x\to x_0}f(x)$不存在.

(3)虽在点 $x=x_0$ 处有定义，且$\lim\limits_{x\to x_0}f(x)$存在，但$\lim\limits_{x\to x_0}f(x)\neq f(x_0)$.

如果点 x_0 是函数 $f(x)$的间断点，但左极限 $f(x_0-0)$和右极限 $f(x_0+0)$都存在，那么称点 x_0 为函数 $f(x)$的第一类间断点. 不是第一类间断点的任何间断点，称为第二类间断点.

3. 闭区间上连续函数的性质

1)最值性质

对于在区间 I 上有定义的函数 $f(x)$，如果有 $x_0\in I$，使得对于任一 $x\in I$，都有

$$f(x)\leqslant f(x_0)\,[f(x)\geqslant f(x_0)]$$

则称 $f(x_0)$是函数 $f(x)$在区间 I 上的最大值(最小值).

定理 2.6(最大值和最小值定理)　在闭区间上连续的函数在该区间上必有最大值和最

小值.

定理 2.7(有界性定理) 在闭区间上连续的函数在该区间上一定有界.

2)介值性质

如果点 x_0 使 $f(x_0)=0$,则称点 x_0 为函数 $f(x)$的零点.

定理 2.8(零点定理) 设函数 $f(x)$ 在闭区间$[a,b]$上连续,且 $f(a)$ 与 $f(b)$ 异号〔即 $f(a)\cdot f(b)<0$〕,那么在开区间(a,b)内至少有一点 $\xi(a<\xi<b)$,使得 $f(\xi)=0$.

定理 2.9(介值定理) 设函数 $f(x)$在闭区间$[a,b]$上连续,且在该区间的端点处取不同的函数值 $f(a)=A$ 及 $f(b)=B$,那么,对于 A 与 B 之间的任意一个数 C,在开区间(a,b)内至少有一点 ξ,使得 $f(\xi)=C(a<\xi<b)$.

推论 2.6 在闭区间上连续的函数必取得介于最大值 M 与最小值 m 之间的任何值.

2.3 习题解答

习题 2.1

1. 当数列项数无限增加时,观察下列各数列的变化趋势.

(1)$1,\frac{1}{\sqrt{2}},\frac{1}{\sqrt{3}},\frac{1}{\sqrt{4}},\frac{1}{\sqrt{5}},\cdots$;

(2)$-\frac{1}{2},\frac{1}{4},-\frac{1}{8},\frac{1}{16},-\frac{1}{32},\cdots$;

(3)$\cos\frac{\pi}{2},\cos\pi,\cos\frac{3}{2}\pi,\cos 2\pi,\cos\frac{5}{2}\pi,\cdots$;

(4)$7+\frac{5}{10},7+\frac{5}{10^2},7+\frac{5}{10^3},7+\frac{5}{10^4},7+\frac{5}{10^5},\cdots$;

(5)$\sqrt[3]{2},\sqrt[3]{3},\sqrt[3]{4},\sqrt[3]{5},\sqrt[3]{6},\cdots$.

【解】 通过观察,可以发现当以上数列项数无限增加时,各数列具有如下趋势.

(1)当数列项数无限增加时,分母越来越大,而分子始终是1,所以数列趋于0.

(2)当数列项数无限增加时,分母越来越大,而分子始终是1.对于奇数项来说,由于有负号限制,所以越来越趋于0;对于偶数项来说,虽然没有负号限制,但是也越来越趋于0.所以整个数列趋于0.

(3)由余弦函数的性质可知,当数列项数无限增加时,数列项的值只是在三个数之间跳跃,即$-1,0,1$,故数列整体是在$-1,0,1$三个数之间跳跃的.

(4)当数列项数无限增加时,数列项中的分母项无限增大,分子始终保持为5不变,所以分数项逐渐趋于0,故数列整体趋于7.

(5)当数列项数无限增加时,数列项无限增大,故数列趋于正无穷.

2. 作出下面各数列在数轴上的点,并说出哪些数列有极限,哪些数列没有极限.

(1)$x_n=1+\frac{1}{2^n}$;　　(2)$x_n=\frac{n}{n+2}$;　　(3)$x_n=(-1)^n n$;

(4)$x_n=-\frac{1}{n}$；　　(5)$x_n=n-(-1)^n$；　　(6)$x_n=\frac{1}{n}\sin\frac{\pi}{n}$.

【解】 答案：(1)有极限，1；(2)有极限，1；(3)没有极限；(4)有极限，0；(5)没有极限；(6)有极限，0.

解析：(1)取数列的前10项列表(见表2-1).

表 2-1

x_1	x_2	x_3	x_4	x_5	x_6	x_7	x_8	x_9	x_{10}
$\frac{3}{2}$	$\frac{5}{4}$	$\frac{9}{8}$	$\frac{17}{16}$	$\frac{33}{32}$	$\frac{65}{64}$	$\frac{129}{128}$	$\frac{257}{256}$	$\frac{513}{512}$	$\frac{1\ 025}{1\ 024}$

由表2-1可以看出，当$n\to+\infty$时，$1+\frac{1}{2^n}\to1$，故数列$x_n=1+\frac{1}{2^n}$的极限为1.

(2)取数列的前10项列表(见表2-2).

表 2-2

x_1	x_2	x_3	x_4	x_5	x_6	x_7	x_8	x_9	x_{10}
$\frac{1}{3}$	$\frac{1}{2}$	$\frac{3}{5}$	$\frac{2}{3}$	$\frac{5}{7}$	$\frac{3}{4}$	$\frac{7}{9}$	$\frac{4}{5}$	$\frac{9}{11}$	$\frac{5}{6}$

由表2-2可以看出，当$n\to+\infty$时，$\frac{n}{n+2}$逐渐增大并趋于1，故数列$x_n=\frac{n}{n+2}$的极限为1.

(3)取数列的前10项列表(见表2-3).

表 2-3

x_1	x_2	x_3	x_4	x_5	x_6	x_7	x_8	x_9	x_{10}
-1	2	-3	4	-5	6	-7	8	-9	10

由表2-3可以看出，当$n\to+\infty$时，$(-1)^n n$的值逐渐向数轴x轴的两端移动，直至无穷，故数列$x_n=(-1)^n n$的极限不存在.

(4)取数列的前10项列表(见表2-4).

表 2-4

x_1	x_2	x_3	x_4	x_5	x_6	x_7	x_8	x_9	x_{10}
-1	$-\frac{1}{2}$	$-\frac{1}{3}$	$-\frac{1}{4}$	$-\frac{1}{5}$	$-\frac{1}{6}$	$-\frac{1}{7}$	$-\frac{1}{8}$	$-\frac{1}{9}$	$-\frac{1}{10}$

由表2-4可以看出，当$n\to+\infty$时，$-\frac{1}{n}\to0$，故数列$x_n=-\frac{1}{n}$的极限为0.

(5)取数列的前10项列表(见表2-5).

表 2-5

x_1	x_2	x_3	x_4	x_5	x_6	x_7	x_8	x_9	x_{10}
2	1	4	3	6	5	8	7	10	9

由表 2-5 可以看出,当 $n\to+\infty$时,$n-(-1)^n$ 逐渐增大趋于无穷,故数列 $x_n=n-(-1)^n$ 的极限不存在.

(6)取数列的前 10 项列表(见表 2-6).

表 2-6

x_1	x_2	x_3	x_4	x_5	x_6	x_7	x_8	x_9	x_{10}
0	0.5	0.29	0.18	0.12	0.08	0.06	0.05	0.04	0.03

由表 2-6 可以看出,当 $n\to+\infty$时,$\frac{1}{n}\sin\frac{\pi}{n}\to 0$,故数列 $x_n=\frac{1}{n}\sin\frac{\pi}{n}$的极限为 0.

3. 根据数列极限的定义,判断下列无穷数列的极限.

(1)-1 是不是数列 $x_n=-1$ 的极限?

(2)2 是不是数列 $x_n=\frac{8n+11}{4n+5}$的极限?

(3)-3 是不是数列 $x_n=\frac{2-3n}{n+1}$的极限?

(4)5 是不是数列 $x_n=\frac{5\sqrt{n}+1}{\sqrt{n}}$的极限?

【解】 答案:(1)是;(2)是;(3)是;(4)是.

解析:(1)对于任意的 $n\in\mathbf{Z}$,x_n 的值始终为-1,故-1 是数列 $x_n=-1$ 的极限.

(2)由极限的定义可知,当 $n\to+\infty$时,$\frac{8n+11}{4n+5}\to 2$,故 2 是数列 $x_n=\frac{8n+11}{4n+5}$的极限.

(3)由极限的定义可知,当 $n\to+\infty$时,$\frac{2-3n}{n+1}\to -3$,故-3 是数列 $x_n=\frac{2-3n}{n+1}$的极限.

(4)由极限的定义可知,当 $n\to+\infty$时,$\frac{5\sqrt{n}+1}{\sqrt{n}}\to 5$,故 5 是数列 $x_n=\frac{5\sqrt{n}+1}{\sqrt{n}}$的极限.

习题 2.2

1. 作出下列函数的图像,并判断其极限.

(1) $\lim\limits_{x\to+\infty}\left(\frac{1}{3}\right)^x$; (2) $\lim\limits_{x\to-\infty}3^x$;

(3) $\lim\limits_{x\to\frac{\pi}{2}}\sin x$; (4) $\lim\limits_{x\to\pi}\cos x$.

【解】 答案:(1)0;(2)0;(3)1;(4)-1.

解析:(1)令 $y=\left(\frac{1}{3}\right)^x$,则当 $x\to+\infty$时可得到如图 2-1 所示的图像.

由图 2-1 可以看出,当 $x\to+\infty$时,函数 $y=\left(\frac{1}{3}\right)^x$ 趋于 0,故 $\lim\limits_{x\to+\infty}\left(\frac{1}{3}\right)^x=0$.

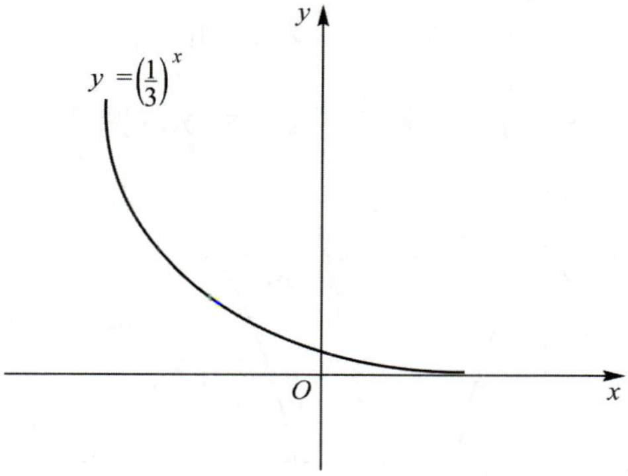

图 2-1

(2)令 $y=3^x$,则当 $x\to-\infty$时可得到如图 2-2 所示的图像.

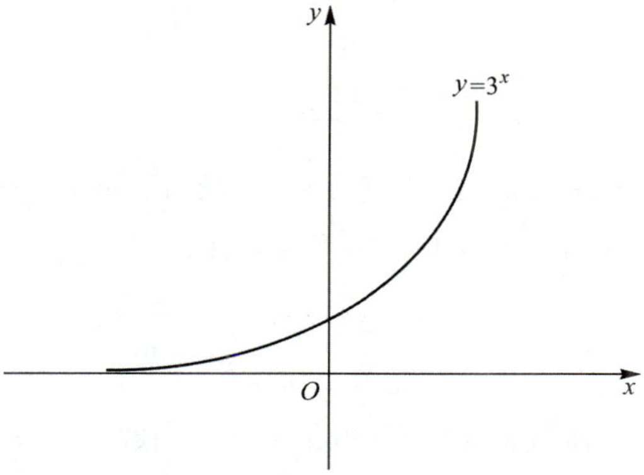

图 2-2

由图 2-2 可以看出,当 $x\to-\infty$时,函数 $y=3^x$ 趋于 0,故 $\lim\limits_{x\to-\infty}3^x=0$.

(3)令 $y=\sin x$,则当 $x\to\frac{\pi}{2}$时可得到如图 2-3 所示的图像.

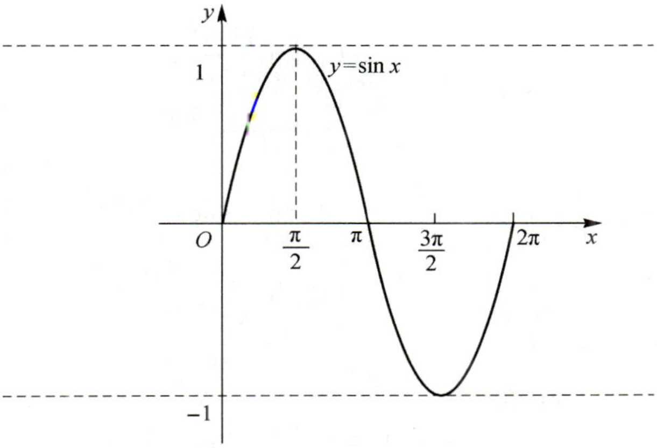

图 2-3

由图 2-3 可以看出,当 $x\to\frac{\pi}{2}$时,函数值 $y\to1$,故$\lim\limits_{x\to\frac{\pi}{2}}\sin x=1$.

(4)令 $y=\cos x$,则当 $x\to\pi$ 时可得到如图 2-4 所示的图像.

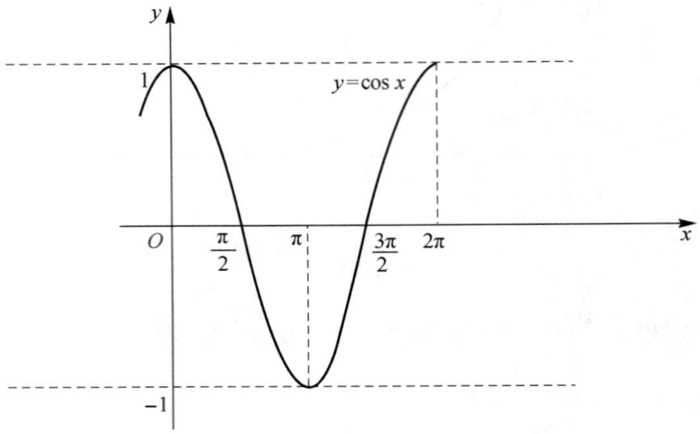

图 2-4

由图 2-4 可以看出,当 $x\to\pi$ 时,函数值 $y\to-1$,故$\lim\limits_{x\to\pi}\cos x=-1$.

2. 下列函数在自变量怎样变化时是无穷小或无穷大?

(1)$y=\frac{1}{x^2}$;　　(2)$y=\frac{1}{x}$;

(3)$y=\tan x$;　　(4)$y=\ln x$.

【解】 (1)当 $x\to\infty$时,函数是无穷小;当 $x\to0$ 时,函数是无穷大.

(2)当 $x\to\infty$时,函数是无穷小;当 $x\to0$ 时,函数是无穷大.

(3)当 $x\to k\pi+\frac{\pi}{2}$时,函数是无穷大.

(4)当 $x\to0$ 时,函数是负无穷大;当 $x\to\infty$时,函数是正无穷大.

3. 计算下列极限.

(1)$\lim\limits_{x\to2}(-2)$;　　(2)$\lim\limits_{x\to1}(x^3-x^2+x-1)$;

(3)$\lim\limits_{x\to2}\frac{x^2-16}{x-4}$;　　(4)$\lim\limits_{x\to3}\frac{x^2-9}{x-3}$;

(5)$\lim\limits_{x\to1}\left(\frac{1}{1-x}-\frac{3}{1-x^3}\right)$;　　(6)$\lim\limits_{x\to0}\frac{(x+h)^3-x^3}{h}$;

(7)$\lim\limits_{x\to1}\frac{\sqrt{x+3}-2}{x-1}$;　　(8)$\lim\limits_{x\to+\infty}\sqrt{x}(\sqrt{x+2}-\sqrt{x+1})$;

(9)$\lim\limits_{x\to\infty}\frac{9x^4+3x^2-10}{3x^4+x^3-x^2+1}$;　　(10)$\lim\limits_{x\to\infty}\frac{x^3-2x^2+5}{100x^2+15}$.

【解】 (1)$\lim\limits_{x\to2}(-2)=-2$.

(2)根据极限的运算法则,有

$$\begin{aligned}\lim_{x\to1}(x^3-x^2+x-1)&=\lim_{x\to1}x^3-\lim_{x\to1}x^2+\lim_{x\to1}x-1\\&=1^3-1^2+1-1=0\end{aligned}$$

(3)当 $x\to 2$ 时,分母的极限不为 0,故由极限的运算法则有

$$\lim_{x\to 2}\frac{x^2-16}{x-4}=\frac{\lim\limits_{x\to 2}x^2-\lim\limits_{x\to 2}16}{\lim\limits_{x\to 2}x-\lim\limits_{x\to 2}4}=\frac{(\lim\limits_{x\to 2}x)^2-16}{2-4}=6$$

(4)由于分母的极限为 0,故不能直接用商的运算法则,但是当 $x\neq 3$ 时,有

$$\frac{x^2-9}{x-3}=x+3$$

故有

$$\lim_{x\to 3}\frac{x^2-9}{x-3}=\lim_{x\to 3}(x+3)=6$$

(5)因为当 $x\to 1$ 时,$\lim\limits_{x\to 1}\frac{1}{1-x}$ 和 $\lim\limits_{x\to 1}\frac{3}{1-x^3}$ 的极限都不存在,故不能直接使用极限的运算法则. 当 $x\neq 1$ 时,有

$$\begin{aligned}\frac{1}{1-x}-\frac{3}{1-x^3}&=\frac{1+x+x^2-3}{1-x^3}\\&=-\frac{x^2+x-2}{(x-1)(x^2+x+1)}\\&=\frac{-x-2}{x^2+x+1}\end{aligned}$$

故有

$$\lim_{x\to 1}\left(\frac{1}{1-x}-\frac{3}{1-x^3}\right)=\lim_{x\to 1}\frac{-x-2}{x^2+x+1}=-1$$

(6)将式 $\frac{(x+h)^3-x^3}{h}$ 进行变形转换,得到如下式子.

$$\begin{aligned}\frac{(x+h)^3-x^3}{h}&=\frac{h(3x^2+3hx+h^2)}{h}\\&=3x^2+3hx+h^2\end{aligned}$$

故有

$$\lim_{x\to 0}\frac{(x+h)^3-x^3}{h}=\lim_{x\to 0}(3x^2+3hx+h^2)=h^2$$

(7)将式 $\frac{\sqrt{x+3}-2}{x-1}$ 进行变形转换,得到如下式子.

$$\begin{aligned}\frac{\sqrt{x+3}-2}{x-1}&=\frac{(\sqrt{x+3}-2)(\sqrt{x+3}+2)}{(x-1)(\sqrt{x+3}+2)}\\&=\frac{1}{\sqrt{x+3}+2}\end{aligned}$$

故有

$$\lim_{x\to 1}\frac{\sqrt{x+3}-2}{x-1}=\lim_{x\to 1}\frac{1}{\sqrt{x+3}+2}=\frac{1}{4}$$

(8)将式 $\sqrt{x}(\sqrt{x+2}-\sqrt{x+1})$ 进行变形转换,得到如下式子.

$$\sqrt{x}(\sqrt{x+2}-\sqrt{x+1})=\frac{\sqrt{x}(\sqrt{x+2}-\sqrt{x+1})(\sqrt{x+2}+\sqrt{x+1})}{\sqrt{x+2}+\sqrt{x+1}}$$

$$=\frac{\sqrt{x}(x+2-x-1)}{\sqrt{x+2}+\sqrt{x+1}}$$

$$=\frac{\frac{\sqrt{x}}{\sqrt{x}}}{\frac{\sqrt{x+2}}{\sqrt{x}}+\frac{\sqrt{x+1}}{\sqrt{x}}}$$

$$=\frac{1}{\sqrt{1+\frac{2}{x}}+\sqrt{1+\frac{1}{x}}}$$

故有

$$\lim_{x\to+\infty}\sqrt{x}(\sqrt{x+2}-\sqrt{x+1})=\lim_{x\to+\infty}\frac{1}{\sqrt{1+\frac{2}{x}}+\sqrt{1+\frac{1}{x}}}=\frac{1}{2}$$

(9)将式$\frac{9x^4+3x^2-10}{3x^4+x^3-x^2+1}$进行变形转换,得到如下式子.

$$\frac{9x^4+3x^2-10}{3x^4+x^3-x^2+1}=\frac{9+\frac{3}{x^2}-\frac{10}{x^4}}{3+\frac{1}{x}-\frac{1}{x^2}+\frac{1}{x^4}}$$

故有

$$\lim_{x\to\infty}\frac{9x^4+3x^2-10}{3x^4+x^3-x^2+1}=\lim_{x\to\infty}\frac{9+\frac{3}{x^2}-\frac{10}{x^4}}{3+\frac{1}{x}-\frac{1}{x^2}+\frac{1}{x^4}}=\frac{9}{3}=3$$

(10)将式$\frac{x^3-2x^2+5}{100x^2+15}$进行变形转换,得到如下式子.

$$\frac{x^3-2x^2+5}{100x^2+15}=\frac{1-\frac{2}{x}+\frac{5}{x^3}}{\frac{100}{x}+\frac{15}{x^3}}$$

故有

$$\lim_{x\to\infty}\frac{x^3-2x^2+5}{100x^2+15}=\lim_{x\to\infty}\frac{1-\frac{2}{x}+\frac{5}{x^3}}{\frac{100}{x}+\frac{15}{x^3}}=\infty$$

4. 设函数 $f(x)=\begin{cases}e^x-1, x\leqslant 0\\ 2x+b, x>0\end{cases}$,要使极限$\lim\limits_{x\to 0}f(x)$存在,则 b 应取何值?

【解】 由极限的定义可知,若函数 $f(x)$的极限存在,则它的单侧极限存在且相等,即函数 $f(x)$的右极限 $\lim\limits_{x\to 0^+}f(x)=\lim\limits_{x\to 0^+}(2x+b)=b$,函数 $f(x)$的左极限 $\lim\limits_{x\to 0^-}f(x)=\lim\limits_{x\to 0^-}(e^x-1)=0$,故当 $b=0$ 时函数 $f(x)$的极限存在.

5. 已知$\lim\limits_{x\to 2}\frac{x^2-ax+b}{2-x}=1$，试求 a 与 b 的值.

【解】　由题意知，当 $x\to 2$ 时，有 $2^2-2a+b=0$，即 $b=2a-4$.

又因为

$$\begin{aligned}\lim_{x\to 2}\frac{x^2-ax+b}{2-x}=1 &\Rightarrow\lim_{x\to 2}\frac{x^2-ax+(2a-4)}{2-x}\\ &\Rightarrow\lim_{x\to 2}\frac{x^2-ax+2x-2x+2a-4}{2-x}=1\\ &\Rightarrow\lim_{x\to 2}\frac{x(x-2)+a(2-x)+2(x-2)}{2-x}=1\\ &\Rightarrow\lim_{x\to 2}\frac{(2-x)(a-x-2)}{2-x}=1\\ &\Rightarrow\lim_{x\to 2}(a-x-2)=1\end{aligned}$$

即当 $x\to 2$ 时，有 $a-2-2=1$，从而得出 $a=5$，$b=6$.

习题 2.3

求下列极限.

(1) $\lim\limits_{x\to 0}\frac{\tan 2x}{x}$；　　(2) $\lim\limits_{x\to 0}\frac{\sin 3x}{\sin 2x}$；

(3) $\lim\limits_{x\to 0}\frac{\tan 2x}{\sin 5x}$；　　(4) $\lim\limits_{x\to 1}\frac{\sin(x^2-1)}{x-1}$；

(5) $\lim\limits_{n\to\infty}n\sin\frac{\pi}{n}$；　　(6) $\lim\limits_{x\to\infty}\left(1+\frac{4}{x}\right)^x$；

(7) $\lim\limits_{x\to\infty}\left(1-\frac{1}{x}\right)^x$；　　(8) $\lim\limits_{x\to+\infty}\left(1+\frac{1}{x}\right)^{x+5}$；

(9) $\lim\limits_{n\to\infty}\left(\frac{n+2}{n+1}\right)^{n+1}$；　　(10) $\lim\limits_{t\to 0}\left(\frac{1}{1+t}\right)^{\frac{1}{3t}}$.

【解】　(1) $\lim\limits_{x\to 0}\frac{\tan 2x}{x}=\lim\limits_{x\to 0}\frac{\sin 2x}{\cos 2x}\cdot\frac{2}{2x}$

$$=\lim_{x\to 0}\frac{\sin 2x}{2x}\cdot\lim_{x\to 0}\frac{2}{\cos 2x}=1\times\frac{2}{1}=2.$$

(2) $\lim\limits_{x\to 0}\frac{\sin 3x}{\sin 2x}=\lim\limits_{x\to 0}\frac{\sin 3x}{3x}\cdot\frac{2x}{\sin 2x}\cdot\frac{3}{2}=\lim\limits_{x\to 0}\frac{\sin 3x}{3x}\cdot\lim\limits_{x\to 0}\frac{1}{\frac{\sin 2x}{2x}}\cdot\frac{3}{2}=\frac{3}{2}.$

(3) $\lim\limits_{x\to 0}\frac{\tan 2x}{\sin 5x}=\lim\limits_{x\to 0}\frac{\sin 2x}{\cos 2x}\cdot\frac{1}{\sin 5x}\cdot\frac{5x}{2x}\cdot\frac{2}{5}=\frac{2}{5}.$

(4) $\lim\limits_{x\to 1}\frac{\sin(x^2-1)}{x-1}=2.$

(5) $\lim\limits_{n\to\infty}n\sin\frac{\pi}{n}=\pi.$

(6) $\lim\limits_{x\to\infty}\left(1+\frac{4}{x}\right)^x=\lim\limits_{x\to\infty}\left[\left(1+\frac{1}{\frac{x}{4}}\right)^{\frac{x}{4}}\right]^4=e^4.$

(7) $\lim\limits_{x\to\infty}\left(1-\frac{1}{x}\right)^{x}=\lim\limits_{x\to\infty}\left[\left(1+\frac{1}{-x}\right)^{-x}\right]^{-1}=e^{-1}=\frac{1}{e}$.

(8) $\lim\limits_{x\to+\infty}\left(1+\frac{1}{x}\right)^{x+5}=\lim\limits_{x\to+\infty}\left(1+\frac{1}{x}\right)^{x}\cdot\lim\limits_{x\to+\infty}\left(1+\frac{1}{x}\right)^{5}=e\cdot1^{5}=e$.

(9) $\lim\limits_{n\to\infty}\left(\frac{n+2}{n+1}\right)^{n+1}=\lim\limits_{n\to\infty}\left(\frac{n+1+1}{n+1}\right)^{n+1}=\lim\limits_{n\to\infty}\left(1+\frac{1}{n+1}\right)^{n+1}=e$.

(10) $\frac{1}{1+t}$的倒数为 $1+t$,而 $\lim\limits_{t\to0}(1+t)^{\frac{1}{3t}}=\lim\limits_{t\to0}[(1+t)^{\frac{1}{t}}]^{\frac{1}{3}}=e^{\frac{1}{3}}=\sqrt[3]{e}$,故而有 $\lim\limits_{t\to0}\left(\frac{1}{1+t}\right)^{\frac{1}{3t}}=\lim\limits_{t\to0}\frac{1}{\sqrt[3]{e}}=e^{-\frac{1}{3}}$.

习题 2.4

1. 求函数 $y=x^2-\frac{1}{2}x$,当 $x=1,\Delta x=0.5$ 时的改变量.

【解】 令 $y=f(x)=x^2-\frac{1}{2}x,x_0=1,\Delta x=0.5$,则

$$\begin{aligned}\Delta y&=f(x_0+\Delta x)-f(x_0)\\&=\left[(1+0.5)^2-\frac{1}{2}\times(1+0.5)\right]-\left(1^2-\frac{1}{2}\times1\right)\\&=2.25-0.75-0.5\\&=1\end{aligned}$$

2. 根据定义,证明下列函数在 $x=1$ 处连续.

(1) $f(x)=x+1$;　(2) $f(x)=|x|$;　(3) $f(x)=\begin{cases}2x^2-1, & x\geqslant1\\ x, & x<1\end{cases}$.

【证明】 (1) $f(x)=x+1$ 在 $x=1$ 处有定义,故有

$$\lim_{x\to1}f(x)=\lim_{x\to1}(x+1)=2=f(1)$$

所以,函数 $f(x)=x+1$ 在 $x=1$ 处连续.

(2) $f(x)=|x|$ 在 $x=1$ 处有定义,故有

$$\lim_{x\to1}f(x)=\lim_{x\to1}|x|=1=f(1)$$

所以,函数 $f(x)=|x|$ 在 $x=1$ 处连续.

(3) $f(x)=\begin{cases}2x^2-1,x\geqslant1\\ x,x<1\end{cases}$ 在 $x=1$ 处有定义,故有

$$\lim_{x\to1^+}f(x)=\lim_{x\to1^+}(2x^2-1)=2\times1^2-1=1$$

$$\lim_{x\to1^-}f(x)=\lim_{x\to1^-}x=1$$

因为 $\lim\limits_{x\to1^+}f(x)=\lim\limits_{x\to1^-}f(x)$,所以函数 $f(x)=\begin{cases}2x^2-1,x\geqslant1\\ x,x<1\end{cases}$ 在 $x=1$ 处连续.

3. 求下列函数的极限.

(1) $\lim\limits_{x\to2}\frac{x-3}{\sqrt{1+x}}$;　(2) $\lim\limits_{x\to1}(x^2-1)\sin x$;

(3) $\lim\limits_{x\to 2}\dfrac{x^2-4}{x-2}$；　　(4) $\lim\limits_{x\to 1}[\sqrt{1+\ln x}+(x-1)^{\frac{3}{2}}]$.

【解】 (1) $\lim\limits_{x\to 2}\dfrac{x-3}{\sqrt{1+x}}=\dfrac{2-3}{\sqrt{1+2}}=-\dfrac{1}{\sqrt{3}}$.

(2) $\lim\limits_{x\to 1}(x^2-1)\sin x=\lim\limits_{x\to 1}(x^2-1)\cdot\lim\limits_{x\to 1}\sin x=0$.

(3) $\lim\limits_{x\to 2}\dfrac{x^2-4}{x-2}=\lim\limits_{x\to 2}\dfrac{(x+2)(x-2)}{x-2}=\lim\limits_{x\to 2}(x+2)=4$.

(4) $\lim\limits_{x\to 1}[\sqrt{1+\ln x}+(x-1)^{\frac{3}{2}}]=\lim\limits_{x\to 1}\sqrt{1+\ln x}+\lim\limits_{x\to 1}(x-1)^{\frac{3}{2}}=1$.

4. 求下列函数的间断点，并说明它是第一类间断点还是第二类间断点.

(1) $y=\dfrac{1}{x+1}$；　　(2) $y=\dfrac{x^2-1}{x^2-3x+2}$.

【解】 (1) 根据函数，求出其定义域为 $\{x|x\in(-\infty,-1)\cup(-1,+\infty)\}$，故 $y=\dfrac{1}{x+1}$ 的间断点为 -1. 又因为 $\lim\limits_{x\to -1^+}\dfrac{1}{x+1}$ 和 $\lim\limits_{x\to -1^-}\dfrac{1}{x+1}$ 都不存在，所以 -1 是第二类间断点.

(2) 根据函数，求出其定义域为 $\{x|x\in(-\infty,1)\cup(1,2)\cup(2,+\infty)\}$，故 $y=\dfrac{x^2-1}{x^2-3x+2}$ 的间断点有两个，即 1 和 2.

当 $x=1$ 时，$\lim\limits_{x\to 1^+}\dfrac{x^2-1}{x^2-3x+2}$ 和 $\lim\limits_{x\to 1^-}\dfrac{x^2-1}{x^2-3x+2}$ 都存在，所以 1 是第一类间断点.

当 $x=2$ 时，$\lim\limits_{x\to 1^+}\dfrac{x^2-1}{x^2-3x+2}$ 和 $\lim\limits_{x\to 1^-}\dfrac{x^2-1}{x^2-3x+2}$ 都不存在，所以 2 是第二类间断点.

5. 求证 $x^5-3x=1$ 至少有一个实根介于 1 与 2 之间.

【证明】 令 $f(x)=x^5-3x-1$，显然 $f(x)$ 在 $[1,2]$ 上连续，且有

$$f(1)=1^5-3\times1-1=-3<0$$

$$f(2)=2^5-3\times2-1=25>0$$

由零点定理知，在 $[1,2]$ 上至少有一点 ξ 使得 $f(\xi)=x^5-3x-1=0$，故有方程 $x^5-3x-1=0$ 在 $[1,2]$ 上至少有一个实数根.

复 习 题 二

1. 选择题.

(1) 若 $\lim\limits_{x\to x_0}f(x)=A$，$\lim\limits_{x\to x_0}g(x)=A$（$A$ 为有限值），则下列关系非恒成立的是（　　）

A. $\lim\limits_{x\to x_0}[f(x)+g(x)]=2A$　　B. $\lim\limits_{x\to x_0}[f(x)-g(x)]=0$

C. $\lim\limits_{x\to x_0}f(x)\cdot g(x)=A^2$　　D. $\lim\limits_{x\to x_0}\dfrac{f(x)}{g(x)}=1$

(2) 当 $x\to x_0$ 时，若函数 $f(x)$（　　）.

A. 不是无穷大，则必为有界　　B. 极限不存在，则必为无界

C. 是无界的，则必为无穷大　　D. 存在极限，则必有界

(3)当 $x\to 0$ 时,无穷小 $\sin(2x^2+x)$ 是 x 的(　　)无穷小.

A. 高阶　　　　B. 低阶

C. 同阶但非等价　　　　D. 等价

【解】 (1)D　　(2)D　　(3)A

2. 填空题.

(1)设函数 $f(x)=\begin{cases}\frac{1}{e}(1+x)^{\frac{1}{x}}, x\neq 0\\ a, x=0\end{cases}$ 在点 $x=0$ 处连续,则 a 等于________.

(2)若 $\lim\limits_{x\to 0}(1-x)^{\frac{k}{x}}=e^2$,则 k 等于________.

(3) $\lim\limits_{x\to 0}\left(x\sin\frac{1}{x}+\frac{1}{x}\sin x\right)=$________.

(4) $\lim\limits_{x\to\infty}\frac{3x^2-5x+1}{2x^2+3}=$________.

【解】 (1)答案:$a=1$.

解析:若要函数 $f(x)$ 在点 $x=0$ 处连续,则有 $\lim\limits_{x\to 0^+}\frac{1}{e}(1+x)^{\frac{1}{x}}=\lim\limits_{x\to 0^-}\frac{1}{e}(1+x)^{\frac{1}{x}}=f(0)$,即 $\lim\limits_{x\to 0}\frac{1}{e}(1+x)^{\frac{1}{x}}=1=f(0)=a$,故 $a=1$.

(2)答案:$k=-2$.

解析:由重要极限 $\lim\limits_{x\to 0}(1+x)^{\frac{1}{x}}=e$ 可得

$$\lim_{x\to 0}(1-x)^{\frac{k}{x}}=\lim_{x\to 0}[1+(-x)]^{\frac{1}{(-x)}\cdot(-k)}=e^{-k}=e^2$$

故得 $k=-2$.

(3)答案:2.

解析:根据重要极限 $\lim\limits_{x\to 0}\frac{\sin x}{x}=1$ 可得

$$\lim_{x\to 0}\left(x\sin\frac{1}{x}+\frac{1}{x}\sin x\right)=\lim_{x\to 0}\frac{\sin\frac{1}{x}}{\frac{1}{x}}+\lim_{x\to 0}\frac{\sin x}{x}=1+1=2$$

(4)答案:$\frac{3}{2}$.

解析:当 $x\to\infty$ 时,可对原式分子分母同除以 x^2,即有

$$\lim_{x\to\infty}\frac{3x^2-5x+1}{2x^2+3}=\lim_{x\to\infty}\frac{3-\frac{5}{x}+\frac{1}{x^2}}{2+\frac{3}{x^2}}=\frac{3}{2}$$

3. 求下列极限.

(1) $\lim\limits_{n\to\infty}\left(\frac{1}{n^2}+\frac{2}{n^2}+\cdots+\frac{n-1}{n^2}\right)$;　　(2) $\lim\limits_{n\to\infty}\left[\frac{1}{1\times 2}+\frac{1}{2\times 3}+\cdots+\frac{1}{n(n+1)}\right]$;

(3) $\lim\limits_{x\to -1}\frac{x^2+2x+5}{x^2+1}$;　　(4) $\lim\limits_{x\to\sqrt{3}}\frac{x^2-3}{x^2+1}$;

(5) $\lim\limits_{x\to1}\left(\frac{2}{x^2-1}-\frac{1}{x-1}\right)$.

【解】 (1) $\lim\limits_{n\to\infty}\left(\frac{1}{n^2}+\frac{2}{n^2}+\cdots+\frac{n-1}{n^2}\right)=\lim\limits_{n\to\infty}\frac{1+2+\cdots+n-1}{n^2}$

$$=\lim_{n\to\infty}\frac{n(n-1)}{2n^2}=\lim_{n\to\infty}\frac{n^2-n}{2n^2}$$

$$=\lim_{n\to\infty}\frac{1-\frac{1}{n}}{2}=\frac{1}{2}.$$

(2) $\lim\limits_{n\to\infty}\left[\frac{1}{1\times2}+\frac{1}{2\times3}+\cdots+\frac{1}{n(n+1)}\right]=\lim\limits_{n\to\infty}\left[\left(1-\frac{1}{2}\right)+\left(\frac{1}{2}-\frac{1}{3}\right)+\cdots+\left(\frac{1}{n}-\frac{1}{n-1}\right)\right]$

$$=\lim_{n\to\infty}\left(1-\frac{1}{n-1}\right)=1.$$

(3) $\lim\limits_{x\to-1}\frac{x^2+2x+5}{x^2+1}=\frac{(-1)^2+2\times(-1)+5}{(-1)^2+1}=\frac{1-2+5}{2}=2$.

(4) $\lim\limits_{x\to\sqrt{3}}\frac{x^2-3}{x^2+1}=\frac{(\sqrt{3})^2-3}{(\sqrt{3})^2+1}=0$.

(5) $\lim\limits_{x\to1}\left(\frac{2}{x^2-1}-\frac{1}{x-1}\right)=\lim\limits_{x\to1}\frac{2-x-1}{(x+1)(x-1)}=\lim\limits_{x\to1}\left(-\frac{1}{x+1}\right)=-\frac{1}{2}$.

4. 已知$\lim\limits_{x\to1}\frac{x^2+ax+b}{1-x}=5$,求 a 和 b 的值.

【解】 根据题意,当 $x\to1$ 时,$1^2+c+b=0$,从而有 $b=-1-a$.

$$\lim_{x\to1}\frac{x^2+ax+b}{1-x}=\lim_{x\to1}\frac{x^2+ax-1-a}{1-x}$$

$$=\lim_{x\to1}\frac{x(x-1)+a(x-1)+(x-1)}{-(x-1)}$$

$$=\lim_{x\to1}\frac{x+a+1}{-1}$$

$$=-(1+a+1)$$

$$=-2-a$$

又因为$\lim\limits_{x\to1}\frac{x^2+ax+b}{1-x}=5$,故有$-2-a=5$,解得 $a=-7$,$b=6$.

5. 讨论函数 $f(x)=\begin{cases}\frac{\sin x}{|x|},x\neq0\\1,x=0\end{cases}$ 在 $x=0$ 处的连续性.

【解】 判断函数 $f(x)=\begin{cases}\frac{\sin x}{|x|},x\neq0\\1,x=0\end{cases}$ 在 $x=0$ 处是否连续,需要判断函数的左右极限及在 $x=0$ 处的函数值是否相等.

$$\lim_{x\to0^+}f(x)=\lim_{x\to0^+}\frac{\sin x}{|x|}=1$$

$$\lim_{x\to0^-}f(x)=\lim_{x\to0^-}\frac{\sin x}{|x|}=1$$

由此可得，$\lim\limits_{x\to 0^+}f(x)=\lim\limits_{x\to 0^-}f(x)=f(0)=1$. 故函数 $f(x)=\begin{cases}\dfrac{\sin x}{|x|},x\neq 0\\1,x=0\end{cases}$ 在 $x=0$ 处连续.

6. 确定常数 k 的值，使函数 $f(x)=\begin{cases}\dfrac{x^2-4}{x-2},x\neq 2\\k,x=2\end{cases}$ 在 $x=2$ 处连续.

【解】 若函数 $f(x)$ 在 $x=2$ 处连续，则有

$$\lim_{x\to 2^+}f(x)=\lim_{x\to 2^-}f(x)=f(2)=k$$

很显然，$\lim\limits_{x\to 2^+}f(x)=\lim\limits_{x\to 2^-}f(x)=2+2=4$，即 $k=4$.

7. 讨论函数 $f(x)=\begin{cases}x\sin\dfrac{1}{x},x\neq 0\\1,x=0\end{cases}$ 是否连续，若不连续，指出其间断点，并说明间断点的类型.

【解】 因为 $\left|\sin\dfrac{1}{x}\right|\leqslant 1$，所以 $\lim\limits_{x\to 0}x\sin\dfrac{1}{x}=0$，而 $f(0)=1$，所以函数不连续，其间断点为 0，是第二类间断点.

8. 证明：方程 $x^3+2x=6$ 在 1 和 3 之间至少有一个根.

【证明】 设 $f(x)=x^3+2x-6$，显然 $f(x)$ 在 $[1,3]$ 上连续，有

$$f(1)=1^3+2\times 1-6=-3<0$$

$$f(3)=3^3+2\times 3-6=27>0$$

根据零点定理知，在 $[1,3]$ 上至少存在一点 ξ，使得 $f(\xi)=\xi^3+2\xi-6=0$，故方程 $x^3+2x=6$ 在 $[1,3]$ 上至少有一个实数根.

第 3 章　导数与微分

3.1　基 本 要 求

(1)理解导数的定义，知道导数的几何意义，并能够描述函数可导性与连续性的关系.
(2)掌握导数四则运算法则的使用方法.
(3)会使用反函数的求导法则对反函数进行求导.
(4)掌握复合函数的求导法则，并能够利用这些法则对复合函数进行求导.
(5)了解并掌握隐函数的求导法则.
(6)理解高阶导数的概念，了解二阶导数的物理意义.
(7)理解微分的概念，并能进行微分运算.
(8)掌握微分在近似计算中的应用.

3.2　内 容 提 要

3.2.1　导数的概念

1. 导数的定义

定义 3.1　设函数 $y=f(x)$ 在点 x_0 的附近有定义，当自变量 x 在点 x_0 处有增量 Δx 时，相应地，函数有增量 $\Delta y=f(x_0+\Delta x)-f(x_0)$. 如果极限 $\lim\limits_{\Delta x\to 0}\dfrac{\Delta y}{\Delta x}$ 存在，则称函数 $y=f(x)$ 在点 x_0 处可导，并称此极限值为函数 $y=f(x)$ 在点 x_0 处的导数，记为

$$f'(x_0),\ y'\big|_{x=x_0},\ \frac{\mathrm{d}y}{\mathrm{d}x}\bigg|_{x=x_0}\ \text{或}\ \frac{\mathrm{d}f(x)}{\mathrm{d}x}\bigg|_{x=x_0}$$

如果上述极限不存在，则称函数 $y=f(x)$ 在点 x_0 处不可导.

定义 3.2　若函数 $y=f(x)$ 在区间 (a,b) 内每一点处都可导，则称函数 $y=f(x)$ 在区间 (a,b) 内可导. 若函数 $y=f(x)$ 在区间 (a,b) 内可导，并且在区间的左、右端点处 $f'_+(a)$ 与 $f'_-(b)$ 都存在，则称函数 $y=f(x)$ 在闭区间 $[a,b]$ 上可导. 若函数 $y=f(x)$ 在某区间内可导，则对于该区间内的每一个 x，都有唯一确定的导数值 $f'(x)$ 与之对应，这样就确定了一个新的函数，称为函数 $y=f(x)$ 的导函数，简称导数，记作 $f'(x)$，y'，$\dfrac{\mathrm{d}y}{\mathrm{d}x}$ 或 $\dfrac{\mathrm{d}f(x)}{\mathrm{d}x}$.

由导数的定义,若函数 $y=f(x)$ 在某区间 I 上可导,则函数 $y=f(x)$ 在 I 上的导函数为

$$f'(x)=\lim_{\Delta x\to 0}\frac{f(x+\Delta x)-f(x)}{\Delta x}\text{或}f'(x)=\lim_{h\to 0}\frac{f(x+h)-f(x)}{h}$$

显然,函数 $y=f(x)$ 在点 x_0 处的导数 $f'(x_0)$ 就是导函数 $f'(x)$ 在点 x_0 处的函数值,即

$$f'(x_0)=f'(x)|_{x=x_0}$$

定义 3.3 如果极限

$$\lim_{\Delta x\to 0^-}\frac{\Delta y}{\Delta x}=\lim_{\Delta x\to 0^-}\frac{f(x_0+\Delta x)-f(x_0)}{\Delta x}$$

与

$$\lim_{\Delta x\to 0^+}\frac{\Delta y}{\Delta x}=\lim_{\Delta x\to 0^+}\frac{f(x_0+\Delta x)-f(x_0)}{\Delta x}$$

存在,则称它们分别为函数 $y=f(x)$ 在点 x_0 处的左导数和右导数,分别记作 $f'_-(x_0)$ 和 $f'_+(x_0)$.

显然,函数 $y=f(x)$ 在点 x_0 处可导的充分必要条件是函数 $y=f(x)$ 在点 x_0 处的左导数和右导数都存在且相等,即 $f'_-(x_0)=f'_+(x_0)$.

2. 导数的几何意义

函数 $y=f(x)$ 在点 x_0 处的导数 $f'(x_0)$ 在几何上表示曲线 $y=f(x)$ 在点 $M[x_0,f(x_0)]$ 处的切线的斜率,即

$$f'(x_0)=\tan\alpha$$

其中,α 是切线的倾斜角.

3. 函数可导性与连续性的关系

定理 3.1 如果函数 $y=f(x)$ 在点 x 处可导,则函数在该点必连续.

应注意,函数可导必连续,但函数连续不一定可导.

3.2.2 求导法则

1. 导数的四则运算法则

定理 3.2 设函数 $u(x)$,$v(x)$ 在点 x 处可导,则它们的和、差、积、商(除分母为零的点外)都在点 x 处具有导数,且有以下法则.

(1) $[u(x)\pm v(x)]'=u'(x)\pm v'(x)$.

(2) $[u(x)v(x)]'=u'(x)v(x)+u(x)v'(x)$.

(3) $\left[\frac{u(x)}{v(x)}\right]'=\frac{u'(x)v(x)-u(x)v'(x)}{v^2(x)}[v(x)\neq 0]$.

推论 3.1 $[Cu(x)]'=Cu'(x)$(C 为常数).

推论 3.2 $\left[\frac{1}{u(x)}\right]'=-\frac{u'(x)}{u^2(x)}$.

推论 3.3 $[u(x)v(x)w(x)]'=u'(x)v(x)w(x)+u(x)v'(x)w(x)+u(x)v(x)w'(x)$.

2. 反函数的求导法则

定理 3.3 设 $y=f(x)$ 单调、可导且 $f'(x)\neq 0$,则它的反函数 $x=\varphi(y)$ 也可导,且有

$\varphi'(y)=\frac{1}{f'(x)}$，即$\frac{\mathrm{d}x}{\mathrm{d}y}=\frac{1}{\frac{\mathrm{d}y}{\mathrm{d}x}}$.

3. 复合函数的求导法则

定理 3.4(链式法则) 若函数 $u=\varphi(x)$在点 x 处可导，函数 $y=f(u)$在点 $u=\varphi(x)$处可导，则复合函数 $y=f[\varphi(x)]$在点 x 处可导，且有

$$\frac{\mathrm{d}y}{\mathrm{d}x}=\frac{\mathrm{d}y}{\mathrm{d}u}\cdot\frac{\mathrm{d}u}{\mathrm{d}x}\text{或}\{f[\varphi(x)]\}'=f'(u)\varphi'(x)$$

4. 隐函数的求导法则

在实际问题中，常常碰到一些函数是由方程 $F(x,y)=0$ 确定的，这样的函数称为隐函数. 把一个隐函数化成显函数，叫作隐函数的显化.

设函数 $y=f(x)$是由 $F(x,y)=0$ 所确定的隐函数，则 $F[x,f(x)]=0$. 由于此式左端是将 $y=f(x)$代入 $F(x,y)$所得到的复合函数，因此根据链式法则将等式两边对 x 求导，便可得到所求的导数.

3.2.3 高阶导数

定义 3.4 若函数 $y=f(x)$的导数 $y'=f'(x)$仍是 x 的可导函数，则称 $f'(x)$的导数为 $f(x)$的二阶导数，记作 y''，$f''(x)$，$\frac{\mathrm{d}^2y}{\mathrm{d}x^2}$或$\frac{\mathrm{d}^2f}{\mathrm{d}x^2}$.

类似地，二阶导数的导数叫作三阶导数，记作 y'''或$\frac{\mathrm{d}^3y}{\mathrm{d}x^3}$；三阶导数的导数叫作四阶导数，记作 $y^{(4)}$或$\frac{\mathrm{d}^4y}{\mathrm{d}x^4}$. 一般地，$n-1$ 阶导数的导数叫作 $f(x)$的 n 阶导数，记作 $y^{(n)}$或$\frac{\mathrm{d}^ny}{\mathrm{d}x^n}$.

二阶或二阶以上的导数统称为高阶导数. 相应地，函数 $y=f(x)$的导数 $y'=f'(x)$叫作函数 $f(x)$的一阶导数. 显然，求高阶导数就是多次连续求导.

3.2.4 函数的微分

1. 微分的概念

设函数 $y=f(x)$在某区间内有定义，x_0 及 $x_0+\Delta x$ 在该区间内，如果函数的增量 $\Delta y=f(x_0+\Delta x)-f(x_0)$可表示为

$$\Delta y=A\cdot\Delta x+o(\Delta x)$$

其中 A 是与 Δx 无关的常数，则称函数 $y=f(x)$在点 x_0 处可微，并称 $A\cdot\Delta x$ 为函数 $y=f(x)$在点 x_0 处相应于自变量增量 Δx 的微分，记为 $\mathrm{d}y\Big|_{x=x_0}$，即

$$\mathrm{d}y\Big|_{x=x_0}=A\cdot\Delta x$$

定理 3.5 函数 $y=f(x)$在点 x_0 处可微的充分必要条件是函数 $y=f(x)$在点 x_0 处可导，且当 $f(x)$在点 x_0 处可微时，其微分为

$$\mathrm{d}y\Big|_{x=x_0}=f'(x_0)\Delta x$$

2. 微分的运算

微分运算法则如下.

(1)$d[u(x)\pm v(x)]=du(x)\pm dv(x)$.

(2)$d[u(x)v(x)]=v(x)du(x)+u(x)dv(x)$.

(3)$d[Cu(x)]=Cdu(x)$(C为常数).

(4)$d\left[\dfrac{u(x)}{v(x)}\right]=\dfrac{v(x)du(x)-u(x)dv(x)}{v^2(x)}[v(x)\neq 0]$.

(5)$d[f(g(x))]=f'[g(x)]g'(x)dx$.

这里,公式(5)是复合函数的微分法则.

3. 微分在近似计算中的应用

根据微分的概念可知,如果函数$y=f(x)$在点x_0处可微,且$|\Delta x|$较小时,Δy近似等于dy,即

$$\Delta y=f(x_0+\Delta x)-f(x_0)\approx f'(x_0)\Delta x$$

则

$$f(x_0+\Delta x)\approx f(x_0)+f'(x_0)\Delta x$$

在上式中,令$x=x_0+\Delta x$,即$\Delta x=x-x_0$,得

$$f(x)\approx f(x_0)+f'(x_0)(x-x_0)$$

如果$f(x_0)$和$f'(x_0)$都容易求得,那么可以利用公式进行近似计算.

3.3 习题解答

习题3.1

1. 用导数的定义求下列函数的导数.

(1)$f(x)=x^2-5x$; (2)$f(x)=\ln x$;

(3)$f(x)=\dfrac{1}{x}$; (4)$f(x)=\sqrt{x}$.

【解】 (1)根据导数的定义,有

$$\begin{aligned}f'(x)&=\lim_{\Delta x\to 0}\frac{f(x+\Delta x)-f(x)}{\Delta x}\\&=\lim_{\Delta x\to 0}\frac{(x+\Delta x)^2-5(x+\Delta x)-(x^2-5x)}{\Delta x}\\&=\lim_{\Delta x\to 0}\frac{2x\Delta x-5\Delta x+\Delta x^2}{\Delta x}\\&=\lim_{\Delta x\to 0}(2x-5+\Delta x)\\&=2x-5\end{aligned}$$

(2)根据导数的定义,有

$$f'(x)=\lim_{\Delta x\to 0}\frac{\ln(x+\Delta x)-\ln x}{\Delta x}$$

$$=\lim_{\Delta x\to 0}\frac{\ln\left(1+\frac{\Delta x}{x}\right)}{\Delta x}=\lim_{\Delta x\to 0}\ln\left(1+\frac{\Delta x}{x}\right)^{\frac{1}{\Delta x}}$$

$$=\ln\lim_{\Delta x\to 0}\left(1+\frac{\Delta x}{x}\right)^{\frac{x}{\Delta x}\cdot\frac{1}{x}}=\frac{1}{x}$$

(3)根据导数的定义,有

$$f'(x)=\lim_{\Delta x\to 0}\frac{\frac{1}{x+\Delta x}-\frac{1}{x}}{\Delta x}$$

$$=\lim_{\Delta x\to 0}\frac{-1}{x(x+\Delta x)}$$

$$=-\frac{1}{x^2}$$

(4)根据导数的定义,有

$$f'(x)=\lim_{\Delta x\to 0}\frac{\sqrt{x+\Delta x}-\sqrt{x}}{\Delta x}$$

$$=\lim_{\Delta x\to 0}\frac{1}{\sqrt{x+\Delta x}+\sqrt{x}}$$

$$=\frac{1}{2\sqrt{x}}$$

2.假设 $f'(x_0)$存在,求下列各式的极限值.

(1)$\lim\limits_{\Delta x\to 0}\frac{f(x_0-\Delta x)-f(x_0)}{\Delta x}$;　　(2)$\lim\limits_{h\to 0}\frac{f(x_0+h)-f(x_0-h)}{h}$.

【解】 (1)$\lim\limits_{\Delta x\to 0}\frac{f(x_0-\Delta x)-f(x_0)}{\Delta x}=-\lim\limits_{\Delta x\to 0}\frac{f[x_0+(-\Delta x)-f(x_0)]}{-\Delta x}=-f'(x_0)$.

(2)
$$\lim_{h\to 0}\frac{f(x_0+h)-f(x_0-h)}{h}=\lim_{h\to 0}\frac{f(x_0+h)-f(x_0)-[f(x_0-h)-f(x_0)]}{h}$$

$$=\lim_{h\to 0}\frac{f(x_0+h)-f(x_0)}{h}-\lim_{h\to 0}\frac{f(x_0-h)-f(x_0)}{h}$$

$$=f'(x_0)+\lim_{h\to 0}\frac{f(x_0-h)-f(x_0)}{-h}$$

$$=f'(x_0)+f'(x_0)$$

$$=2f'(x_0).$$

3.求曲线 $f(x)=x^3+2x$ 在点(1,3)处的切线方程和法线方程.

【解】 所求切线的斜率为

$$k=(x^3+2x)'|_{x=1}=(3x^2+2)|_{x=1}=5$$

所以,切线方程为 $y-3=5(x-1)$,即 $y=5x-2$.法线方程为 $y-3=-\frac{1}{5}(x-1)$,即 $y=-\frac{1}{5}x+\frac{16}{5}$.

4.讨论下列函数在 $x=0$ 处的连续性与可导性.

(1)$f(x)=x|x|$;　　(2)$f(x)=\begin{cases}x^2, x\geqslant 0\\ xe^x, x<0\end{cases}$.

【解】 (1)由$\lim\limits_{x\to 0}f(x)=\lim\limits_{x\to 0}x|x|=0=f(0)$可知,$f(x)=x|x|$在$x=0$处连续.由左、右导数的定义,有

$$f'_-(0)=\lim_{x\to 0^-}\frac{f(x)-f(0)}{x-0}=\lim_{x\to 0^-}\frac{x|x|}{x}=\lim_{x\to 0^-}|x|=0$$

$$f'_+(0)=\lim_{x\to 0^+}\frac{f(x)-f(0)}{x-0}=\lim_{x\to 0^+}\frac{x|x|}{x}=\lim_{x\to 0^+}|x|=0$$

因为$f'_-(0)=f'_+(0)$,所以函数$f(x)$在$x=0$处可导.

(2)由

$$\lim_{x\to 0^-}f(x)=\lim_{x\to 0^-}xe^x=0$$

$$\lim_{x\to 0^+}f(x)=\lim_{x\to 0^+}x^2=0$$

可以得到,$\lim\limits_{x\to 0^-}f(x)=\lim\limits_{x\to 0^+}f(x)=f(0)$,故函数$f(x)$在$x=0$处连续.

由左、右导数的定义,有

$$f'_-(0)=\lim_{x\to 0^-}\frac{f(x)-f(0)}{x-0}=\lim_{x\to 0^-}\frac{xe^x}{x}=\lim_{x\to 0^-}e^x=1$$

$$f'_+(0)=\lim_{x\to 0^+}\frac{f(x)-f(0)}{x-0}=\lim_{x\to 0^+}\frac{x^2}{x}=\lim_{x\to 0^+}x=0$$

因为$f'_-(0)\neq f'_+(0)$,所以函数$f(x)$在$x=0$处不可导.

习题 3.2

1. 用导数的四则运算法则求下列函数的导数.

(1)$y=2x^3-x+2+x^{-3}$; (2)$y=\dfrac{1+x}{1-x}$; (3)$y=x\ln x$;

(4)$y=3e^x\ln x$; (5)$y=\ln x^2+x^3\ln x$ (6)$y=x^2\arctan x$;

(7)$y=\sqrt{1+\ln x}$; (8)$y=e^{\cos x}$; (9)$y=e^x\sin e^x+\cos e^x$;

(10)$y=\ln(x+\sqrt{x^2+a^2})$.

【解】 (1)$y'=6x^2-1-3x^{-4}=6x^2-\dfrac{3}{x^4}-1$.

(2)$y'=\dfrac{(1+x)'(1-x)-(1+x)(1-x)'}{(1-x)^2}=\dfrac{1-x+1+x}{(1-x)^2}=\dfrac{2}{(1-x)^2}$.

(3)$y'=x'\ln x+x(\ln x)'=\ln x+1$.

(4)$y'=3[(e^x)'\ln x+e^x(\ln x)']=3e^x\ln x+\dfrac{3e^x}{x}$.

(5)$y'=\dfrac{2x}{x^2}+3x^2\ln x+x^2=\dfrac{2}{x}+x^2(3\ln x+1)$.

(6)$y'=2x\arctan x+\dfrac{x^2}{1+x^2}$.

(7)$y'=\frac{1}{2}(1+\ln x)^{-\frac{1}{2}}\cdot(1+\ln x)'=\frac{1}{2x\sqrt{1+\ln x}}$.

(8)$y'=e^{\cos x}\cdot(\cos x)'=-\sin x\cdot e^{\cos x}$.

(9)$y'=e^x\sin e^x+e^x(\sin e^x)'+(-\sin e^x)\cdot(e^x)'=e^{2x}\cos e^x$.

(10)$y'=\frac{(x+\sqrt{x^2+a^2})'}{x+\sqrt{x^2+a^2}}=\frac{1+\frac{1}{2}(x^2+a^2)^{-\frac{1}{2}}\cdot(x^2+a^2)'}{x+\sqrt{x^2+a^2}}=\frac{1}{\sqrt{x^2+a^2}}$.

2. 求下列方程所确定的隐函数的导数$\frac{dy}{dx}$.

(1)$3x^2+2y^3-5=0$;　　(2)$\ln y=xy+\cos x$.

【解】 (1)等式两边同时对x求导,有

$$6x+6y^2\frac{dy}{dx}=0$$

故$\frac{dy}{dx}=-\frac{x}{y^2}$.

(2)等式两边同时对x求导,有

$$\frac{1}{y}\cdot\frac{dy}{dx}=y+x\frac{dy}{dx}-\sin x$$

故$\frac{dy}{dx}=\frac{y^2-y\sin x}{1-xy}$.

习题 3.3

求下列函数的二阶导数.

(1)$y=\ln(1+x^2)$;　　(2)$y=\sin 2x\cdot e^x$;　　(3)$y=x\cos x$;

(4)$y=\frac{1}{1-x^2}$;　　(5)$y=x^2e^x$;　　(6)$y=\cos x\ln x$;

(7)$y=x\ln x$;　　(8)$y=\frac{e^x}{x}$;　　(9)$y=e^{-x}\sin x$;

(10)$y=e^{2x-1}$.

【解】 (1)$y'=\frac{2x}{1+x^2}$.

$$y''=\frac{2(1+x^2-4x^2)}{(1+x^2)^2}=\frac{2-2x^2}{(1+x^2)^2}.$$

(2)$y'=2\cos 2x\cdot e^x+\sin 2x\cdot e^x$.

$$\begin{aligned}y''&=-4\sin 2x\cdot e^x+2\cos 2x\cdot e^x+2\cos 2x\cdot e^x+\sin 2x\cdot e^x\\&=4\cos 2x\cdot e^x-3\sin 2x\cdot e^x\\&=e^x(4\cos 2x-3\sin 2x).\end{aligned}$$

(3)$y'=\cos x-x\sin x$.

$$y''=-\sin x-(\sin x+x\cos x)=-2\sin x-x\cos x.$$

(4) $y'=\dfrac{2x}{(1-x^2)^2}$.

$$y''=\frac{2(1-x^2)^2-2x[(1-x^2)^2]'}{(1-x^2)^4}$$

$$=\frac{2(1-x^2)^2+8x^2(1-x^2)}{(1-x^2)^4}$$

$$=\frac{2(1-x^2)(3x^2+1)}{(1-x^2)^4}$$

$$=\frac{2(3x^2+1)}{(1-x^2)^3}.$$

(5) $y'=2xe^x+x^2e^x$.

$y''=2e^x+2xe^x+2xe^x+x^2e^x=(x^2+4x+2)e^x$.

(6) $y'=-\sin x\ln x+\dfrac{\cos x}{x}$.

$$y''=-\left(\cos x\ln x+\frac{\sin x}{x}\right)+\frac{-x\sin x-\cos x}{x^2}$$

$$=\frac{-x^2\cos x\ln x-2x\sin x-\cos x}{x^2}.$$

(7) $y'=\ln x+1$.

$y''=\dfrac{1}{x}$.

(8) $y'=\dfrac{e^x x-e^x}{x^2}$.

$$y''=\frac{(e^x x-e^x)'x^2-(e^x x-e^x)2x}{x^4}$$

$$=\frac{x^3e^x-2x^2e^x+2xe^x}{x^4}$$

$$=\frac{e^x(x^2-2x+2)}{x^3}.$$

(9) $y'=-e^{-x}\sin x+e^{-x}\cos x$.

$$y''=-(-e^{-x}\sin x+e^{-x}\cos x)+(-e^{-x}\cos x-e^{-x}\sin x)$$

$$=e^{-x}\sin x-e^{-x}\cos x-e^{-x}\cos x-e^{-x}\sin x$$

$$=-2e^{-x}\cos x.$$

(10) $y'=2e^{2x-1}$.

$y''=2e^{2x-1}(2x-1)'=4e^{2x-1}$.

习题 3.4

1. 已知 $y=x^2-x$,计算当 $x=2,\Delta x=0.01$ 时的 Δy 及 dy.

【解】
$$\Delta y=(x+\Delta x)^2-(x+\Delta x)-x^2+x$$
$$=2.01^2-2.01-4+2$$
$$=0.030\ 1.$$

$dy=y'_x|_{x=2}\cdot\Delta x=2x-1|_{x=2}\times 0.01=0.03$.

2. 求下列函数的微分.

(1) $y=\frac{2}{x}+2\sqrt{x}$；　　(2) $y=(x-2)e^x$；　　(3) $y=\sin^2(x^2+2)$；

(4) $y=3x\sin 5x$；　　(5) $y=[\ln(2+x)]^2$；　　(6) $y=\ln[\ln(\ln x)]$；

(7) $y=\arctan(2+x^2)$；　　(8) $y=\arcsin 2x^3$.

【解】 (1)因为 $y'=\frac{-2}{x^2}+\frac{1}{\sqrt{x}}$，所以 $dy=\frac{x\sqrt{x}-2}{x^2}dx$.

(2)因为 $y'=e^x+(x-2)e^x=e^x(x-1)$，所以 $dy=e^x(x-1)dx$.

(3)因为

$$\begin{aligned}y'&=2\sin(x^2+2)[\sin(x^2+2)]'\\&=2\sin(x^2+2)\cos(x^2+2)(x^2+2)'\\&=2\sin(x^2+2)\cos(x^2+2)\cdot 2x\\&=4x\sin(x^2+2)\cos(x^2+2)\end{aligned}$$

所以 $dy=4x\sin(x^2+2)\cos(x^2+2)dx$.

(4)因为

$$y'=3\sin 5x+3x\cos 5x\cdot 5=3\sin 5x+15x\cos 5x$$

所以 $dy=(3\sin 5x+15x\cos 5x)dx$.

(5)因为

$$y'=2\ln(2+x)[\ln(2+x)]'=2\ln(2+x)\frac{1}{2+x}$$

所以 $dy=\frac{2\ln(2+x)}{2+x}dx$.

(6)因为

$$y'=\frac{1}{\ln(\ln x)}[\ln(\ln x)]'=\frac{1}{\ln(\ln x)}\cdot\frac{1}{\ln x}(\ln x)'=\frac{1}{x\ln x\ln(\ln x)}$$

所以

$$dy=\frac{1}{x\ln x\ln(\ln x)}dx$$

(7)因为

$$y'=\frac{1}{1-(2+x^2)^2}(2+x^2)'=\frac{2x}{1+(2+x^2)^2}=\frac{2x}{5+4x^2+x^4}$$

所以 $dy=\frac{2x}{5+4x^2+x^4}dx$.

(8)因为 $y'=\frac{1}{\sqrt{1-(2x^3)^2}}(2x^3)'=\frac{6x^2}{\sqrt{1-4x^6}}$，所以 $dy=\frac{6x^2}{\sqrt{1-4x^6}}dx$.

3. 计算下列各式的近似值.

(1) $\cos 29°$；　　(2) $e^{-0.002}$.

【解】 (1)根据 $f(x)\approx f(x_0)+f'(x_0)(x-x_0)$，取 $f(x)=\cos x$，则有

$$\cos x\approx\cos x_0-\sin x_0(x-x_0)$$

令 $x_0=\frac{\pi}{6}, x=\frac{\pi}{6}-\frac{\pi}{180}$,于是

$$\cos 29°\approx\cos\frac{\pi}{6}-\sin\frac{\pi}{6}\cdot\left(-\frac{\pi}{180}\right)$$
$$\approx\frac{\sqrt{3}}{2}+\frac{1}{2}\times\frac{\pi}{180}$$
$$\approx 0.8747.$$

(2)根据 $f(x)\approx f(x_0)+f'(x_0)(x-x_0)$,取 $x_0=0$,有

$$f(x)\approx f(0)+f'(0)x$$

对于 $f(x)=e^x$,有

$$f(0)=f'(0)=e^0=1$$

所以 $e^x\approx 1+x$,由此得 $e^{-0.002}\approx 1-0.002=0.998$.

复 习 题 三

1. 选择题.

(1)设 $f(x)$在点 x_0 处可导,则 $\lim\limits_{\Delta x\to 0}\frac{f(x_0-\Delta x)-f(x_0)}{\Delta x}=($　　$)$.

A. $-f'(x_0)$　　B. $f'(-x_0)$

C. $f'(x_0)$　　D. $2f'(x_0)$

(2)函数 $f(x)$在点 x_0 处连续是函数 $f(x)$在点 x_0 处可导的(　　).

A. 必要不充分条件　　B. 充分不必要条件

C. 充分必要条件　　D. 既不充分也不必要条件

(3)曲线 $y=2x^3-5x^2+4x-5$ 在点$(2,-1)$处的切线的斜率等于(　　).

A. 8　　B. 12

C. -6　　D. 6

(4)设 $y=e^{f(x)}$ 且 $f(x)$二阶可导,则 $y''=($　　$)$.

A. $e^{f(x)}$　　B. $e^{f(x)}\cdot f''(x)$

C. $e^{f(x)}[f'(x)f''(x)]$　　D. $e^{f(x)}\{[f'(x)]^2+f''(x)\}$

(5)若 $f(x)=\begin{cases}e^{ax}, x<0\\ b+\sin 2x, x\geqslant 0\end{cases}$在点 $x=0$ 处可导,则 a,b 的值应为(　　).

A. $a=2,b=1$　　B. $a=1,b=2$

C. $a=-2,b=1$　　D. $a=2,b=-1$

【解】 (1)A　(2)A　(3)A　(4)D　(5)A

2. 填空题.

(1)设函数 $f(x)=\sin\left(2x+\frac{\pi}{2}\right)$,则 $f'\left(\frac{\pi}{4}\right)=$________.

(2)设函数 $y=y(x)$由方程 $xy-e^x+e^y=0$ 确定,则 $y'(0)=$________.

(3)若函数 $y=e^x(\cos x+\sin x)$,则 $dy=$________.

(4)设 $y=\ln\sqrt{\dfrac{1-x}{1+x^2}}$,则 $y''|_{x=0}=$________.

(5)曲线 $y=\ln x$ 在点 $P(\mathrm{e},1)$ 处的切线方程为________.

【解】 (1)答案:-2.

解析:令 $u=2x+\dfrac{\pi}{2}$,则可将原函数看成由 $y=\sin u$ 和 $u=2x+\dfrac{\pi}{2}$ 复合而成,故

$$f'(x)=\frac{\mathrm{d}y}{\mathrm{d}u}\cdot\frac{\mathrm{d}u}{\mathrm{d}x}=(\sin u)'\cdot\left(2x+\frac{\pi}{2}\right)'=\cos u\cdot 2=2\cos\left(2x+\frac{\pi}{2}\right)$$

当取 $x=\dfrac{\pi}{4}$时,有 $f'\left(\dfrac{\pi}{4}\right)=2\cos\left(2\times\dfrac{\pi}{4}+\dfrac{\pi}{2}\right)=2\cos\pi=-2$.

(2)答案:$\dfrac{1-y}{\mathrm{e}^y}$.

解析:方程两边同时对 x 求导,并注意到 y 是 x 的函数,于是有

$$y+xy'-\mathrm{e}^x+\mathrm{e}^y y'=0$$

解得

$$y'=\frac{\mathrm{e}^x-y}{\mathrm{e}^y+x}$$

将 $x=0$ 代入上式,即得 $y'(0)=\dfrac{\mathrm{e}^0-y}{\mathrm{e}^y+0}=\dfrac{1-y}{\mathrm{e}^y}$.

(3)答案:$\mathrm{d}y=2\mathrm{e}^x\cos x\mathrm{d}x$.

解析:方程两边同时对 x 求导,并注意到 y 是 x 的函数,于是有

$$\begin{aligned}\frac{\mathrm{d}y}{\mathrm{d}x}&=(\mathrm{e}^x)'(\cos x+\sin x)+\mathrm{e}^x(\cos x+\sin x)'\\&=\mathrm{e}^x(\cos x+\sin x)+\mathrm{e}^x(-\sin x+\cos x)\\&=2\mathrm{e}^x\cos x\end{aligned}$$

(4)答案:$-\dfrac{3}{2}$.

解析:因为 $y=\ln\sqrt{\dfrac{1-x}{1+x^2}}=\dfrac{1}{2}[\ln(1-x)-\ln(1+x^2)]$,所以

$$\begin{aligned}y'&=\frac{1}{2}\left[\frac{1}{1-x}(1-x)'-\frac{1}{1+x^2}(1+x^2)'\right]\\&=-\frac{1}{2}\left(\frac{1}{1-x}+\frac{2x}{1+x^2}\right)\end{aligned}$$

进一步对 x 求导,得

$$\begin{aligned}y''&=-\frac{1}{2}\left[\frac{1'\cdot(1-x)-1\cdot(1-x)'}{(1-x)^2}+2\cdot\frac{x'(1+x^2)-x(1+x^2)'}{(1+x^2)^2}\right]\\&=-\frac{1}{2}\left[\frac{1}{(1-x)^2}+2\cdot\frac{1-x^2}{(1+x^2)^2}\right]\end{aligned}$$

故有

$$\begin{aligned}y''|_{x=0}&=-\frac{1}{2}\left[\frac{1}{(1-0)^2}+2\times\frac{1-0^2}{(1+0^2)^2}\right]\\&=-\frac{1}{2}(1+2)=-\frac{3}{2}\end{aligned}$$

(5)答案:$y=\frac{1}{e}x$.

解析:令 $y=f(x)=\ln x$,则在点 $P(e,1)$处切线的斜率为 $y'=(\ln x)'=\frac{1}{e}$. 根据曲线在一点的切线方程 $f(x)-f(x_0)=f'(x_0)(x-x_0)$有

$$y-\ln e=\frac{1}{e}(x-e)$$

即切线方程为 $y=\frac{1}{e}x$.

3. 已知 $y=x\arctan x-\ln\sqrt{1+x^2}$,求$\frac{dy}{dx}$.

【解】 $\frac{dy}{dx}=\arctan x+\frac{x}{1+x^2}-\frac{1}{\sqrt{1+x^2}}\cdot\frac{x}{\sqrt{1+x^2}}$

$=\arctan x+\frac{x}{1+x^2}-\frac{x}{1+x^2}$

$=\arctan x$.

4. 求下列函数的二阶导数.

(1)$y=\sin 3x$;　　(2)$y=x^3\ln x^2$.

【解】 (1)$y'=(\sin 3x)'=\cos 3x\cdot(3x)'=3\cos 3x$.

$y''=(3\cos 3x)'=-9\sin 3x$.

(2)$y'=(x^3)'\cdot\ln x^2+x^3\cdot(\ln x^2)'=3x^2\ln x^2+2x^2$.

$y''=(3x^2\ln x^2+2x^2)'=(3x^2)'\ln x^2+3x^2\cdot(\ln x^2)'+(2x^2)'=6x\ln x^2+10x$.

5. 已知 $y=x^2-x$,求在 $x=2$ 处,当 $\Delta x=0.1$ 时,Δy 和 dy 的值.

【解】 $\Delta y=f(x_0+\Delta x)-f(x_0)$

$=[(2+0.1)^2-(2+0.1)]-(2^2-2)$

$=(4.41-2.1)-2$

$=2.31-2$

$=0.31$.

$dy=y'_x|_{x=2}\cdot\Delta x=(2x-1)|_{x=2}\times0.1=0.3$.

6. 讨论下列函数在 $x=0$ 处的连续性与可导性.

(1)$y=|\sin x|$;　　(2)$y=\begin{cases}x\sin\frac{1}{x}, x\neq0\\0, x=0\end{cases}$.

【解】 (1)因为

$$\lim_{x\to0^-}|\sin x|=\lim_{x\to0^+}|\sin x|=0=f(0)$$

所以 $y=|\sin x|$在 $x=0$ 处连续.

因为

$$f'_-(0)=\lim_{x\to0^-}\frac{f(x)-f(0)}{x-0}=\lim_{x\to0^-}\frac{|\sin x|}{x}=-1$$

$$f'_+(0)=\lim_{x\to0^+}\frac{f(x)-f(0)}{x-0}=\lim_{x\to0^+}\frac{|\sin x|}{x}=1$$

所以 $f'_-(0)\neq f'_+(0)$. 故 $y=|\sin x|$ 在 $x=0$ 处不可导.

(2)因为

$$\lim_{x\to 0^-} x\sin\frac{1}{x}=\lim_{x\to 0^+} x\sin\frac{1}{x}=0=f(0)$$

所以 $y=\begin{cases} x\sin\frac{1}{x}, x\neq 0 \\ 0, x=0 \end{cases}$ 在 $x=0$ 处连续.

因为

$$f'_-(0)=\lim_{x\to 0^-}\frac{f(x)-f(0)}{x-0}=\lim_{x\to 0^-}\sin\frac{1}{x}\text{，极限不存在}$$

$$f'_+(0)=\lim_{x\to 0^+}\frac{f(x)-f(0)}{x-0}=\lim_{x\to 0^+}\sin\frac{1}{x}\text{，极限不存在}$$

即左、右导数均不存在，故 $y=\begin{cases} x\sin\frac{1}{x}, x\neq 0 \\ 0, x=0 \end{cases}$ 在 $x=0$ 处不可导.

7. 已知 $y=x+x^x$，求 y'.

【解】 原方程可变换为 $y-x=x^x$，对等式两边取以 e 为底的对数得

$$\ln(y-x)=x\ln x$$

上式两边同时对 x 求导，得

$$\frac{1}{y-x}(y'-1)\ln x-1\Rightarrow y'-1=(\ln x+1)(y-x)$$

所以

$$y'=y\ln x-x\ln x+y-x+1$$

8. 设由方程 $e^y+\sin(xy^2)=x+y$ 确定 y 是 x 的函数，求 y'.

【解】 方程两边同时对 x 求导数，得

$$e^y y'+\cos(xy^2)(y^2+2xyy')=1+y'$$

即

$$y'[e^y+2xy\cos(xy^2)-1]=1-y^2\cos(xy^2)$$

故

$$y'=\frac{1-y^2\cos(xy^2)}{e^y+2xy\cos(xy^2)-1}$$

9. 求曲线 $y=e^x-3\sin x+1$ 在点(0,2)处的切线方程与法线方程.

【解】 切线的斜率为

$$k=y'_x|_{x=0}=(e^x-3\cos x)|_{x=0}=-2$$

所以，切线方程为

$$y=-2x+2$$

法线方程为

$$y=\frac{1}{2}x+2$$

第 4 章　导数的应用

4.1　基 本 要 求

(1)理解并掌握洛必达法则.

(2)掌握函数单调性的判定方法.

(3)理解函数的极值与最值,并能够求函数的极值与最值.

4.2　内 容 提 要

4.2.1　洛必达法则

1. $\frac{0}{0}$型未定式

定理 4.1　设函数 $f(x)$和 $g(x)$都在点 x_0 的附近可导,且 $g'(x)\neq 0$,$\lim\limits_{x\to x_0}f(x)=0$,$\lim\limits_{x\to x_0}g(x)=0$. 如果$\lim\limits_{x\to x_0}\frac{f'(x)}{g'(x)}=A$(或$\infty$),那么

$$\lim_{x\to x_0}\frac{f(x)}{g(x)}=\lim_{x\to x_0}\frac{f'(x)}{g'(x)}=A(\text{或}\infty)$$

当 $x\to\infty$时,若满足相应的条件,则该定理仍然成立.

2. $\frac{\infty}{\infty}$型未定式

定理 4.2　设函数 $f(x)$和 $g(x)$都在点 x_0 的附近可导,且 $g'(x)\neq 0$,$\lim\limits_{x\to x_0}f(x)=\infty$,$\lim\limits_{x\to x_0}g(x)=\infty$. 如果$\lim\limits_{x\to x_0}\frac{f'(x)}{g'(x)}=A$(或$\infty$),那么

$$\lim_{x\to x_0}\frac{f(x)}{g(x)}=\lim_{x\to x_0}\frac{f'(x)}{g'(x)}=A(\text{或}\infty)$$

当 $x\to\infty$时,若满足相应的条件,则该定理仍然成立.

3. 其他类型未定式

除了$\frac{0}{0}$型和$\frac{\infty}{\infty}$型外,还有其他一些类型的未定式,如 $0\cdot\infty$,$\infty-\infty$,0^0,1^∞,∞^0 等,可以

先将它们转化成$\frac{0}{0}$型或$\frac{\infty}{\infty}$型，然后利用$\frac{0}{0}$型或$\frac{\infty}{\infty}$型的洛必达法则计算它们的极限.

4.2.2　函数的单调性

1. 函数单调性的判定方法

定理 4.3　设函数 $y=f(x)$在$[a,b]$上连续，在(a,b)内可导.

(1)如果在(a,b)内 $f'(x)>0$，那么函数 $y=f(x)$在$[a,b]$上单调增加.

(2)如果在(a,b)内 $f'(x)<0$，那么函数 $y=f(x)$在$[a,b]$上单调减少.

把定理 4.3 中的闭区间换成其他各种区间(包括无穷区间)，结论仍然成立.

判定可导函数单调性的具体步骤如下.

(1)确定函数的定义区间.

(2)求导数 $f'(x)$，令 $f'(x)=0$，求出其在定义区间内的所有实根，并将这些实根按照从小到大的顺序排列.

(3)用这些实根将定义区间分成若干个开区间.

(4)判定 $f'(x)$在每一个开区间内的符号. 在某区间内，如果 $f'(x)>0$，那么函数在该区间内是单调增加的；如果 $f'(x)<0$，那么函数在该区间内是单调减少的.

2. 函数单调性的应用

通常可以用函数的单调性来证明不等式和判定方程的根的存在性及个数.

4.2.3　函数的极值与最值

1. 函数的极值

定义 4.1　设函数 $f(x)$在点 x_0 的附近有定义，如果对于其附近的任意一点，有 $f(x)<f(x_0)$〔或 $f(x)>f(x_0)$〕，那么就称 $f(x_0)$是函数 $f(x)$的一个极大值(或极小值)，并把 x_0 称为函数 $f(x)$的一个极大值点(或极小值点).

函数的极大值与极小值统称为函数的极值，函数的极大值点和极小值点统称为函数的极值点.

函数的极值是局部性的，它只是与极值点近旁的所有点的函数值相比较为较大或较小，并不意味着它在函数的整个定义区间上是最大或最小. 因此，函数的极大值不一定比极小值大.

2. 函数极值的判定及求法

定理 4.4　如果函数 $f(x)$在点 x_0 处可导，且在点 x_0 处取得极值，那么 $f'(x_0)=0$. 通常，把使得 $f'(x_0)=0$ 的点叫作函数 $f(x)$的驻点.

注意: 可导函数 $f(x)$的极值点一定是它的驻点，但反过来，函数的驻点不一定是极值点.

定理 4.5　设函数 $f(x)$在点 x_0 处连续，且在点 x_0 的附近可导.

(1)若在点 x_0 的附近，当 $x<x_0$ 时，$f'(x)>0$，当 $x>x_0$ 时，$f'(x)<0$，则函数 $f(x)$在点 x_0 处取得极大值.

(2)若在点 x_0 的附近,当 $x<x_0$ 时,$f'(x)<0$,当 $x>x_0$ 时,$f'(x)>0$,则函数 $f(x)$ 在点 x_0 处取得极小值.

(3)若在点 x_0 的附近,$f'(x)$ 的符号保持不变,则函数 $f(x)$ 在点 x_0 处没有极值.

定理 4.6 设函数 $f(x)$ 在点 x_0 处存在二阶导数,且 $f'(x_0)=0$,$f''(x_0)\neq 0$.

(1)若 $f''(x_0)<0$,则函数 $f(x)$ 在点 x_0 处取得极大值.

(2)若 $f''(x_0)>0$,则函数 $f(x)$ 在点 x_0 处取得极小值.

3. 函数的最值

使函数取得最大值或最小值的点,统称为函数的最值点.

设函数 $f(x)$ 在闭区间 $[a,b]$ 上连续,根据闭区间上连续函数的性质可知,函数 $f(x)$ 在闭区间 $[a,b]$ 上一定可以取得最大值和最小值. 如果最大值和最小值在开区间 (a,b) 内部取得,那么它们一定在极值点处取得. 另外,它们也可能在闭区间的两个端点处取得. 因此,只要求出函数 $f(x)$ 在开区间 (a,b) 内的所有驻点与不可导点,并将函数在这些点上的值域端点值 $f(a)$ 和 $f(b)$ 加以比较,其中最大的是函数的最大值,最小的是函数的最小值.

如果是以下特殊情况,则最值可以直接得到.

(1)若函数 $f(x)$ 在闭区间 $[a,b]$ 上单调增加,则 $f(a)$ 是最小值,$f(b)$ 是最大值;若函数 $f(x)$ 在闭区间 $[a,b]$ 上单调减少,则 $f(a)$ 是最大值,$f(b)$ 是最小值.

(2)在实际应用中,若从问题本身的意义得知 $f(x)$ 在开区间 (a,b) 上必存在一个最值,且 x_0 是唯一的极值点,则可以确定 $f(x_0)$ 就是所求的最值.

4.3 习题解答

习题 4.1

利用洛必达法则求下列极限.

(1) $\lim\limits_{x\to\alpha}\dfrac{\sin x-\sin\alpha}{x-\alpha}$;

(2) $\lim\limits_{x\to\infty}\dfrac{x-\sin x}{x+\sin x}$;

(3) $\lim\limits_{x\to 0}\dfrac{\ln(1+x)}{x}$;

(4) $\lim\limits_{x\to 0}\dfrac{(1+x)^{\alpha}-1}{x}$;

(5) $\lim\limits_{x\to 1}\dfrac{x^3-3x^2+2}{x^3+x^2-x-1}$;

(6) $\lim\limits_{x\to 0}\dfrac{e^x-e^{-x}}{x}$;

(7) $\lim\limits_{x\to a}\dfrac{x^m-a^m}{x^n-a^x}$;

(8) $\lim\limits_{x\to\pi}\dfrac{\sin 3x}{\tan 7x}$;

(9) $\lim\limits_{x\to 0}\dfrac{e^x+\sin x-1}{\ln(1+x)}$;

(10) $\lim\limits_{x\to 0}\left(\dfrac{1}{e^x-1}-\dfrac{1}{x}\right)$;

(11) $\lim\limits_{x\to 0^+}\left(\dfrac{1}{x}\right)^{\tan x}$;

(12) $\lim\limits_{x\to +\infty} x^{\frac{1}{x}}$.

【解】 (1)原式为$\frac{0}{0}$型.

$$\lim_{x\to\alpha}\frac{\sin x-\sin\alpha}{x-\alpha}=\lim_{x\to\alpha}\frac{\cos x-0}{1-0}=\lim_{x\to\alpha}\frac{\cos x}{1}=\cos\alpha$$

(2)原式为$\frac{\infty}{\infty}$型.

$\lim_{x\to\infty}\frac{x-\sin x}{x+\sin x}=\lim_{x\to\infty}\frac{1-\cos x}{1+\cos x}$,不符合条件,不能应用洛必达法则.

$$\lim_{x\to\infty}\frac{x-\sin x}{x+\sin x}=\lim_{x\to\infty}\frac{1-\frac{\sin x}{x}}{1+\frac{\sin x}{x}}=\frac{1-0}{1+0}=1$$

(3)原式为$\frac{0}{0}$型.

$$\lim_{x\to 0}\frac{\ln(1+x)}{x}=\lim_{x\to 0}\frac{\frac{1}{1+x}}{1}=1$$

(4)原式为$\frac{0}{0}$型.

$$\lim_{x\to 0}\frac{(1+x)^{\alpha}-1}{x}=\lim_{x\to 0}\frac{\alpha(1+x)^{\alpha-1}}{1}=\alpha$$

(5)原式为$\frac{0}{0}$型.

$$\lim_{x\to 1}\frac{x^3-3x^2+2}{x^3+x^2-x-1}=\lim_{x\to 1}\frac{3x^2-6x}{3x^2+2x-1}=\frac{3-6}{3+2-1}=-\frac{3}{4}$$

(6)原式为$\frac{0}{0}$型.

$$\lim_{x\to 0}\frac{e^x-e^{-x}}{x}=\lim_{x\to 0}\frac{e^x+e^{-x}}{1}=1+1=2$$

(7)原式为$\frac{0}{0}$型.

$$\lim_{x\to a}\frac{x^m-a^m}{x^n-a^n}=\lim_{x\to a}\frac{mx^{m-1}}{nx^{n-1}}=\frac{m}{n}a^{m-n}$$

(8)原式为$\frac{0}{0}$型.

$$\lim_{x\to\pi}\frac{\sin 3x}{\tan 7x}=\lim_{x\to\pi}\frac{3\cos 3x}{7\sec^2 7x}=-\frac{3}{7}$$

(9)原式为$\frac{0}{0}$型.

$$\lim_{x\to 0}\frac{e^x+\sin x-1}{\ln(1+x)}=\lim_{x\to 0}\frac{e^x+\cos x}{\frac{1}{1+x}}=\frac{1+1}{1}=2$$

(10) $\lim\limits_{x\to0}\left(\dfrac{1}{e^x-1}-\dfrac{1}{x}\right)=\lim\limits_{x\to0}\dfrac{x-e^x+1}{(e^x-1)x}\left(\dfrac{0}{0}型\right)$

$$=\lim_{x\to0}\frac{1-e^x}{e^x\cdot x+(e^x-1)\cdot 1}\left(\frac{0}{0}型\right)$$

$$=\lim_{x\to0}\frac{-e^x}{e^x\cdot x+e^x+e^x}$$

$$=-\frac{1}{2}.$$

(11) $\lim\limits_{x\to0^+}\left(\dfrac{1}{x}\right)^{\tan x}=\lim\limits_{x\to0^+}e^{\tan x\ln\frac{1}{x}}=\lim\limits_{x\to0^+}e^{-\tan x\ln x}$.

$$\lim_{x\to0^+}(-\tan x\ln x)=-\lim_{x\to0^+}\frac{\ln x}{\cot x}=-\lim_{x\to0^+}\frac{\frac{1}{x}}{-\csc^2 x}=\lim_{x\to0^+}\frac{\sin^2 x}{x}=0$$

即 $\lim\limits_{x\to0^+}\left(\dfrac{1}{x}\right)^{\tan x}=e^0=1$.

(12) $\lim\limits_{x\to+\infty}x^{\frac{1}{x}}=e^{\lim\limits_{x\to+\infty}\frac{\ln x}{x}}=e^{\lim\limits_{x\to+\infty}\frac{1}{x}}=e^0=1$.

习题 4.2

1. 判断下列函数的单调性.

(1) $f(x)=x^3+x$;　　(2) $f(x)=x+\cos x$;

(3) $f(x)=\ln(2-3x)$.

【解】 (1)由题可知,$f(x)$的定义域为$(-\infty,+\infty)$.

$$f'(x)=3x^2+1$$

在定义域$(-\infty,+\infty)$内,$f'(x)>0$,该函数为单调增函数.

(2)由题可知,$f(x)$的定义域为$(-\infty,+\infty)$.

$$f'(x)=1-\sin x$$

在定义域$(-\infty,+\infty)$内,$f'(x)\geqslant0$,该函数为单调增函数.

(3)由题可知,$f(x)$的定义域为$\left(-\infty,\dfrac{2}{3}\right)$.

$$f'(x)=\frac{-3}{2-3x}=-\frac{3}{-3x+2}$$

在定义域$\left(-\infty,\dfrac{2}{3}\right)$内,$f'(x)<0$,该函数为单调减函数.

2. 求下列函数的单调区间.

(1) $f(x)=x^4-8x^2+2$;　　(2) $f(x)=e^x-x+1$;

(3) $f(x)=2x^2-\ln x$;　　(4) $f(x)=2x+\dfrac{8}{x}$.

【解】 (1)由题可知,函数的定义域为$(-\infty,+\infty)$.

$$f'(x)=4x^3-16x=4x(x^2-4)$$

令 $f'(x)=0$,得 $x_1=-2$,$x_2=0$,$x_3=2$.

在区间$(-\infty,-2]$,$[0,2]$内,$f'(x)\leqslant0$,故区间$(-\infty,-2]$,$[0,2]$为单调减区间.

在区间$[-2,0]$，$[2,+\infty)$内，$f'(x)\geqslant 0$，故区间$[-2,0]$，$[2,+\infty)$为单调增区间.

(2)由题可知，函数的定义域为$(-\infty,+\infty)$.

$$f'(x)=e^x-1$$

令$f'(x)=0$，得$x=0$.

在区间$(-\infty,0]$内，$f'(x)\leqslant 0$，故区间$(-\infty,0]$为单调减区间.

在区间$[0,+\infty)$内，$f'(x)\geqslant 0$，故区间$[0,+\infty)$为单调增区间.

(3)由题可知，函数的定义域为$(0,+\infty)$.

$$f'(x)=4x-\frac{1}{x}$$

令$f'(x)=0$，得$x_1=-\frac{1}{2}$（不在定义域内，舍去），$x_2=\frac{1}{2}$.

在区间$(0,\frac{1}{2}]$内，$f'(x)\leqslant 0$，故区间$(0,\frac{1}{2}]$为单调减区间.

在区间$[\frac{1}{2},+\infty)$内，$f'(x)\geqslant 0$，故区间$[\frac{1}{2},+\infty)$为单调增区间.

(4)由题可知，函数的定义域为$(-\infty,0)\cup(0,+\infty)$.

$$f'(x)=2+8\times(-1)x^{-2}=2-\frac{8}{x^2}$$

令$f'(x)=0$，得$x_1=-2$，$x_2=2$.

在区间$(-\infty,-2]$和$[2,+\infty)$内，$f'(x)\geqslant 0$，故区间$(-\infty,-2]$和$[2,+\infty)$为单调增区间.

在区间$[-2,0)$和$(0,2]$内，$f'(x)\leqslant 0$，故区间$[-2,0)$和$(0,2]$为单调减区间.

3. 证明：当$x>0$时，$\sin x<x$.

【证明】 设函数$f(x)=x-\sin x$在区间$(0,+\infty)$内可导.

$$f'(x)=1-\cos x$$

在区间$(0,1]$内，$1-\cos x>0$，$f(x)$递增，$x>\sin x$.

在区间$[1,+\infty)$内，$x>\sin x$.

故当$x>0$时，$\sin x<x$，得证.

习题 4.3

1. 求下列函数的极值.

(1)$f(x)=-2x^3+3x^2+6$；　　(2)$f(x)=x+\frac{1}{x}$；

(3)$f(x)=\frac{1}{2}x^2-4\ln x$；　　(4)$f(x)=\sqrt{2x-x^2}$.

【解】 (1)由

$$f'(x)=-6x^2+6x$$

得驻点$x_1=0$，$x_2=1$. 由于

$$f''(x)=-12x+6$$

故

$f''(0)=6>0$,在该处有极小值 $f(0)=6$.

$f''(1)=-6<0$,在该处有极大值 $f(1)=7$.

(2)由题可知,函数的定义域为 $x\neq 0$.

由

$$f'(x)=1-\frac{1}{x^2}=0$$

得驻点 $x_1=-1$,$x_2=1$. 由于

$$f''(x)=\frac{2}{x^3}$$

故

$f''(-1)=-2$,在该处有极大值 $f(-1)=-2$.

$f''(1)=2$,在该处有极小值 $f(1)=2$.

(3)由题可知,函数的定义域为$(0,+\infty)$.

$$f'(x)=x-\frac{4}{x}$$

令 $f'(x)=0$,得驻点 $x_1=2$,$x_2=-2$(不在定义域内,舍去).

在$(0,2]$内,$f'(x)\leqslant 0$,函数为单调减函数.

在$[2,+\infty)$内,$f'(x)\geqslant 0$,函数为单调增函数.

在 $x=2$ 处函数有极小值,$f(2)=2-4\ln 2$.

(4)由题可知,函数的定义域为$[0,2]$.

$$f'(x)=\frac{1}{2}\cdot\frac{2-2x}{\sqrt{2x-x^2}}$$

令 $f'(x)=0$,得驻点 $x=1$.

在$[0,1]$内,$f'(x)\geqslant 0$,函数为单调增函数.

在$[1,2]$内,$f'(x)\leqslant 0$,函数为单调减函数.

在 $x=1$ 处函数有极大值 $f(1)=1$.

2. 求下列函数在给定区间上的最大值与最小值.

(1) $f(x)=x^4-2x^2+5$,$x\in[-2,2)$;

(2) $f(x)=x+\sqrt{x}$,$x\in[0,4]$;

(3) $f(x)=\frac{x^2}{1+x}$,$x\in[-\frac{1}{2},1)$.

【解】 (1) $f'(x)=4x^3-4x$. 令 $f'(x)=0$,得驻点 $x_1=-1$,$x_2=0$,$x_3=1$. 有

$$f(-1)=(-1)^4-2\times(-1)^2+5=4$$

$$f(0)=0^4-2\times 0^2+5=5$$

$$f(1)=1^4-2\times 1^2+5=4$$

$$f(-2)=(-2)^4-2\times(-2)^2+5=13$$

$$f(2)=2^4-2\times 2^2+5=13$$

故函数的最大值为 $f(-2)=f(2)=13$,最小值为 $f(-1)=f(1)=4$.

(2) $f'(x)=1+\frac{1}{2}\cdot\frac{1}{\sqrt{x}}$,无驻点. 故函数的最大值为 $f(4)=4+\sqrt{4}=6$,最小值为

$f(0)=0+\sqrt{0}=0$.

(3) $f'(x)=\dfrac{x^2+2x}{(1+x)^2}$. 令 $f'(x)=0$，得驻点 $x_1=0$，$x_2=-2$（不在定义域内，舍去）. 故函数的最大值为 $f(-\frac{1}{2})=\dfrac{\left(-\frac{1}{2}\right)^2}{1+\left(-\frac{1}{2}\right)}=\frac{1}{2}$，最小值为 $f(0)=\dfrac{0^2}{1+0}=0$.

3. 修建某铁路隧道，该隧道的上部为半圆形，下部为矩形，施工费用与隧道截面的面积成正比，现施工费用已定，要让隧道的截面面积最大，怎样选择尺寸？

【解】 当半圆形的半径 R 等于下面矩形的高 h 时，隧道的截面面积最大.

解析过程（略）.

4. 某工厂制作一批容积为 V 的锥形漏斗，欲使其用料最省，问漏斗的高与底面半径应怎样确定？

【解】 设底面半径为 r，漏斗高为 h，母线长度为 l，漏斗的表面积为 S. 由题可知，锥形漏斗的容积为

$$V=\frac{1}{3}\pi r^2 h$$

漏斗的表面积为

$$\begin{aligned}S&=\pi rl\\&=\pi r\sqrt{r^2+h^2}\\&=3V\sqrt{\frac{1}{r^2}+\frac{1}{h^2}}\\&=3V\sqrt{\frac{\pi h}{3V}+\frac{1}{h^2}}\\&=3V\sqrt{\frac{\pi h}{6V}+\left(\frac{\pi h}{6V}+\frac{1}{h^2}\right)}\end{aligned}$$

当表面积最小时，有

$$\begin{cases}\dfrac{\pi h}{6V}=\dfrac{1}{h^2}\\2r^2=h^2\end{cases}$$

故有

$$\frac{h}{r}=\sqrt{2}$$

即当漏斗的高为底面半径的 $\sqrt{2}$ 倍时，用料最省.

习题 4.4

1. 选择题.

(1) 曲线 $y=f(x)$ 在区间 (a,b) 内有 $f'(x)>0$，$f''(x)>0$，则曲线在区间 (a,b) 内的图像（　　）.

A. 沿着 x 轴正向下降且为凸弧　　B. 沿着 x 轴正向上升且为凸弧

C. 沿着 x 轴正向上升且为凹弧　　D. 沿着 x 轴正向下降且为凹弧

(2)若点(x_0,y_0)为曲线的拐点,则有(　　).

A. 在 x_0 的左侧和右侧 $f''(x)>0$

B. 在 x_0 的左侧和右侧 $f''(x)<0$

C. 在 x_0 的左侧 $f''(x)<0$,右侧 $f''(x)>0$

D. $f''(x_0)$不存在

【解】 (1)C　　(2)C

2. 判断下列曲线的凹凸性.

(1)$f(x)=x^4+x^2-2x+3$;　　(2)$f(x)=x\ln x$.

【解】 (1)$f(x)$的定义域为$(-\infty,+\infty)$,$f'(x)=4x^3+2x-2$,$f''(x)=12x^2+2>0$,凹的.

(2)$f(x)$的定义域为$(0,+\infty)$,$f'(x)=1+\ln x$,$f''(x)=\dfrac{1}{x}>0$,凹的.

3. 求下列曲线的凹凸区间和拐点.

(1)$f(x)=x^3-6x^2+x+1$;　　(2)$f(x)=\ln(1+x^2)$.

【解】 (1)$f(x)$的定义域为$(-\infty,+\infty)$,$f'(x)=3x^2-12x+1$,$f''(x)=6x-12$.

令 $f''(x)=0$,解得 $x=2$.

因此,在$(-\infty,2)$内,$f''(x)<0$,曲线为凸弧;在$(2,+\infty)$内,$f''(x)>0$,曲线为凹弧.

故 $f(x)$的凸区间为$(-\infty,2)$,凹区间为$(2,+\infty)$,拐点为$(2,-13)$.

(2)$f(x)$的定义域为$(-\infty,+\infty)$,$f'(x)=\dfrac{2x}{1+x^2}$,$f''(x)=\dfrac{2-2x^2}{(1+x^2)^2}$.

令 $f''(x)=0$,解得 $x=\pm1$.

因此,在$(-\infty,-1)$内,$f''(x)<0$,曲线为凸弧;在$(-1,1)$内,$f''(x)>0$,曲线为凹弧;在$(1,+\infty)$内,$f''(x)<0$,曲线为凸弧.

故 $f(x)$的凸区间为$(-\infty,-1)$和$(1,+\infty)$,凹区间为$(-1,1)$,拐点为$(-1,\ln 2)$和$(1,\ln 2)$.

复习题四

1. 选择题.

(1)下列极限计算正确的是(　　).

A. $\lim\limits_{x\to1}\dfrac{x^3-x^2+x-1}{(x-1)^2}=\lim\limits_{x\to1}\dfrac{3x^2-2x+1}{2(x-1)}=\lim\limits_{x\to1}\dfrac{6x-2}{2}=2$

B. $\lim\limits_{x\to1}\dfrac{x^3-x^2+x-1}{(x-1)^2}=\lim\limits_{x\to1}\dfrac{(x-1)(x^2+1)}{(x-1)^2}=\lim\limits_{x\to1}\dfrac{x^2+1}{x-1}=\lim\limits_{x\to1}\dfrac{2x}{1}=2$

C. $\lim\limits_{x\to1}\dfrac{x^3-x^2+x-1}{(x-1)^2}=\lim\limits_{x\to1}\dfrac{3x^2-2x+1}{2(x-1)}=\infty$

D. $\lim\limits_{x\to1}\dfrac{x^3-x^2+x-1}{(x-1)^2}=\dfrac{\lim\limits_{x\to1}(x^3-x^2+x-1)}{\lim\limits_{x\to1}(x-1)^2}$不存在

(2)函数 $y=f(x)$在点 x_0 处取得极大值,则必有(　　).

A. $f'(x_0)=0$　　B. $f''(x_0)<0$

C. $f'(x_0)=0$ 或 $f'(x_0)$不存在　　D. $f'(x_0)=0$,$f''(x_0)<0$

(3)函数 $f(x)$ 连续且可导，当 $x<x_0$ 时，$f'(x)<0$，当 $x>x_0$ 时，$f'(x)>0$，则 x_0 必为函数 $f(x)$ 的(　　).

A. 驻点　　　　B. 极小值点

C. 极大值点　　　　D. 不确定

(4)曲线 $y=f(x)$ 在区间 (a,b) 内有 $f'(x)>0$，$f''(x)<0$，则曲线 $y=f(x)$ 在区间 (a,b) 内是(　　).

A. 单调减少，凹弧　　　　B. 单调增加，凸弧

C. 单调减少，凸弧　　　　D. 单调增加，凹弧

【解】 (1)C　　(2)C　　(3)B　　(4)B

2. 填空题.

(1)函数 $y=\frac{e^x}{x}$ 的单调增区间是________，单调减区间是________________.

(2)方程 $x^3+2x-3=0$ 在实数范围内有________个实根.

(3)函数 $y=ax^2+bx$ 在 $x=1$ 处有极大值 2，则 $a=$________，$b=$________.

(4)曲线 $y=x^3$ 的拐点是________________.

【解】 (1)答案：单调增区间为 $[1,-\infty)$，单调减区间为 $(-\infty,0)\cup(0,1]$.

解析：由题可知，函数的定义域为 $(-\infty,0)\cup(0,+\infty)$，可得

$$y'=\frac{e^x\cdot x-e^x\cdot 1}{x^2}$$

令 $y'=0$，从而可得驻点为 $x=1$. 故可得单调增区间为 $[1,+\infty)$，单调减区间为 $(-\infty,0)\cup(0,1]$.

(2)答案：1.

解析：令 $y=x^3+2x-3$，则 $y'=3x^2+2$，在实数范围内，始终有 $y'>0$，故可知函数 $y=x^3+2x-3$ 为单调增函数，所以方程 $x^3+2x-3=0$ 在实数范围内有一个实根.

(3)答案：$a=-2$，$b=4$.

解析：$y'=2ax+b$，令 $y'=0$，可得驻点 $x=-\frac{b}{2a}$. 由 $x=1$ 时 $y=2$，得到如下方程组

$$\begin{cases}-\frac{b}{2a}=1\\ a+b=2\end{cases}$$

解方程组得 $a=-2$，$b=4$.

(4)答案：$(0,0)$.

3. 使用函数单调性证明：$x>0$ 时，$\frac{x}{4+x}<\ln(1+x)<x$.

【证明】 令 $f(x)=\ln(1+x)-\frac{x}{4-x}$，$g(x)=\ln(1+x)-x$，由于 $f(x)$ 和 $g(x)$ 在 $[0,+\infty)$ 上连续，且有

$$f'(x)=\left[\ln(1+x)-\frac{x}{4+x}\right]'$$

$$=[\ln(1+x)]'-\frac{x'(4+x)-x(4+x)'}{(4+x)^2}$$

$$=\frac{1}{1+x}-\frac{4}{(4+x)^2}$$

$$=\frac{x^2+4x+12}{(1+x)(4+x)^2}$$

$$g'(x)=[\ln(1+x)-x]'=\frac{1}{1+x}-1$$

当 $x>0$ 时，$f'(x)>0$，$g'(x)<0$，故函数 $f(x)=\ln(1+x)-\frac{x}{4+x}$ 在$[0,+\infty)$上单调增加，$g(x)=\ln(1+x)-x$ 在$[0,+\infty)$上单调减少，从而有 $f(x)>f(0)=0$，$g(x)<g(0)=0$，即 $\ln(1+x)-\frac{x}{4+x}>0$，$\ln(1+x)-x<0$. 故$\frac{x}{4+x}<\ln(1+x)<x$.

4. 证明：恒等式 $x-2\arctan(\sec x+\tan x)=\frac{3}{2}\pi$ 在$\frac{\pi}{2}<x<\frac{3}{2}\pi$ 时成立.

【证明】 令 $f(x)=x-2\arctan(\sec x+\tan x)$，$\frac{\pi}{2}<x<\frac{3}{2}\pi$，则有

$$\begin{aligned}f'(x)&=[x-2\arctan(\sec x+\tan x)]'\\&=x'-2[\arctan(\sec x+\tan x)]'\\&=1-2\times\frac{1}{1+(\sec x+\tan x)^2}[(\sec x)'+(\tan x)']\\&=1-\frac{2}{1+\frac{(1+\sin x)^2}{\cos^2 x}}\left[\frac{\sin x}{\cos^2 x}+\frac{1}{\cos^2 x}\right]\\&=1-\frac{2}{\frac{\cos^2 x+1+2\sin x+\sin^2 x}{\cos^2 x}}\cdot\frac{\sin x+1}{\cos^2 x}\\&=1-\frac{2\cos^2 x}{2+2\sin x}\cdot\frac{\sin x+1}{\cos^2 x}\\&=1-1=0\end{aligned}$$

所以，当$\frac{\pi}{2}<x<\frac{3}{2}\pi$ 时，$f(x)=x-2\arctan(\sec x+\tan x)=C$($C$ 为常数).

令 $x=\pi$，则有

$$f(\pi)=\pi-2\arctan(\sec\pi+\tan\pi)=\pi-\left(-\frac{\pi}{2}\right)=\frac{3}{2}\pi$$

5. 求下列极限.

(1)$\lim\limits_{x\to2}\frac{3x^2-5x-2}{x-2}$；　　(2)$\lim\limits_{x\to0}\frac{a^x-b^x}{3x}$，$a,b$ 均大于 0；

(3)$\lim\limits_{x\to1}\frac{x-1}{x^n-1}$；　　(4)$\lim\limits_{x\to0}\frac{\ln\cos x}{x}$；

(5)$\lim\limits_{x\to1}(2e^{x-1}-1)^{\frac{x}{x-1}}$；　　(6)$\lim\limits_{x\to0}(1-x^2)^{\frac{1}{1-\cos x}}$.

【解】 (1)$\lim\limits_{x\to2}\frac{3x^2-5x-2}{x-2}$是$\frac{0}{0}$型. $\lim\limits_{x\to2}\frac{3x^2-5x-2}{x-2}=\lim\limits_{x\to2}\frac{6x-5}{1}=7$.

(2) $\lim\limits_{x\to 0}\frac{a^x-b^x}{3x}$ 是 $\frac{0}{0}$ 型. $\lim\limits_{x\to 0}\frac{a^x-b^x}{3x}=\lim\limits_{x\to 0}\frac{a^x\ln a-b^x\ln b}{3}=\frac{\ln a-\ln b}{3}$.

(3) $\lim\limits_{x\to 1}\frac{x-1}{x^n-1}$ 是 $\frac{0}{0}$ 型. $\lim\limits_{x\to 1}\frac{x-1}{x^n-1}=\lim\limits_{x\to 1}\frac{1}{nx^{n-1}}=\frac{1}{n}$.

(4) $\lim\limits_{x\to 0}\frac{\ln\cos x}{x}$ 是 $\frac{0}{0}$ 型. $\lim\limits_{x\to 0}\frac{\ln\cos x}{x}=\lim\limits_{x\to 0}\frac{\frac{1}{\cos x}(-\sin x)}{1}=0$.

(5) $\lim\limits_{x\to 1}(2e^{x-1}-1)^{\frac{x}{x-1}}=e^2$.

(6) $\lim\limits_{x\to 0}(1-x^2)^{\frac{1}{1-\cos x}}=e^{-2}$.

6. 确定下列函数的单调区间.

(1) $y=2x^3-6x^2-18x-7$; (2) $y=x^2e^{-x}(x\geqslant 0)$.

【解】 (1)由题可知,函数的定义域为 $(-\infty,+\infty)$, $y'=6x^2-12x-18$,令 $y'=0$,则可得驻点 $x_1=-1$, $x_2=3$. 故函数在区间 $(-\infty,-1]$ 和 $[3,+\infty)$ 上单调递增,在区间 $[-1,3]$ 上单调递减.

(2)由题可知, $y'=2xe^{-x}+(-x^2e^{-x})=2xe^{-x}-x^2e^{-x}$,令 $y'=0$,则可得驻点 $x_1=0$, $x_2=2$. 故函数在区间 $[0,2]$ 上单调递增,在区间 $[2,+\infty)$ 上单调递减.

7. 求下列函数的极值.

(1) $y=x^2\ln x$; (2) $y=2x+\frac{1}{x}$.

【解】 (1)由题可知,函数的定义域为 $(0,+\infty)$, $y'=2x\ln x+x$,令 $y'=0$,则可得驻点 $x=e^{-\frac{1}{2}}$. 故可得函数的极小值为 $f(e^{-\frac{1}{2}})=-\frac{1}{2e}$.

(2)由题可知,函数的定义域为 $(-\infty,0)\cup(0,+\infty)$, $y'=2-\frac{1}{x^2}$,令 $y'=0$,得驻点 $x_1=-\frac{\sqrt{2}}{2}$, $x_2=\frac{\sqrt{2}}{2}$. 因为 $y''=\frac{2}{x^3}$, $f''\left(-\frac{\sqrt{2}}{2}\right)<0$,所以函数有极大值 $f\left(-\frac{\sqrt{2}}{2}\right)=-2\sqrt{2}$;因为 $f''\left(\frac{\sqrt{2}}{2}\right)>0$,所以函数有极小值 $f\left(\frac{\sqrt{2}}{2}\right)=2\sqrt{2}$.

8. 求下列函数在所给闭区间上的最大值和最小值.

(1) $y=\sin 2x-x$, $x\in\left[-\frac{\pi}{2},\frac{\pi}{2}\right]$;

(2) $y=\frac{x-1}{x+1}$, $x\in[0,4]$.

【解】 (1)由题可知, $y'=2\cos 2x-1$. 令 $y'=0$,得驻点 $x_1=\frac{\pi}{6}$, $x_2=-\frac{\pi}{6}$,有

$$f\left(\frac{\pi}{6}\right)=-\frac{\pi}{6}+\frac{\sqrt{3}}{2}, f\left(-\frac{\pi}{6}\right)=\frac{\pi}{6}-\frac{\sqrt{3}}{2}, f\left(-\frac{\pi}{2}\right)=\frac{\pi}{2}, f\left(\frac{\pi}{2}\right)=-\frac{\pi}{2}$$

故函数的最大值为 $f\left(-\frac{\pi}{2}\right)=\frac{\pi}{2}$,最小值为 $f\left(\frac{\pi}{2}\right)=-\frac{\pi}{2}$.

(2)由题可知, $y'=\frac{1\cdot(x+1)-(x-1)\cdot 1}{(x+1)^2}=\frac{2}{(x+1)^2}$,在函数定义域 $[0,4]$ 内 $y'\neq 0$,故

无驻点. 又 $f(0)=-1$,$f(4)=\dfrac{3}{5}$,故函数的最大值为 $f(4)=\dfrac{3}{5}$,最小值为 $f(0)=-1$.

9. 设 $f(x)$ 在区间 $(-\infty,+\infty)$ 内可导且 $f'(x)+f(x)>0$,证明方程 $f(x)=0$ 最多只有一个实根.

【证明】 构造函数 $g(x)=\dfrac{1}{2}[f(x)]^2+f(x)$,则 $g'(x)=f(x)+f'(x)$. 依题意知,$f'(x)+f(x)>0$,即 $g'(x)>0$,从而函数 $g(x)$ 单调递增.

又可将函数 $g(x)$ 看作由 $t=f(x)$ 和 $g(t)=\dfrac{1}{2}t^2+t$ 复合而成,因此函数 $f(x)$ 也在实数集 **R** 上单调递增.

(1) 当 $\lim\limits_{x\to\infty}f(x)=0$ 时,函数 $f(x)$ 无零点.

(2) 当 $\lim\limits_{x\to\infty}f(x)=\infty$ 时,函数 $f(x)$ 有唯一零点.

故函数 $f(x)$ 至多有一个零点,即方程 $f(x)=0$ 最多只有一个实根.

10. 已知曲线 $y=ax^3+bx^2$ 的一个拐点为 $(1,3)$,求 a,b 的值.

【解】 $y'=3ax^2+2bx$,$y''=6ax+2b$.

由题可知 $\begin{cases}a+b=3\\6a+2b=0\end{cases}$,解得 $a=-\dfrac{3}{2}$,$b=\dfrac{9}{2}$.

第5章 不定积分

5.1 基本要求

(1)理解不定积分的概念与性质.

(2)掌握不定积分的基本积分公式,并能够在实际问题中进行应用.

(3)掌握第一类换元积分法的使用.

(4)掌握第二类换元积分法的使用.

(5)理解并掌握分部积分法.

5.2 内容提要

5.2.1 不定积分的概念与性质

1. 原函数与不定积分

定义 5.1 设函数 $f(x)$在某区间上有定义,如果存在函数 $F(x)$,对于该区间上任一点 x,使

$$F'(x)=f(x) \text{或} \mathrm{d}F(x)=f(x)\mathrm{d}x$$

则称函数 $F(x)$是已知函数 $f(x)$在该区间上的一个原函数.

关于原函数,有以下几点说明.

(1)如果函数 $f(x)$在定义区间上是连续的,那么在这个区间上存在可导函数 $F(x)$使得 $F'(x)=f(x)$.

(2)如果 $F(x)$是 $f(x)$在某区间上的一个原函数,则函数族 $F(x)+C$(C 为任意常数)都是 $f(x)$在该区间上的原函数,这是因为$[F(x)+C]'=F'(x)=f(x)$.

(3)如果 $F(x)$是 $f(x)$在某区间上的一个原函数,则 $F(x)+C$(C 为任意常数)包含了 $f(x)$在这个区间上的所有原函数. 事实上,我们令 $G(x)$是 $f(x)$的任意一个原函数,即 $G'(x)=f(x)$,于是有$[F(x)-G(x)]'=F'(x)-G'(x)=f(x)-f(x)=0$,这说明 $F(x)$与 $G(x)$只相差一个常数,即 $F(x)-G(x)=C$,所以 $G(x)=F(x)+C$.

定义 5.2 若 $F(x)$是 $f(x)$在区间 I 上的一个原函数,则 $F(x)+C$(C 为任意常数)称为

$f(x)$在该区间上的不定积分,记为$\int f(x)\mathrm{d}x$,即

$$\int f(x)\mathrm{d}x=F(x)+C$$

其中,符号"$\int$"称为不定积分,$f(x)$称为被积函数,$f(x)\mathrm{d}x$称为被积表达式或被积分式,x称为积分变量,C称为积分常数.

2. 不定积分的性质

性质 5.1 设函数$f(x)$的原函数存在,k为非零常数,则$\int kf(x)\mathrm{d}x=k\int f(x)\mathrm{d}x$.

性质 5.2 设函数$f(x)$和$g(x)$的原函数都存在,则

$$\int [f(x)\pm g(x)]\mathrm{d}x=\int f(x)\mathrm{d}x\pm\int g(x)\mathrm{d}x$$

利用这两个性质,可推广到n个函数上,即$k_i(i=1,2,\cdots,n)$为实数,$f_i(x)(i=1,2,\cdots,n)$存在原函数,则

$$\int\sum_{i=1}^{n}k_if_i(x)\mathrm{d}x=\sum_{i=1}^{n}k_i\int f_i(x)\mathrm{d}x$$

5.2.2 换元积分法

1. 第一类换元积分法

如果不定积分$\int f(x)\mathrm{d}x$用直接积分法不易求得,但被积函数可变形为

$$f(x)=g[\varphi(x)]\varphi'(x)$$

做变量代换$u=\varphi(x)$,并注意到$\varphi'(x)\mathrm{d}x=\mathrm{d}\varphi(x)$,则可将关于变量$x$的积分转化为关于变量$u$的积分,于是有

$$\int f(x)\mathrm{d}x=\int g[\varphi(x)]\varphi'(x)\mathrm{d}x=\int g(u)\mathrm{d}u$$

如果$\int g(u)\mathrm{d}u$可以求出,那么不定积分$\int f(x)\mathrm{d}x$的问题就解决了,这就是第一类换元积分法,也称为凑微分法.

定理 5.1(第一类换元积分法) 设$g(u)$的原函数为$F(u)$,$u=\varphi(x)$可导,则有换元公式

$$\int g[\varphi(x)]\varphi'(x)\mathrm{d}x=\int g(u)\mathrm{d}u=F(x)+C=F[\varphi(x)]+C$$

2. 第二类换元积分法

如果不定积分$\int f(x)\mathrm{d}x$用直接积分法或第一类换元积分法不易求得,但做适当的变量替换$x=\varphi(t)$后,所得到的关于新积分变量t的不定积分

$$\int f[\varphi(t)]\varphi'(t)\mathrm{d}t$$

可以求得,则可解决$\int f(x)\mathrm{d}x$的计算问题,这就是所谓的第二类换元积分法.

定理 5.2(第二类换元积分法) 设$x=\varphi(t)$是单调、可导函数,且$\varphi'(t)\neq 0$,又设

$f[\varphi(t)]\varphi'(t)$有原函数 $F(t)$，则

$$\int f(x)\mathrm{d}x=\int f[\varphi(t)]\varphi'(t)\mathrm{d}t=F(t)+C=F[\psi(x)]+C$$

其中，$\psi(x)$是 $x=\varphi(t)$的反函数.

第二类换元积分法的主要方法有根式代换、倒数代换和三角代换，其中，三角代换和根式代换是为了去掉根式.

5.2.3 分部积分法

设函数 $u=u(x)$，$v=v(x)$具有连续导数，则两个函数乘积的微分公式为

$$\mathrm{d}(uv)=u\mathrm{d}v+v\mathrm{d}u$$

移项，得

$$u\mathrm{d}v=\mathrm{d}(uv)-v\mathrm{d}u$$

两边积分，得

$$\int u\mathrm{d}v=uv-\int v\mathrm{d}u \tag{5-1}$$

或

$$\int uv'\mathrm{d}x=uv-\int u'v\mathrm{d}x \tag{5-2}$$

式(5-1)或式(5-2)称为分部积分公式. 利用分部积分公式可以把比较难求的 $\int u\mathrm{d}v$ 转化为比较易求的 $\int v\mathrm{d}u$ 来计算，达到化难为易的目的. 用分部积分公式求不定积分的方法称为分部积分法. 当被积函数是两种不同类型函数的乘积时，往往需要用分部积分法来求解.

5.3 习题解答

习题 5.1

1. 试求下列函数 $f(x)$的一个原函数 $F(x)$.

(1) $f(x)=x^2$；　　(2) $f(x)=\mathrm{e}^x+x$；

(3) $f(x)=\sin x$；　　(4) $f(x)=\mathrm{e}^{2x}$.

【解】 (1)因为 $F'(x)=\left(\frac{1}{3}x^3+8\right)'=x^2$，所以 $F(x)=\frac{1}{3}x^3+8$ 是 $f(x)=x^2$ 的一个原函数.

(2)因为 $F'(x)=\left(\mathrm{e}^x+\frac{1}{2}x^2\right)'=\mathrm{e}^x+x$，所以 $F(x)=\mathrm{e}^x+\frac{1}{2}x^2$ 是 $f(x)=\mathrm{e}^x+x$ 的一个原函数.

(3)因为 $F'(x)=(-\cos x)'=\sin x$，所以 $F(x)=-\cos x$ 是 $f(x)=\sin x$ 的一个原函数.

(4)因为 $F'(x)=\left(\frac{1}{2}e^{2x}+3\right)'=e^{2x}$,所以 $F(x)=\frac{1}{2}e^{2x}+3$ 是 $f(x)=e^{2x}$ 的一个原函数.

2. 曲线过点(e,2),且任意一点的切线的斜率等于该点横坐标的倒数,试求这条曲线的方程.

【解】 因为 $\int\frac{dx}{x}=\ln|x|+C$,又因为曲线过点(e,2),所以这条曲线的方程为 $y=\ln|x|+1$.

3. 求下列不定积分.

(1) $\int x^3dx$;　　(2) $\int\sin x dx$.

【解】 (1) $\int x^3dx=\frac{1}{4}x^4+C$.

(2) $\int\sin x dx=-\cos x+C$.

4. 求下列不定积分.

(1) $\int(x^3-3x^2+2x-5)dx$;　　(2) $\int\frac{2x+1}{\sqrt{x}}dx$;

(3) $\int\left(\frac{1}{2}\cos x+\frac{2}{1+x^2}\right)dx$;　　(4) $\int\frac{1+2x^2}{x^2(1+x^2)}dx$;

(5) $\int\frac{\cos 2x}{\cos x-\sin x}dx$;　　(6) $\int\frac{3x^2}{1+x^2}dx$.

【解】 (1) $\int(x^3-3x^2+2x-5)dx=\int x^3dx-3\int x^2dx+2\int xdx-5\int dx$

$$=\frac{1}{4}x^4-x^3+x^2-5x+C.$$

(2)
$$\int\frac{2x+1}{\sqrt{x}}dx=\int 2\sqrt{x}dx+\int\frac{1}{\sqrt{x}}dx$$
$$=2\int x^{\frac{1}{2}}dx+\int x^{-\frac{1}{2}}dx$$
$$=\frac{4}{3}x^{\frac{3}{2}}+2x^{\frac{1}{2}}+C.$$

(3)
$$\int\left(\frac{1}{2}\cos x+\frac{2}{1+x^2}\right)dx=\frac{1}{2}\int\cos x dx+2\int\frac{1}{1+x^2}dx$$
$$=\frac{1}{2}\sin x+2\arctan x+C.$$

(4)
$$\int\frac{1+2x^2}{x^2(1+x^2)}dx=\int\frac{1+x^2+x^2}{x^2(1+x^2)}dx$$
$$=\int\frac{1}{x^2}dx+\int\frac{1}{1+x^2}dx$$
$$=-\frac{1}{x}+\arctan x+C.$$

(5)
$$\int\frac{\cos 2x}{\cos x-\sin x}dx=\int\frac{(\cos x+\sin x)(\cos x-\sin x)}{\cos x-\sin x}dx$$
$$=\int\cos x dx+\int\sin x dx$$
$$=\sin x-\cos x+C.$$

(6) $\int \frac{3x^2}{1-x^2}dx = 3\int \frac{x^2+1-1}{1+x^2}dx$

$= 3\int dx - 3\int \frac{1}{1+x^2}dx$

$= 3x - 3\arctan x + C.$

习题 5.2

求下列不定积分.

(1) $\int \sqrt{3x+2}dx$;　(2) $\int \frac{2x}{1+x^2}dx$;

(3) $\int \frac{1}{x(1+\ln x)}dx$;　(4) $\int (3x+1)^8 dx$;

(5) $\int xe^{-x^2}dx$;　(6) $\int \frac{1}{9+x^2}dx$;

(7) $\int \frac{1}{4-x^2}dx$;　(8) $\int \sin^2 x\cos x dx$;

(9) $\int \frac{dx}{x+\sqrt{x}}$;　(10) $\int \sqrt{4-x^2}dx$;

(11) $\int \frac{1}{\sqrt{9+x^2}}dx$;　(12) $\int \frac{1}{\sqrt{4-9x^2}}dx$.

【解】 (1) $\int \sqrt{3x+2}dx = \frac{1}{3}\int \sqrt{3x+2}d(3x+2) = \frac{2}{3}(3x+2)^{\frac{3}{2}} + C.$

(2) $\int \frac{2x}{1+x^2}dx = \int \frac{1}{1+x^2}d(1+x^2) = \ln(1+x^2) + C.$

(3) $\int \frac{1}{x(1+\ln x)}dx = \int \frac{1}{1+\ln x}d(1+\ln x) = \ln(1+\ln x) + C.$

(4) $\int (3x+1)^8 dx = \frac{1}{27}(3x+1)^9 + C.$

(5) $\int xe^{-x^2}dx = -\frac{1}{2}e^{-x^2} + C.$

(6) $\int \frac{1}{9+x^2}dx = \frac{1}{9}\times 3\int \frac{1}{1+\left(\frac{x}{3}\right)^2}d\left(\frac{x}{3}\right) = \frac{1}{3}\arctan\frac{x}{3} + C.$

(7) $\int \frac{1}{4-x^2}dx = \frac{1}{4}\int \left(\frac{1}{2-x} + \frac{1}{2+x}\right)dx$

$= -\frac{1}{4}\int \frac{1}{2-x}d(x-2) + \frac{1}{4}\int (2+x)d(2+x)$

$= \frac{1}{4}[\ln(x+2) - \ln(x-2)] + C$

$= \frac{1}{4}\ln\frac{x+2}{x-2} + C.$

(8) $\int \sin^2 x\cos x\mathrm{d}x=\int \sin^2 x\mathrm{d}(\sin x)=\frac{1}{3}\sin^3 x+C.$

(9)令 $t=\sqrt{x}$,则 $\mathrm{d}x=2t\mathrm{d}t$.

$$\int \frac{\mathrm{d}x}{x+\sqrt{x}}=\int \frac{2t}{t^2+t}\mathrm{d}t=2\int \frac{1}{t+1}\mathrm{d}(t+1)=2\ln(t+1)+C=2\ln(\sqrt{x}+1)+C$$

(10) $\int \sqrt{4-x^2}\mathrm{d}x=2\arcsin \frac{x}{2}+\frac{x}{2}\sqrt{4-x^2}+C.$

(11) $\int \frac{1}{\sqrt{9+x^2}}\mathrm{d}x=\ln|x+\sqrt{x^2+9}|+C.$

提示: $\int \frac{\mathrm{d}x}{\sqrt{x^2\pm a^2}}=\ln|x+\sqrt{x^2\pm a^2}|+C$.

(12) $\int \frac{1}{\sqrt{4-9x^2}}\mathrm{d}x=\frac{1}{3}\arcsin \frac{3}{2}x+C.$

提示: $\int \frac{1}{\sqrt{a^2-x^2}}\mathrm{d}x=\arcsin \frac{x}{a}+C$.

习题 5.3

1. 求下列不定积分.

(1) $\int \ln 2x\mathrm{d}x$;　　(2) $\int \mathrm{e}^x\cos x\mathrm{d}x$;　　(3) $\int x\sin 2x\mathrm{d}x$;

(4) $\int x\arcsin x\mathrm{d}x$;　　(5) $\int x\mathrm{e}^{-x}\mathrm{d}x$;　　(6) $\int \arccos x\mathrm{d}x$.

【解】 (1)设 $u=\ln x,\mathrm{d}v=\mathrm{d}x$,则 $\mathrm{d}u=\frac{1}{x}\mathrm{d}x,v=x$,于是

$$\begin{aligned}\int \ln 2x\mathrm{d}x &=x\ln 2x-\int x\mathrm{d}(\ln 2x)\\ &=x\ln 2x-\int x\cdot\frac{2}{2x}\mathrm{d}x\\ &=x\ln 2x-x+C\end{aligned}$$

(2)设 $u=\mathrm{e}^x,\mathrm{d}v=\cos x\mathrm{d}x$,则 $\mathrm{d}u=\mathrm{e}^x\mathrm{d}x,v=\sin x$,于是

$$\int \mathrm{e}^x\cos x\mathrm{d}x=\mathrm{e}^x\sin x-\int \mathrm{e}^x\sin x\mathrm{d}x$$

对于 $\int \mathrm{e}^x\sin x\mathrm{d}x$,再设 $u=\mathrm{e}^x,\mathrm{d}v=\sin x\mathrm{d}x$,则 $\mathrm{d}u=\mathrm{e}^x\mathrm{d}x,v=-\cos x$,于是

$$\begin{aligned}\int \mathrm{e}^x\sin x\mathrm{d}x &=\mathrm{e}^x(-\cos x)-\int \mathrm{e}^x(-\cos x)\mathrm{d}x\\ &=-\mathrm{e}^x\cos x+\int \mathrm{e}^x\cos x\mathrm{d}x\end{aligned}$$

代入原式,得

$$\int \mathrm{e}^x\cos x\mathrm{d}x=\mathrm{e}^x\sin x+\mathrm{e}^x\cos x-\int \mathrm{e}^x\cos x\mathrm{d}x$$

即

$$2\int e^x\cos x\mathrm{d}x=e^x(\sin x+\cos x)$$

所以

$$\int e^x\cos x\mathrm{d}x=\frac{1}{2}e^x(\sin x+\cos x)+C$$

(3) $\int x\sin 2x\mathrm{d}x=-\frac{1}{2}x\cos 2x+\frac{1}{4}\sin 2x+C.$

(4) $\int x\arcsin x\mathrm{d}x=\int x\mathrm{d}\frac{1}{\sqrt{1-x^2}}$

$$=x\frac{1}{\sqrt{1-x^2}}-\int\frac{1}{\sqrt{1-x^2}}\mathrm{d}x$$

$$=\frac{x\sqrt{1-x^2}}{1-x^2}-\arcsin x+C.$$

(5) $\int xe^{-x}\mathrm{d}x=-\int x\mathrm{d}(e^{-x})$

$$=-xe^x+\int e^{-x}\mathrm{d}x$$

$$=-xe^x-\int e^{-x}\mathrm{d}(-x)$$

$$=-xe^x+e^{-x}+C.$$

(6) $\int \arccos x\mathrm{d}x=x\arccos x-\sqrt{1-x^2}+C.$

2. 已知 $\ln^2 x$ 为 $f(x)$ 的一个原函数，求 $\int xf(x)\mathrm{d}x$.

【解】 由题知，$f(x)=\frac{2\ln x}{x}$，则 $\int xf(x)\mathrm{d}x=\int 2\ln x\,\mathrm{d}x=2x(\ln x-1)+C$.

复习题五

1. 选择题.

(1)若函数 $F(x)$ 与 $G(x)$ 都是 $f(x)$ 在区间 I 上的原函数，那么在区间 I 上必有(　　).

A. $F(x)=CG(x)$　　B. $F(x)=G(x)+C$

C. $F(x)=\frac{G(x)}{C}(C\neq 0)$　　D. $F(x)=G(x)$

(2)若 $\int f(x)\mathrm{d}x=xe^{-x}+C$，则 $f(x)=$(　　).

A. xe^{-x}　　B. $-e^{-x}+xe^{-x}$

C. $-xe^{-x}$　　D. $e^{-x}-xe^{-x}$

(3)若 $F'(x)=f(x)$，则 $\int\cos xf(\sin x)\mathrm{d}x$ 等于(　　).

A. $F(\sin x)+C$　　B. $-F(\sin x)+C$

C. $F(\cos x)+C$　　D. $-F(\cos x)+C$

(4)已知 $f'(x)=x$，且 $f(0)=1$，则 $f(x)=$(　　).

A. $f(x)=\frac{1}{2}(x^2+1)$　　B. $f(x)=\frac{1}{2}(x^2+2)$

C. $f(x)=x^2+1$　　D. $f(x)=x^2+2$

(5)若 e^{-x} 是 $f(x)$ 的一个原函数,则 $\int xf(x)dx=$(　　).

A. $(1+x)e^{-x}+C$　　B. $-(1+x)e^{-x}+C$

C. $(1-x)e^{-x}+C$　　D. $(x-1)e^{-x}+C$

【解】 (1)B　(2)D　(3)A　(4)B　(5)A

2. 填空题.

(1) $\int\left(\frac{1}{\sin x}+1\right)d(\sin x)=$________.

(2)已知 $f(x)=e^x$,则 $\int\frac{f'(\ln x)}{x}dx=$________.

(3)已知 $\int f(x)dx=\arctan 2x+C$,则 $f(x)=$________.

(4)若 $F(x)$ 是 $f(x)$ 的一个原函数,则 $\int e^x f(e^x)dx=$________.

(5)已知 $f'(x^2)=\frac{2}{x}(x>0)$,则 $f(x)=$________.

【解】 (1)答案:$\ln|\sin x|+\sin x+C$.

解析:$\int\left(\frac{1}{\sin x}+1\right)d(\sin x)=\int\frac{1}{\sin x}d(\sin x)+\int d(\sin x)=\ln|\sin x|+\sin x+C$.

(2)答案:$x+C$.

解析:因为 $f(x)=e^x$,所以 $f'(x)=e^x$.

$$\int\frac{f'(\ln x)}{x}dx=\int\frac{e^{\ln x}}{x}dx=\int dx=x+C$$

(3)答案:$\frac{2}{1+4x^2}$.

解析:$f(x)=(\arctan 2x+C)'=\frac{2}{1+4x^2}$.

(4)答案:$F(e^x)+C$.

解析:$\int e^x f(e^x)dx=\int f(e^x)d(e^x)=F(e^x)+C$.

(5)答案:$4\sqrt{x}+C$.

解析:因为 $f'(x^2)=\frac{2}{x}$,所以 $f'(t)=\frac{2}{\sqrt{t}}$,$f(x)=\int\frac{2}{\sqrt{x}}dx=2\int x^{-\frac{1}{2}}dx=4\sqrt{x}+C$.

3. 求下列不定积分.

(1) $\int\left(2e^x-\sqrt{x}+\frac{1}{\sqrt[3]{x}}+1\right)dx$;　　(2) $\int\frac{3-5x+7x^2+x^3}{x}dx$;

(3) $\int\sin(2x+1)dx$;　　(4) $\int xe^{-x^2}dx$;

(5) $\int\frac{1}{x^2+2x+3}dx$;　　(6) $\int\frac{\cos x}{\sqrt{\sin x}}dx$;

(7) $\int(2x-3)^{50}dx$;　　(8) $\int\frac{1}{e^x+e^{-x}}dx$;

(9) $\int \ln x\mathrm{d}x$；　　(10) $\int x\cos x\mathrm{d}x$；

(11) $\int \mathrm{e}^{-x}\cos x\mathrm{d}x$；　　(12) $\int \frac{x\mathrm{e}^x}{(\mathrm{e}^x+1)^2}\mathrm{d}x$.

【解】 (1) $\int \left(2\mathrm{e}^x-\sqrt{x}+\frac{1}{\sqrt[3]{x}}+1\right)\mathrm{d}x=2\int \mathrm{e}^x\mathrm{d}x-\int x^{\frac{1}{2}}\mathrm{d}x+\int x^{-\frac{1}{3}}\mathrm{d}x+\int \mathrm{d}x$

$$=2\mathrm{e}^x-\frac{2}{3}x^{\frac{2}{3}}\mathrm{d}x+\frac{3}{2}x^{\frac{2}{3}}+x-C.$$

(2) $\int \frac{3-5x+7x^2+x^3}{x}\mathrm{d}x=\int \frac{3}{x}\mathrm{d}x-5\int \mathrm{d}x+7\int x\mathrm{d}x+\int x^2\mathrm{d}x$

$$=3\ln x-5x+\frac{7}{2}x^2+\frac{1}{3}x^3+C.$$

(3) $\int \sin(2x+1)\mathrm{d}x=\frac{1}{2}\int \sin(2x+1)\mathrm{d}(2x+1)$

$$=-\frac{1}{2}\cos(2x+1)+C.$$

(4) $\int x\mathrm{e}^{-x^2}\mathrm{d}x=-\frac{1}{2}\int \mathrm{e}^{-x^2}\mathrm{d}(-x^2)=-\frac{1}{2}\mathrm{e}^{-x^2}+C.$

(5) $\int \frac{1}{x^2+2x+3}\mathrm{d}x=\int \frac{1}{(x+1)^2+2}\mathrm{d}x=\frac{1}{2}\int \frac{1}{1+\left(\frac{x+1}{\sqrt{2}}\right)^2}\mathrm{d}x$

$$=\frac{\sqrt{2}}{2}\int \frac{1}{1+\left(\frac{x+1}{\sqrt{2}}\right)^2}\mathrm{d}\left(\frac{x+1}{\sqrt{2}}\right)$$

$$=\frac{\sqrt{2}}{2}\arctan\frac{x+1}{\sqrt{2}}+C.$$

(6) $\int \frac{\cos x}{\sqrt{\sin x}}\mathrm{d}x=\int (\sin x)^{-\frac{1}{2}}\mathrm{d}(\sin x)=2\sqrt{\sin x}+C.$

(7) $\int (2x-3)^{50}\mathrm{d}x=\frac{1}{2}\int (2x-3)^{50}\mathrm{d}(2x-3)=\frac{1}{102}(2x-3)^{51}+C.$

(8) $\int \frac{1}{\mathrm{e}^x+\mathrm{e}^{-x}}\mathrm{d}x=\frac{1}{2}\int \frac{1}{\mathrm{e}^{2x}+1}\mathrm{d}(\mathrm{e}^{2x}+1)=\frac{1}{2}\ln(\mathrm{e}^{2x}+1)+C.$

(9) $\int \ln x\mathrm{d}x=x\ln x-\int x\mathrm{d}(\ln x)=x\ln x-\int \mathrm{d}x=x\ln x-x+C.$

(10) $\int x\cos x\mathrm{d}x=\int x\mathrm{d}(\sin x)=x\sin x-\int \sin x\mathrm{d}x=x\sin x+\cos x+C.$

(11) $\int \mathrm{e}^{-x}\cos x\mathrm{d}x=\int \mathrm{e}^{-x}\mathrm{d}(\sin x)=\mathrm{e}^{-x}\sin x-\int \sin x\mathrm{d}(\mathrm{e}^{-x})$

$$=\mathrm{e}^{-x}\sin x+\int \mathrm{e}^{-x}\sin x\mathrm{d}x$$

$$=\mathrm{e}^{-x}\sin x+\int \mathrm{e}^{-x}\mathrm{d}(-\cos x)$$

$$=\mathrm{e}^{-x}\sin x-\mathrm{e}^{-x}\cos x-\int \mathrm{e}^{-x}\cos x\mathrm{d}x.$$

故 $\int e^{-x}\cos x\mathrm{d}x=\frac{1}{2}e^{-x}(\sin x-\cos x)+C.$

(12) $\int\frac{xe^x}{(e^x+1)^2}\mathrm{d}x=-\int x\mathrm{d}\left(\frac{1}{e^x+1}\right)$

$$=-\frac{x}{e^x+1}+\int\frac{1}{e^x+1}\mathrm{d}x$$

$$=-\frac{x}{e^x+1}-\ln(1+e^{-x})+C.$$

4. 已知曲线 $y=f(x)$ 上点 (x,y) 处的切线斜率与 x^3 成正比,并且通过两点 $A(1,6)$ 和 $B(\sqrt{2},-9)$,求该曲线方程.

【解】 由题可知,$y'=kx^3$,其中 $k\in\mathbf{N}$. 故得曲线方程为

$$y=\frac{1}{4}kx^4+C$$

因为该曲线过两点 $A(1,6)$ 与 $B(\sqrt{2},-9)$,故可得如下方程组.

$$\begin{cases}6=\frac{1}{4}\cdot k\cdot 1^4+C\\-9=\frac{1}{4}\cdot k\cdot(\sqrt{2})^4+C\end{cases}$$

解此方程组可得 $k=-20,C=11$. 故可得曲线方程为 $y=-5x^4+11$.

5. 一曲线过点 $(e^2,3)$,且在任一点处的切线斜率等于该点横坐标的倒数,求曲线方程.

【解】 由题意,设 $y=f(x)$,由曲线方程在任一点处的切线斜率等于该点横坐标的倒数可得微分方程 $y'=\frac{1}{x}$. 解微分方程 $y'=\frac{1}{x}$ 可得通解为 $y=\ln|x|+C$.

又因为曲线过点 $(e^2,3)$,代入曲线方程可得 $3=\ln|e^2|+C$,解得 $C=1$,从而得曲线方程为 $y=\ln|x|+1$,其中 $x\neq 0$.

6. 一物体由静止开始做直线运动,经时间 t(单位为 s)后速度为 $3t^2$(m/s). 问:

(1)经 3 s 后物体离开出发点的距离是多少?

(2)物体走完 360 m 需要多少时间?

【解】 设物体在单位时间内的位移为 S,速度为 v. 由物体的位移公式可得,$\mathrm{d}S=v\mathrm{d}t$,于是可得 $S=\int 3t^2\mathrm{d}t=t^3$.

(1)当 $t=3$ 时,$S=t^3=3^3=27$,即经 3 s 后物体离开出发点的距离是 27 m.

(2)当 $S=360$ 时,有 $360=t^3$,解得 $t=\sqrt[3]{360}\approx 7.11$(s),即物体走完 360 m 需要 7.11 s.

第 6 章　定积分及其应用

6.1　基 本 要 求

(1)理解并掌握定积分的概念与性质,熟悉定积分的几何意义.

(2)会对积分上限函数及其导数进行求解.

(3)熟悉微积分基本定理,并能够应用其进行问题的求解.

(4)掌握定积分的换元积分法和分部积分法.

(5)理解广义积分的相关知识.

(6)掌握微元法,并理解定积分在几何上和物理上的应用.

6.2　内 容 提 要

6.2.1　定积分的概念与性质

1. 定积分的概念

定义 6.1　设函数 $f(x)$在$[a,b]$上有界,在$[a,b]$中任意插入 $n-1$ 个分点 $a=x_0<x_1<x_2<\cdots<x_{n-1}<x_n=b$ 把区间$[a,b]$分成 n 个小区间,其长度

$$\Delta x_i=x_i-x_{i-1}\quad (i=1,2,\cdots,n)$$

在每个小区间$[x_{i-1},x_i]$上任取一点 ξ_i,作积

$$f(\xi_i)\Delta x_i\quad (i=1,2,\cdots,n)$$

并作和式 $\sum\limits_{i=1}^{n} f(\xi_i)\Delta x_i$(称为积分和);记

$$\lambda=\max\{\Delta x_1,\Delta x_2,\cdots,\Delta x_n\}$$

若极限$\lim\limits_{\lambda\to 0}\sum\limits_{i=1}^{n} f(\xi_i)\Delta x_i$ 存在,则称 $f(x)$在$[a,b]$上可积,并称以上的极限值为函数 $f(x)$在$[a,b]$上的定积分,记作

$$\int_a^b f(x)\mathrm{d}x=\lim_{\lambda\to 0}\sum_{i=1}^{n} f(\xi_i)\Delta x_i$$

其中,$f(x)$为被积函数,$f(x)\mathrm{d}x$ 为被积表达式,x 为积分变量,$[a,b]$为积分区间,a 为积分

下限,b 为积分上限,$\int$ 为积分号.

定理 6.1 若函数 $f(x)$ 在区间 $[a,b]$ 上连续,则 $f(x)$ 在 $[a,b]$ 上可积.

定理 6.2 若函数 $f(x)$ 在区间 $[a,b]$ 上有界,且只有有限个间断点,则 $f(x)$ 在 $[a,b]$ 上可积.

2. 定积分的几何性质

(1)若 $f(x)$ 在 $[-a,a]$ 上连续,且 $f(x)$ 为奇函数,则 $\int_{-a}^{a} f(x)\mathrm{d}x=0$.

(2)若 $f(x)$ 在 $[-a,a]$ 上连续,且 $f(x)$ 为偶函数,则 $\int_{-a}^{a} f(x)\mathrm{d}x=2\int_{0}^{a} f(x)\mathrm{d}x$.

3. 定积分的性质

性质 6.1 常数因子可以提到积分符号的外面,即

$$\int_{a}^{b} kf(x)\mathrm{d}x=k\int_{a}^{b} f(x)\mathrm{d}x \quad (k\text{ 为任意常数})$$

性质 6.2 两个函数代数和的定积分等于定积分的代数和,即

$$\int_{a}^{b} [f(x)\pm g(x)]\mathrm{d}x=\int_{a}^{b} f(x)\mathrm{d}x\pm\int_{a}^{b} g(x)\mathrm{d}x$$

性质 6.3 若在区间 $[a,b]$ 上,$f(x)=C$(C 为任意常数),则

$$\int_{a}^{b} f(x)\mathrm{d}x=\int_{a}^{b} C\mathrm{d}x=C(b-a)$$

特别地,当 $f(x)=1$ 时,

$$\int_{a}^{b} \mathrm{d}x=b-a$$

性质 6.4(区间可加性) 对于任意三个实数 a,b,c,有

$$\int_{a}^{b} f(x)\mathrm{d}x=\int_{a}^{c} f(x)\mathrm{d}x+\int_{c}^{b} f(x)\mathrm{d}x$$

性质 6.5 若在区间 $[a,b]$ 上,函数 $f(x)\geqslant 0\ [f(x)\leqslant 0]$,则

$$\int_{a}^{b} f(x)\mathrm{d}x\geqslant 0\left[\text{或}\int_{a}^{b} f(x)\mathrm{d}x\leqslant 0\right]$$

推论 6.1 若在区间 $[a,b]$ 上有 $f(x)\leqslant g(x)$,则

$$\int_{a}^{b} f(x)\mathrm{d}x\leqslant\int_{a}^{b} g(x)\mathrm{d}x$$

性质 6.6(估值定理) 设 m,M 分别为函数 $f(x)$ 在区间 $[a,b]$ 上的最小值和最大值,则

$$m(b-a)\leqslant\int_{a}^{b} f(x)\mathrm{d}x\leqslant M(b-a)$$

性质 6.7(积分中值定理) 如果函数 $y=f(x)$ 在区间 $[a,b]$ 上连续,则至少存在一点 $\xi\in[a,b]$,使得

$$\int_{a}^{b} f(x)\mathrm{d}x=f(\xi)(b-a)$$

称 $f(\xi)=\dfrac{1}{b-a}\int_{a}^{b} f(x)\mathrm{d}x$ 为函数 $y=f(x)$ 在区间 $[a,b]$ 上的平均值.

6.2.2 微积分的基本公式

1. 积分上限函数及其导数

设函数 $f(x)$ 在区间 $[a,b]$ 上连续，x 为区间 $[a,b]$ 上的一点，则积分 $\int_a^x f(x)\mathrm{d}x$ 存在，此时 x 既表示积分上限，又表示积分变量. 因定积分与积分变量无关，为避免混淆，把积分变量 x 改写成 t，于是上面的定积分可以写成 $\int_a^x f(t)\mathrm{d}t$.

显然，当 x 在区间 $[a,b]$ 上任意变动时，对应于每一个 x 值，积分 $\int_a^x f(t)\mathrm{d}t$ 都有一个确定的数值与之对应，所以在区间 $[a,b]$ 上定义了一个关于上限 x 的函数，记作 $\phi(x)$. 即

$$\phi(x)=\int_a^x f(t)\mathrm{d}t \quad (a\leqslant x\leqslant b)$$

称函数 $\phi(x)$ 为积分变上限函数(或变上限积分).

定理 6.3 若函数 $f(x)$ 在区间 $[a,b]$ 上连续，则积分变上限函数 $\phi(x)=\int_a^x f(t)\mathrm{d}t$ 在区间 $[a,b]$ 上可导，且其导数为

$$\phi'(x)=\frac{\mathrm{d}}{\mathrm{d}x}\int_a^x f(t)\mathrm{d}t=f(x) \quad (a\leqslant x\leqslant b)$$

即积分变上限函数对上限 x 的导数等于被积函数在其上限处的函数值.

定理 6.4(原函数存在定理) 若函数 $f(x)$ 在区间 $[a,b]$ 上连续，则积分上限函数 $\phi(x)=\int_a^x f(t)\mathrm{d}t$ 就是函数 $f(x)$ 在区间 $[a,b]$ 上的一个原函数.

2. 微积分基本定理

定理 6.5(微积分基本定理) 若函数 $F(x)$ 是连续函数 $f(x)$ 在区间 $[a,b]$ 上的一个原函数，则

$$\int_a^b f(x)\mathrm{d}x=F(b)-F(a)$$

这称为牛顿-莱布尼茨公式.

6.2.3 定积分的计算

1. 定积分的换元积分法

定理 6.6 设函数 $f(x)$ 在区间 $[a,b]$ 上连续，函数 $x=\varphi(t)$ 满足下列条件.

(1) $\varphi(t)$ 在区间 $[\alpha,\beta]$ 上有连续导数；

(2) 当 t 在区间 $[\alpha,\beta]$ 上变动时，$x=\varphi(t)$ 的值在 $[a,b]$ 上变化，且 $\varphi(\alpha)=a,\varphi(\beta)=b$，则

$$\int_a^b f(x)\mathrm{d}x=\int_\alpha^\beta f[\varphi(t)]\varphi'(t)\mathrm{d}t$$

这称为定积分的换元积分公式.

注意：(1) 用 $x=\varphi(t)$ 把变量 x 换成新变量 t 时，积分上、下限也要换成相应于新变量 t 的积分上下限.

(2)求出 $f[\varphi(t)]\varphi'(t)$ 的一个原函数 $F(t)$ 后,不必像计算不定积分那样再把 $F(t)$ 变换成 x 的函数,而只要把新变量 t 的上下限代入 $F(t)$ 中进行计算即可.

2. 定积分的分部积分法

由不定积分的分部积分法以及牛顿-莱布尼茨公式可以得到定积分的分部积分公式:

$$\int_a^b uv'\mathrm{d}x=\int_a^b (uv)'\mathrm{d}x-\int_a^b u'v\mathrm{d}x=(uv)\Big|_a^b-\int_a^b u'v\mathrm{d}x$$

即

$$\int_a^b uv'\mathrm{d}x=(uv)\Big|_a^b-\int_a^b u'v\mathrm{d}x \text{ 或 } \int_a^b u\mathrm{d}v=(uv)\Big|_a^b-\int_a^b v\mathrm{d}u$$

这就是定积分的分部积分公式.

*6.2.4 广义积分

1. 无限区间上的广义积分

定义 6.2 设函数 $f(x)$ 在区间 $[a,+\infty)$ 上连续,若极限 $\lim\limits_{b\to+\infty}\int_a^b f(x)\mathrm{d}x$ 存在,则称此极限为函数 $f(x)$ 在无穷区间 $[a,+\infty)$ 上的广义积分,记为 $\int_a^{+\infty} f(x)\mathrm{d}x$,即

$$\int_a^{+\infty} f(x)\mathrm{d}x=\lim_{b\to+\infty}\int_a^b f(x)\mathrm{d}x$$

这时也称广义积分 $\int_a^{+\infty} f(x)\mathrm{d}x$ 收敛;若极限 $\lim\limits_{b\to+\infty}\int_a^b f(x)\mathrm{d}x$ 不存在,则称广义积分 $\int_a^{+\infty} f(x)\mathrm{d}x$ 发散.

类似地,可定义函数 $f(x)$ 在无穷区间 $(-\infty,b]$ 上的广义积分

$$\int_{-\infty}^b f(x)\mathrm{d}x=\lim_{a\to-\infty}\int_a^b f(x)\mathrm{d}x$$

定义 6.3 函数 $f(x)$ 在无穷区间 $(-\infty,+\infty)$ 上的广义积分定义为

$$\int_{-\infty}^{+\infty} f(x)\mathrm{d}x=\int_{-\infty}^a f(x)\mathrm{d}x+\int_a^{+\infty} f(x)\mathrm{d}x$$

其中 a 为任意实数,当上式右端两个积分都收敛时,称广义积分 $\int_{-\infty}^{+\infty} f(x)\mathrm{d}x$ 收敛;否则,称广义积分 $\int_{-\infty}^{+\infty} f(x)\mathrm{d}x$ 发散.

2. 无界函数的广义积分

如果函数 $f(x)$ 在点 a 的任一邻域内都无界,那么称点 a 为函数 $f(x)$ 的瑕点. 无界函数的广义积分又称为瑕积分.

定义 6.4 设函数 $f(x)$ 在区间 $(a,b]$ 上连续,点 a 为 $f(x)$ 的瑕点. 若极限 $\lim\limits_{x\to a^+}\int_x^b f(t)\mathrm{d}t$ 存在,则称此极限为函数 $f(x)$ 在区间 $(a,b]$ 上的广义积分,记为 $\int_a^b f(x)\mathrm{d}x$,即

$$\int_a^b f(x)\mathrm{d}x=\lim_{x\to a^+}\int_x^b f(t)\mathrm{d}t$$

这时称广义积分 $\int_a^b f(x)\mathrm{d}x$ 收敛;否则,称广义积分 $\int_a^b f(x)\mathrm{d}x$ 发散.

类似地,可定义函数 $f(x)$ 在区间 $[a,b)$ 上的广义积分为

$$\int_a^b f(x)\mathrm{d}x = \lim_{x\to b^-}\int_a^x f(t)\mathrm{d}t$$

定义 6.5 设函数 $f(x)$ 在区间 $[a,b]$ 上除点 $c(a<c<b)$ 外连续,点 c 为 $f(x)$ 的瑕点,则函数 $f(x)$ 在区间 $[a,b]$ 上的广义积分定义为

$$\int_a^b f(x)\mathrm{d}x=\int_a^c f(x)\mathrm{d}x+\int_c^b f(x)\mathrm{d}x$$

当上式右端两个积分都收敛时,称广义积分 $\int_a^b f(x)\mathrm{d}x$ 收敛;否则,称广义积分 $\int_a^b f(x)\mathrm{d}x$ 发散.

6.3 习题解答

习题 6.1

1. 说明下列积分的几何意义,并求其值.

(1) $\int_0^1 (3x+1)\mathrm{d}x$;　　(2) $\int_{-1}^1 \sqrt{1-x^2}\mathrm{d}x$.

【解】 (1) $\int_0^1 (3x+1)\mathrm{d}x$ 表示曲线 $y=3x+1$ 与 $x=0$,$x=1$ 及 x 轴所围面积,如图 6-1 所示.

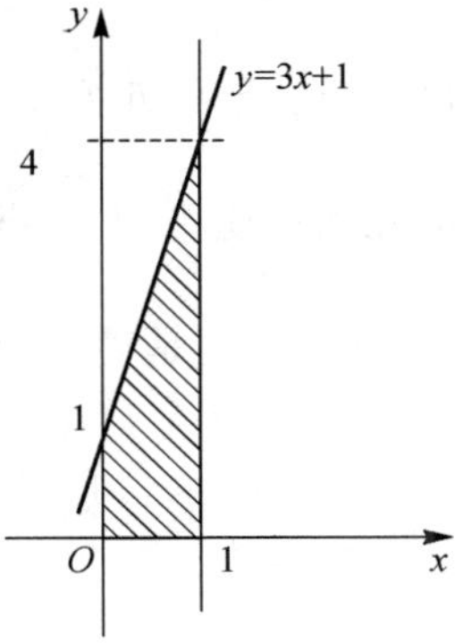

图 6-1

由图 6-1 可得,阴影面积 $S=(1+4)\times1\times\frac{1}{2}=\frac{5}{2}$,即

$$\int_0^1 (3x+1)\mathrm{d}x=\frac{5}{2}$$

(2) $\int_{-1}^1 \sqrt{1-x^2}\mathrm{d}x$ 表示曲线 $y=\sqrt{1-x^2}$ 与 $x=-1$,$x=1$ 及 x 轴所围面积,如图 6-2 所示.

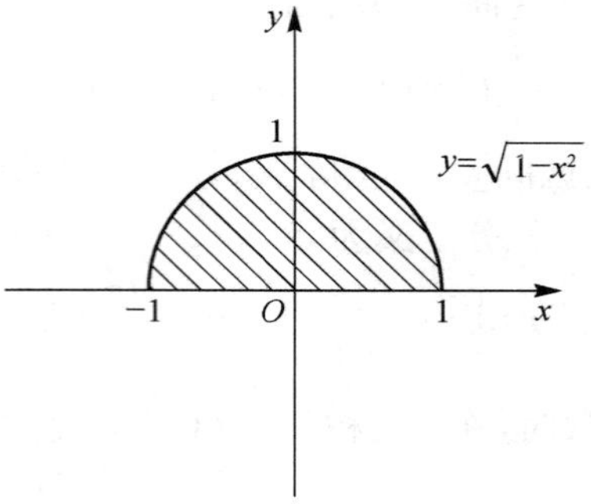

图 6-2

由图 6-2 可知，阴影面积 $S=\frac{1}{2}\pi\cdot 1^2=\frac{1}{2}\pi$，即

$$\int_{-1}^{1}\sqrt{1-x^2}\,dx=\frac{1}{2}\pi$$

2. 求下列定积分.

(1) $\int_{-1}^{1}x\,dx$；　　(2) $\int_{-\pi}^{\pi}x^2\sin x\,dx$；

(3) $\int_{-1}^{1}\frac{\arctan x}{1+x^2}dx$；　　(4) $\int_{-4}^{4}\frac{x^3}{1+x^4}dx$.

【解】 (1) $\int_{-1}^{1}x\,dx=\frac{1}{2}\times 1^2-\frac{1}{2}\times(-1)^2=0$.

(2)设 $f(x)=x^2\sin x$，$f(-x)=(-x)^2\sin(-x)=-x^2\sin x=-f(x)$，所以 $f(x)=x^2\sin x$ 在$[-\pi,\pi]$上是奇函数，所以由定积分的几何性质可知，$\int_{-\pi}^{\pi}x^2\sin x\,dx=0$.

(3)设 $f(x)=\frac{\arctan x}{1+x^2}$，由奇函数的性质可知 $f(x)=-f(x)$，故 $f(x)=\frac{\arctan x}{1+x^2}$在$[-1,1]$上是奇函数. 所以由定积分的几何性质可知 $\int_{-1}^{1}\frac{\arctan x}{1+x^2}dx=0$.

(4)很明显，$f(x)=\frac{x^3}{1+x^4}$在$[-4,4]$上是奇函数，故由定积分的几何性质可知 $\int_{-4}^{4}\frac{x^3}{1+x^4}dx=0$.

3. 用定义计算下列定积分.

(1) $\int_{1}^{2}x^2\,dx$；　　(2) $\int_{0}^{1}x\,dx$.

【解】 (1)由于被积函数 $f(x)=x^2$ 在$[1,2]$上连续，故其定积分存在. 由定义将区间$[1,2]$平均分为 n 等份，即

$$\left[1,\frac{n+1}{n}\right],\left[\frac{n+1}{n},\frac{n+2}{n}\right],\cdots,\left[\frac{n+i-1}{n},\frac{n+i}{n}\right],\cdots,\left[\frac{2n-1}{n},\frac{2n}{n}\right]$$

其中 $\Delta x_i=\frac{1}{n}(i=1,2,\cdots,n)$.

在每一个区间中取 $\xi_i=\frac{n+i}{n}=1+\frac{i}{n}(i=1,2,\cdots,n)$.

作乘积,有

$$\begin{aligned}f(\xi_i)\Delta x_i &=\left(1+\frac{i}{n}\right)^2\cdot\frac{1}{n}\\&=\left(1+\frac{2i}{n}+\frac{i^2}{n^2}\right)\cdot\frac{1}{n}\\&=\frac{1}{n}+\frac{2i}{n^2}+\frac{i^2}{n^3}\quad(i=1,2,\cdots,n)\end{aligned}$$

求和式,有

$$\begin{aligned}\sum_{i=1}^{n} f(\xi_i)\Delta x_i &=\sum_{i=1}^{n}\left(\frac{1}{n}+\frac{2i}{n^2}+\frac{i^2}{n^3}\right)\\&=1+\frac{2\sum\limits_{i=1}^{n} i}{n^2}+\frac{\sum\limits_{i=1}^{n} i^2}{n^3}\\&=1+2\times\frac{\frac{n(1+n)}{2}}{n^2}+\frac{1}{n^3}\cdot\frac{n(n+1)(2n+1)}{6}\\&=1+\frac{n+1}{n}+\frac{(n+1)(2n+1)}{6n^2}\end{aligned}$$

取极限,有

$$\begin{aligned}\int_1^2 x^2\mathrm{d}x &=\lim_{\lambda\to 0}\sum_{i=1}^{n} f(\xi_i)\Delta x_i\\&=\lim_{n\to\infty}\sum_{i=1}^{\infty} f(\xi_i)\Delta x_i\\&=\lim_{n\to\infty}\left[1+\frac{n+1}{n}+\frac{(n+1)(2n+1)}{6n^2}\right]\\&=1+\lim_{n\to\infty}\left(1+\frac{1}{n}\right)+\lim_{n\to\infty}\left(\frac{1}{3}+\frac{1}{2n}+\frac{1}{6n^2}\right)\\&=1+1+\frac{1}{3}\\&=\frac{7}{3}\end{aligned}$$

(2)由于被积函数 $f(x)=x$ 在$[0,1]$上连续,故其定积分存在.由定义将区间$[0,1]$平均分为 n 等份,即

$$\left[0,\frac{1}{n}\right],\left[\frac{1}{n},\frac{2}{n}\right],\cdots,\left[\frac{i-1}{n},\frac{i}{n}\right],\cdots,\left[\frac{n-1}{n},\frac{n}{n}\right]$$

其中,$\Delta x_i=\frac{1}{n}(i=1,2,\cdots,n)$.

在第 i 个区间$\left[\frac{i-1}{n},\frac{i}{n}\right]$中取$\xi_i=\frac{i}{n}(i=1,2,\cdots,n)$.

作乘积,有

$$f(\xi_i)\Delta x_i=\frac{i}{n}\cdot\frac{1}{n}=\frac{i}{n^2}\quad(i=1,2,\cdots,n)$$

求和式,有

$$\sum_{i=1}^{n} f(\xi_i)\Delta x_i = \sum_{i=1}^{n} \frac{i}{n^2} = \frac{\sum_{i=1}^{n} i}{n^2}$$

$$= \frac{1}{n^2} \cdot \frac{n(n+1)}{2} = \frac{n+1}{2n}$$

取极限,有

$$\lim_{\lambda \to 0} \sum_{i=1}^{n} f(\xi_i)\Delta x_i = \lim_{n\to\infty} \frac{n+1}{2n} = \frac{1}{2}$$

即 $\int_0^1 x\mathrm{d}x = \frac{1}{2}$.

4. 比较下列定积分的大小.

(1) $\int_0^1 x\mathrm{d}x$ 和 $\int_0^1 x^2\mathrm{d}x$;　　(2) $\int_0^1 \mathrm{e}^x\mathrm{d}x$ 和 $\int_0^1 \mathrm{e}^{-x}\mathrm{d}x$.

【解】 (1)当 $x\in[0,1]$时,$x>x^2$,所以 $\int_0^1 x\mathrm{d}x > \int_0^1 x^2\mathrm{d}x$.

(2)当 $x\in[0,1]$时,$\mathrm{e}^x > \mathrm{e}^{-x}$,所以 $\int_0^1 \mathrm{e}^x\mathrm{d}x > \int_0^1 \mathrm{e}^{-x}\mathrm{d}x$.

5. 估计下列积分值的范围.

(1) $\int_2^4 (x^2+2x)\mathrm{d}x$;　　(2) $\int_1^{\mathrm{e}} \ln x\mathrm{d}x$.

【解】 (1)因为 $x\in[2,4]$,所以 $8\leqslant x^2+2x\leqslant 24$. 故

$$8\times(4-2)\leqslant \int_2^4 (x^2+2x)\mathrm{d}x \leqslant 24\times(4-2)$$

即

$$16\leqslant \int_2^4 (x^2+2x)\mathrm{d}x \leqslant 48$$

(2)因为 $x\in[1,\mathrm{e}]$,所以 $0<\ln x<1$. 故

$$0<\int_1^{\mathrm{e}} \ln x\mathrm{d}x < \mathrm{e}-1$$

习题 6.2

1. 计算下列定积分.

(1) $\int_0^1 \frac{1}{4x+1}\mathrm{d}x$;　　(2) $\int_{-\frac{1}{2}}^1 \frac{1}{3-2x}\mathrm{d}x$;

(3) $\int_{-\frac{1}{2}}^{\frac{\sqrt{3}}{2}} \frac{1}{1+4x^2}\mathrm{d}x$;　　(4) $\int_0^1 \frac{1}{\sqrt{1-x^2}}\mathrm{d}x$;

(5) $\int_2^3 (x^2-3x)\mathrm{d}x$;　　(6) $\int_{-2}^{-1} \left(x-\frac{1}{x}\right)\mathrm{d}x$;

(7) $\int_{-2}^{-1} \frac{1}{x^2+4x+5}\mathrm{d}x$;　　(8) $\int_2^3 \frac{1}{x^2-1}\mathrm{d}x$;

(9) $\int_0^1 x\mathrm{e}^{x^2}\mathrm{d}x$;　　(10) $\int_1^{\mathrm{e}} \frac{\ln x}{x}\mathrm{d}x$.

【解】 (1) $\int_0^1 \frac{1}{4x+1}\mathrm{d}x = \frac{1}{4}\int_0^1 \frac{1}{4x+1}\mathrm{d}(4x+1) = \frac{1}{4}\ln(4x+1)\Big|_0^1 = \frac{1}{4}\ln 5$.

(2) $\int_{-\frac{1}{2}}^{1}\frac{1}{3-2x}dx=-\frac{1}{2}\int_{-\frac{1}{2}}^{1}\frac{1}{3-2x}d(3-2x)=-\frac{1}{2}\ln(3-2x)\Big|_{-\frac{1}{2}}^{1}=\ln 2.$

(3) $\int_{-\frac{1}{2}}^{\frac{\sqrt{3}}{2}}\frac{1}{1+4x^2}dx=\frac{1}{2}\int_{-\frac{1}{2}}^{\frac{\sqrt{3}}{2}}\frac{1}{1+4x^2}d(2x)=\frac{1}{2}\arctan 2x\Big|_{-\frac{1}{2}}^{\frac{\sqrt{3}}{2}}=\frac{7}{24}\pi.$

(4) $\int_{0}^{1}\frac{1}{\sqrt{1-x^2}}dx=\arcsin x\Big|_{0}^{1}=\frac{\pi}{2}.$

(5) $\int_{2}^{3}(x^2-3x)dx=\left(\frac{1}{3}x^3-\frac{3}{2}x^2\right)\Big|_{2}^{3}=-\frac{9}{2}+\frac{10}{3}=-\frac{7}{6}.$

(6) $\int_{-2}^{-1}\left(x-\frac{1}{x}\right)dx=\left(\frac{1}{2}x^2-\ln|x|\right)\Big|_{-2}^{-1}=\frac{1}{2}-2+\ln 2=-\frac{3}{2}+\ln 2.$

(7) $\int_{-2}^{-1}\frac{1}{x^2+4x+5}dx=\int_{-2}^{-1}\frac{1}{1+(x+2)^2}d(x+2)=\arctan(x+2)\Big|_{-2}^{-1}=\frac{\pi}{4}.$

(8) $\int_{2}^{3}\frac{1}{x^2-1}dx=\frac{1}{2}\int_{2}^{3}\left(\frac{1}{x-1}-\frac{1}{x+1}\right)dx=\left(\frac{1}{2}\ln\frac{x-1}{x+1}\right)\Big|_{2}^{3}=\frac{1}{2}\ln\frac{3}{2}.$

(9) $\int_{0}^{1}xe^{x^2}dx=\frac{1}{2}\int_{0}^{1}e^{x^2}d(x^2)=\frac{1}{2}e^{x^2}\Big|_{0}^{1}=\frac{1}{2}e-\frac{1}{2}.$

(10) $\int_{1}^{e}\frac{\ln x}{x}dx=\int_{1}^{e}\ln x d(\ln x)=\frac{1}{2}(\ln x)^2\Big|_{1}^{e}=\frac{1}{2}.$

2. 计算下列定积分.

(1)设 $f(x)=\begin{cases}\cos x, & 0\leqslant x\leqslant\frac{\pi}{2}\\ \frac{\pi}{2}-x, & \frac{\pi}{2}\leqslant x\leqslant\pi\end{cases}$,求 $\int_{0}^{\pi}f(x)dx$.

(2)设 $f(x)=|x|$,求 $\int_{-1}^{1}f(x)dx$.

【解】 (1) $\int_{0}^{\pi}f(x)dx=\int_{0}^{\frac{\pi}{2}}\cos x dx+\int_{\frac{\pi}{2}}^{\pi}\left(\frac{\pi}{2}-x\right)dx$

$$=\sin x\Big|_{0}^{\frac{\pi}{2}}+\left(\frac{\pi}{2}x-\frac{1}{2}x^2\right)\Big|_{\frac{\pi}{2}}^{\pi}$$

$$=1-\frac{1}{8}\pi^2.$$

(2) $\int_{-1}^{1}f(x)dx=\int_{-1}^{0}(-x)dx+\int_{0}^{1}xdx=\left(-\frac{1}{2}x^2\right)\Big|_{-1}^{0}+\frac{1}{2}x^2\Big|_{0}^{1}=1.$

3. 求下列函数的导数.

(1) $y=\int_{0}^{x}e^{t^2}dt$;　　(2) $y=\int_{0}^{\sqrt{x}}\sin t dt$;

(3) $y=\int_{0}^{\ln x}t dt$;　　(4) $y=\int_{0}^{x^2}\sqrt{1+t}dt$.

【解】 (1) $\frac{d}{dx}\int_{0}^{x}e^{t^2}dt=e^{x^2}.$

(2)令 $u=\sqrt{x}$,则 $\int_{0}^{\sqrt{x}}\sin t dt=\int_{0}^{u}\sin t dt$,由复合函数求导法则,有

$$\frac{d}{dx}\int_{0}^{\sqrt{x}}\sin t dt=\frac{d}{du}\int_{0}^{u}\sin t dt\cdot\frac{du}{dx}=\sin u\cdot\frac{1}{2\sqrt{x}}=\frac{\sin\sqrt{x}}{2\sqrt{x}}$$

(3)令 $u=\ln x$,则 $\int_0^{\ln x} t\mathrm{d}t=\int_0^u t\mathrm{d}t$,由复合函数求导法则,有 $\frac{\mathrm{d}}{\mathrm{d}x}\int_0^{\ln x} t\mathrm{d}t=\frac{\ln x}{x}$.

(4)令 $u=x^2$,则 $\int_0^{x^2}\sqrt{1+t}\mathrm{d}t=\int_0^u\sqrt{1+t}\mathrm{d}t$,由复合函数求导法则,有 $\frac{\mathrm{d}}{\mathrm{d}x}\int_0^{x^2}\sqrt{1+t}\mathrm{d}t=$ $2x\sqrt{1+x^2}$.

4. 求下列极限.

(1) $\lim\limits_{x\to 0}\frac{\int_0^x 2t\cos t\mathrm{d}t}{1-\cos x}$;　　(2) $\lim\limits_{x\to 0}\frac{\int_0^x \sin t\mathrm{d}t}{x^2}$.

【解】 (1)当 $x\to 0$ 时,该极限属于 $\frac{0}{0}$ 型,所以可用洛必达法则求极限,即

$$\lim_{x\to 0}\frac{\int_0^x 2t\cos t\mathrm{d}t}{1-\cos x}=\lim_{x\to 0}\frac{\left(\int_0^x 2t\cos t\mathrm{d}t\right)'}{(1-\cos x)'}=2$$

(2)当 $x\to 0$ 时,该极限属于 $\frac{0}{0}$ 型,所以可用洛必达法则求极限,即

$$\lim_{x\to 0}\frac{\int_0^x \sin t\mathrm{d}t}{x^2}=\lim_{x\to 0}\frac{\left(\int_0^x \sin t\mathrm{d}t\right)'}{(x^2)'}=\frac{1}{2}$$

习题 6.3

1. 用换元积分法求下列定积分.

(1) $\int_1^4\frac{1}{x+\sqrt{x}}\mathrm{d}x$;　　(2) $\int_1^4\frac{\sqrt{x}}{x+\sqrt{x}}\mathrm{d}x$;

(3) $\int_0^1\frac{1}{\sqrt{5x+4}-1}\mathrm{d}x$;　　(4) $\int_0^1\sqrt{5x+4}\mathrm{d}x$;

(5) $\int_0^2\sqrt{4-x^2}\mathrm{d}x$;　　(6) $\int_0^1\frac{1}{\sqrt{x^2+1}}\mathrm{d}x$;

(7) $\int_0^{\frac{\pi}{2}}\sin^3 x\mathrm{d}x$;　　(8) $\int_1^2\frac{2x+3}{x^2+3x-3}\mathrm{d}x$;

(9) $\int_{-1}^1\frac{\arctan x}{1+x^2}\mathrm{d}x$;　　(10) $\int_0^{\sqrt{3}}\frac{x}{\sqrt{1+x^2}}\mathrm{e}^{\sqrt{1+x^2}}\mathrm{d}x$;

(11) $\int_0^1\frac{1}{\mathrm{e}^x+\mathrm{e}^{-x}}\mathrm{d}x$;　　(12) $\int_{-1}^0\frac{1}{x^2+2x+2}\mathrm{d}x$.

【解】 (1)令 $t=\sqrt{x}$,则 $\mathrm{d}x=2t\mathrm{d}t$. 当 $x=1$ 时,$t=1$;当 $x=4$ 时,$t=2$.

$$\begin{aligned}\int_1^4\frac{1}{x+\sqrt{x}}\mathrm{d}x&=\int_1^2\frac{1}{t^2+t}2t\mathrm{d}t\\&=2\int_1^2\frac{1}{1+t}\mathrm{d}(t+1)=2\ln(t+1)\Big|_1^2\\&=2(\ln 3-\ln 2)=2\ln\frac{3}{2}\end{aligned}$$

(2)令 $t=\sqrt{x}$,则 $x=t^2$,$\mathrm{d}x=2t\mathrm{d}t$. 当 $x=1$ 时,$t=1$;当 $x=4$ 时,$t=2$.

$$\int_1^4 \frac{\sqrt{x}}{x+\sqrt{x}}\mathrm{d}x = \int_1^2 \frac{t}{t^2+t}\cdot 2t\mathrm{d}t$$
$$=2\int_1^2 \frac{t}{1+t}\mathrm{d}t$$
$$=2\int_1^2 \left(1-\frac{1}{1+t}\right)\mathrm{d}t$$
$$=4-2\ln\frac{3}{2}$$

(3)令 $t=\sqrt{5x+4}$,则 $x=\frac{1}{5}(t^2-4)$,$\mathrm{d}x=\frac{2}{5}t\mathrm{d}t$. 当 $x=0$ 时,$t=2$;当 $x=1$ 时,$t=3$.

$$\int_0^1 \frac{1}{\sqrt{5x+4}-1}\mathrm{d}x = \int_2^3 \frac{1}{t-1}\cdot\frac{2}{5}t\mathrm{d}t=\frac{2}{5}\int_2^3 \left(1+\frac{1}{t-1}\right)\mathrm{d}t$$
$$=\frac{2}{5}\Big[t+\ln(t-1)\Big]_2^3$$
$$=\frac{2}{5}(3+\ln 2-2)$$
$$=\frac{2}{5}(1+\ln 2)$$

(4) $\int_0^1 \sqrt{5x+4}\mathrm{d}x = \frac{1}{5}\int_0^1 (5x+4)^{\frac{1}{2}}\mathrm{d}(5x+4)$

$$=\frac{1}{5}\times\frac{2}{3}(5x+4)^{\frac{3}{2}}\Big|_0^1$$
$$=\frac{2}{15}\times(27-8)$$
$$=\frac{38}{15}.$$

(5)令 $x=2\sin t$,则 $\mathrm{d}x=2\cos t\mathrm{d}t$. 当 $x=0$ 时,$t=0$;当 $x=2$ 时,$t=\frac{\pi}{2}$.

$$\int_0^2 \sqrt{4-x^2}\mathrm{d}x = \int_0^{\frac{\pi}{2}} \sqrt{4-4\sin^2 t}\cdot 2\cos t\mathrm{d}t$$
$$=\int_0^{\frac{\pi}{2}} 4\cos^2 t\mathrm{d}t$$
$$=\int_0^{\frac{\pi}{2}} (2\cos 2t+2)\mathrm{d}t$$
$$=(\sin 2t+2t)\Big|_0^{\frac{\pi}{2}}$$
$$=\pi$$

(6)令 $x=\tan t$,则 $\mathrm{d}x=\frac{1}{\cos^2 t}\mathrm{d}t$. 当 $x=0$ 时,$t=0$;当 $x=2$ 时,$t=\frac{\pi}{4}$.

$$\begin{aligned}\int_0^1 \frac{1}{\sqrt{x^2+1}}dx &= \int_0^{\frac{\pi}{4}} \frac{1}{\sqrt{\tan^2 t+1}} \cdot \frac{1}{\cos^2 t}dt \\ &= \int_0^{\frac{\pi}{4}} \cos t \cdot \frac{1}{\cos^2 t}dt \\ &= \int_0^{\frac{\pi}{4}} \frac{1}{\cos^2 t}d(\sin t) \\ &= \int_0^{\frac{\pi}{4}} \frac{1}{1-\sin^2 t}d(\sin t) \\ &= \frac{1}{2}\int_0^{\frac{\pi}{4}} \left(\frac{1}{1-\sin t}+\frac{1}{1+\sin t}\right)d(\sin t) \\ &= \left[\frac{1}{2}\ln\frac{1+\sin t}{1-\sin t}\right]_0^{\frac{\pi}{4}} \\ &= \frac{1}{2}\ln(3+2\sqrt{2})\end{aligned}$$

(7) $\begin{aligned}[t]\int_0^{\frac{\pi}{2}} \sin^3 x dx &= \int_0^{\frac{\pi}{2}} (-\sin^2 x)d(\cos x) \\ &= \int_0^{\frac{\pi}{2}} (\cos^2 x-1)d(\cos x) \\ &= \left[\frac{1}{3}\cos^3 x-\cos x\right]_0^{\frac{\pi}{2}} \\ &= \frac{2}{3}.\end{aligned}$

(8) $\int_1^2 \frac{2x+3}{x^2+3x-3}dx=\int_1^2 \frac{1}{x^2+3x-3}d(x^2+3x-3)=\ln(x^2+3x-3)\Big|_1^2=\ln 7.$

(9) $\int_{-1}^1 \frac{\arctan x}{1+x^2}dx=\int_{-1}^1 \arctan x d(\arctan x)=\frac{1}{2}\arctan^2 x\Big|_{-1}^1=\frac{\pi^2}{16}.$

(10) $\int_0^{\sqrt{3}} \frac{x}{\sqrt{1+x^2}}e^{\sqrt{1+x^2}}dx=\int_0^{\sqrt{3}} e^{\sqrt{1+x^2}}d(\sqrt{1+x^2})=e^{\sqrt{1+x^2}}\Big|_0^{\sqrt{3}}=e^2-e.$

(11) $\begin{aligned}[t]\int_0^1 \frac{1}{e^x+e^{-x}}dx &= \int_0^1 \frac{e^x}{1+e^{2x}}dx=\int_0^1 \frac{1}{1+e^{2x}}d(e^x) \\ &= \arctan e^x\Big|_0^1 \\ &= \arctan e-\frac{\pi}{4}.\end{aligned}$

(12) $\int_{-1}^0 \frac{1}{x^2+2x+2}dx=\int_{-1}^0 \frac{1}{1+(x+1)^2}d(x+1)=\left[\arctan(x+1)\right]_{-1}^0=\frac{\pi}{4}.$

2. 用分部积分法计算下列积分.

(1) $\int_0^1 xe^x dx$； (2) $\int_1^e x\ln x dx$； (3) $\int_1^e x^3\ln x dx$；

(4) $\int_0^1 x\arctan x dx$； (5) $\int_0^1 \ln(2x+1)dx$.

【解】 (1) $\int_0^1 xe^x dx=xe^x\Big|_0^1-\int_0^1 e^x dx=e-e^x\Big|_0^1=1.$

(2) $\int_1^e x\ln x dx=\frac{1}{2}x^2\ln x\Big|_1^e-\frac{1}{2}\int_1^e xdx=\frac{1}{2}e^2-\frac{1}{4}x^2\Big|_1^e=\frac{1}{4}e^2+\frac{1}{4}.$

(3) $\int_1^e x^3\ln x\mathrm{d}x=\frac{1}{4}x^4\ln x\Big|_1^e-\frac{1}{4}\int_1^e x^3\mathrm{d}x=\frac{1}{4}\mathrm{e}^4-\frac{1}{16}x^4\Big|_1^e=\frac{3}{16}\mathrm{e}^4+\frac{1}{16}$.

(4) $$\begin{aligned}\int_0^1 x\arctan x\mathrm{d}x&=\frac{1}{2}x^2\arctan x\Big|_0^1-\frac{1}{2}\int_0^1\frac{x^2}{1+x^2}\mathrm{d}x\\&=\frac{\pi}{8}-\frac{1}{2}\int_0^1\left(1-\frac{1}{1+x^2}\right)\mathrm{d}x\\&=\frac{\pi}{8}-\frac{1}{2}\Big[x-\arctan x\Big]_0^1\\&=\frac{\pi}{4}-\frac{1}{2}.\end{aligned}$$

(5) $$\begin{aligned}\int_0^1\ln(2x+1)\mathrm{d}x&=x\ln(2x+1)\Big|_0^1-\int_0^1\frac{2x}{2x+1}\mathrm{d}x\\&=\ln 3-\int_0^1\left(1-\frac{1}{2x+1}\right)\mathrm{d}x\\&=\ln 3-\left[x-\frac{1}{2}\ln(2x+1)\right]_0^1=\frac{3}{2}\ln 3-1.\end{aligned}$$

习题 6.4

1. 求下列广义积分.

(1) $\int_1^{+\infty}\frac{1}{x^3}\mathrm{d}x$；　　(2) $\int_0^{+\infty}x\mathrm{e}^{-x^2}\mathrm{d}x$；

(3) $\int_{-\infty}^{+\infty}\frac{1}{x^2+x+1}\mathrm{d}x$；　　(4) $\int_0^{+\infty}\frac{\arctan x}{1+x^2}\mathrm{d}x$.

【解】 (1) $\int_1^{+\infty}\frac{1}{x^3}\mathrm{d}x=-\frac{1}{2x^2}\Big|_1^{+\infty}=\frac{1}{2}$.

(2) $\int_0^{+\infty}x\mathrm{e}^{-x^2}\mathrm{d}x=-\frac{1}{2}\int_0^{+\infty}\mathrm{e}^{-x^2}\mathrm{d}(-x^2)=\left[-\frac{1}{2}\mathrm{e}^{-x^2}\right]_0^{+\infty}=\frac{1}{2}$.

(3) $$\begin{aligned}\int_{-\infty}^{+\infty}\frac{1}{x^2+x+1}\mathrm{d}x&=\int_{-\infty}^{+\infty}\frac{4}{4x^2+4x+1+3}\mathrm{d}x\\&=\int_{-\infty}^{+\infty}\frac{4}{(2x+1)^2+3}\mathrm{d}x\\&=\int_{-\infty}^{+\infty}\frac{4}{3}\cdot\frac{1}{1+\frac{1}{3}(2x+1)^2}\mathrm{d}x\\&=\frac{\sqrt{3}}{2}\int_{-\infty}^{+\infty}\frac{4}{3}\cdot\frac{1}{1+\left(\frac{2}{\sqrt{3}}x+\frac{1}{\sqrt{3}}\right)^2}\mathrm{d}\left(\frac{2}{\sqrt{3}}x+\frac{1}{\sqrt{3}}\right)\\&=\left[\frac{2\sqrt{3}}{3}\arctan\left(\frac{2}{\sqrt{3}}x+\frac{1}{\sqrt{3}}\right)\right]_{-\infty}^{+\infty}\\&=\frac{2\sqrt{3}}{3}\pi.\end{aligned}$$

(4) $\int_0^{+\infty}\frac{\arctan x}{1+x^2}\mathrm{d}x=\int_0^{+\infty}\arctan x\mathrm{d}(\arctan x)=\frac{1}{2}(\arctan x)^2\Big|_0^{+\infty}=\frac{1}{8}\pi^2$.

2. 求下列广义积分.

(1) $\int_{-1}^{1}\frac{1}{x^2}\mathrm{d}x$；　　(2) $\int_{0}^{3}\frac{1}{(x-1)^{\frac{2}{3}}}\mathrm{d}x$；

(3) $\int_{0}^{1}\frac{\mathrm{d}x}{\sqrt{1-x}}$；　　(4) $\int_{1}^{\mathrm{e}}\frac{\mathrm{d}x}{x\sqrt{1-(\ln x)^2}}$.

【解】 (1)当 $x\to 0$ 时，$\frac{1}{x^2}\to\infty$，则

$$\int_{-1}^{0}\frac{1}{x^2}\mathrm{d}x=\lim_{b\to 0^-}\int_{-1}^{b}\frac{1}{x^2}\mathrm{d}x=\lim_{b\to 0^-}\left(\frac{-1}{x}\right)\Big|_{-1}^{b}=\lim_{b\to 0^-}\left(\frac{-1}{b}-1\right)=-\infty$$

故 $\int_{-1}^{0}\frac{1}{x^2}\mathrm{d}x$ 发散，所以 $\int_{-1}^{1}\frac{1}{x^2}\mathrm{d}x$ 也发散.

(2)因为 $x=1$ 为 $\frac{1}{(x-1)^{\frac{2}{3}}}$ 的间断点，故考虑

$$\begin{aligned}\int_{0}^{1}(x-1)^{-\frac{2}{3}}\mathrm{d}x&=\lim_{b\to 1^-}\int_{0}^{b}(x-1)^{-\frac{2}{3}}\mathrm{d}x\\&=\lim_{b\to 1^-}\left[3(x-1)^{\frac{1}{3}}\right]_{0}^{b}\\&=\lim_{b\to 1^-}(3\sqrt[3]{b-1}+3)\\&=3\end{aligned}$$

$$\begin{aligned}\int_{1}^{3}(x-1)^{-\frac{2}{3}}\mathrm{d}x&=\lim_{b\to 1^+}\int_{b}^{3}(x-1)^{-\frac{2}{3}}\mathrm{d}x\\&=\lim_{b\to 1^+}\left[3(x-1)^{\frac{1}{3}}\right]_{b}^{3}\\&=\lim_{b\to 1^+}\left[3\sqrt[3]{2}-3(b-1)^{\frac{1}{3}}\right]\\&=3\sqrt[3]{2}\end{aligned}$$

$$\int_{0}^{3}\frac{1}{(x-1)^{\frac{2}{3}}}\mathrm{d}x=\int_{0}^{1}(x-1)^{-\frac{2}{3}}\mathrm{d}x+\int_{1}^{3}(x-1)^{-\frac{2}{3}}\mathrm{d}x=3+3\sqrt[3]{2}$$

(3) $\int_{0}^{1}\frac{\mathrm{d}x}{\sqrt{1-x}}=-\int_{0}^{1}(1-x)^{-\frac{1}{2}}\mathrm{d}(1-x)=\left[-\frac{2}{3}(1-x)^{\frac{3}{2}}\right]_{0}^{1}=\frac{2}{3}$.

(4) $\int_{1}^{\mathrm{e}}\frac{\mathrm{d}x}{x\sqrt{1-(\ln x)^2}}=\int_{1}^{\mathrm{e}}\frac{1}{\sqrt{1-(\ln x)^2}}\mathrm{d}(\ln x)=\arcsin(\ln x)\Big|_{1}^{\mathrm{e}}=\frac{\pi}{2}$.

习题 6.5

1. 求下列曲线所围成平面图形的面积.

(1) $y=\sqrt{x}, y=x^2$；

(2) $y=x^2, y=x+2$；

(3) $y=x^2, y=2x-1, y=0$；

(4) $y=\mathrm{e}^x, y=\mathrm{e}^{-x}, x=2$.

【解】 (1)设所围成平面图形的面积为 S，则有

$$S=\int_{0}^{1}(\sqrt{x}-x^2)\mathrm{d}x=\left[\frac{2}{3}x^{\frac{3}{2}}-\frac{1}{3}x^3\right]_{0}^{1}=\frac{1}{3}$$

(2)设所围成平面图形的面积为 S,则有

$$S=\int_{-1}^{2}(x+2-x^2)\mathrm{d}x=\left(\frac{1}{2}x^2+2x-\frac{1}{3}x^3\right)\Big|_{-1}^{2}=\frac{9}{2}$$

(3)设所围成平面图形的面积为 S,则有

$$S=\int_{0}^{1}(x^2-2x+1)\mathrm{d}x=\left(\frac{1}{3}x^3-x^2+x\right)\Big|_{0}^{1}=\frac{1}{3}$$

(4)设所围成平面图形的面积为 S,则有

$$S=\int_{0}^{2}(\mathrm{e}^x-\mathrm{e}^{-x})\mathrm{d}x=(\mathrm{e}^x+\mathrm{e}^{-x})\Big|_{0}^{2}=\mathrm{e}^2+\frac{1}{\mathrm{e}^2}-2$$

2. 求下列几何体的体积.

(1)由 $y=\sin x\left(0\leqslant x\leqslant\frac{\pi}{2}\right)$、直线 $x=\frac{\pi}{2}$ 和 x 轴围成的平面图形绕 x 轴旋转而成的几何体的体积.

(2)由 $y=\sin x\left(0\leqslant x\leqslant\frac{\pi}{2}\right)$、直线 $y=1$ 和 y 轴围成的平面图形绕 y 轴旋转而成的几何体的体积.

【解】 (1)设几何体的体积为 V,则有

$$\begin{aligned}V&=\int_{0}^{\frac{\pi}{2}}\pi(\sin x)^2\mathrm{d}x\\&=\pi\int_{0}^{\frac{\pi}{2}}\frac{1}{2}(1-\cos 2x)\mathrm{d}x\\&=\frac{\pi}{2}\int_{0}^{\frac{\pi}{2}}(1-\cos 2x)\mathrm{d}x\\&=\frac{\pi}{2}\left(x-\frac{1}{2}\sin 2x\right)\Big|_{0}^{\frac{\pi}{2}}\\&=\frac{\pi^2}{4}\end{aligned}$$

(2)设几何体的体积为 V,则有

$$\begin{aligned}V&=\int_{0}^{1}\pi(\arcsin y)^2\mathrm{d}y\\&=\pi\int_{0}^{1}(\arcsin y)^2\mathrm{d}y\\&=\pi\Big[y(\arcsin y)^2+2\sqrt{1-y^2}\arcsin y-2y\Big]_{0}^{1}\\&=\pi\left(\frac{\pi^2}{4}-2\right)\\&=\frac{\pi^3}{4}-2\pi\end{aligned}$$

复 习 题 六

1. 选择题.

(1) $\int_{-1}^{1}x^3\cos x\mathrm{d}x=$(　　).

A. 0　　　　B. π

C. $\frac{\pi}{2}$　　D. $\frac{\pi}{4}$

(2) $\int_0^2 \sqrt{4-x^2}\,dx=$(　　).

A. 0　　B. π

C. 2π　　D. 4π

(3) $\int_{-\pi}^{\pi} x\sin x\,dx=$(　　).

A. 0　　B. π

C. $2\int_0^{\pi} x\sin x\,dx$　　D. $-2\int_{-\pi}^{0} x\sin x\,dx$

【解】 (1)A　(2)B　(3)A

2. 填空题.

(1)函数 $f(x)$在$[a,b]$上有界是 $f(x)$在$[a,b]$上可积的________条件,而 $f(x)$在$[a,b]$上连续是 $f(x)$在$[a,b]$上可积的________条件.

(2)对$[a,+\infty)$上非负且连续的函数 $f(x)$,它的变上限积分 $\int_a^x f(t)\,dt$ 在$[a,+\infty)$上有界是反常积分 $\int_a^{+\infty} f(x)\,dx$ 收敛的________条件.

【解】 (1)必要,充分;(2)充分必要.

3. 下列计算是否正确,试说明理由.

(1) $\int_{-1}^{1}\frac{dx}{1+x^2}=-\int_{-1}^{1}\frac{d\left(\frac{1}{x}\right)}{1+\left(\frac{1}{x}\right)^2}=\left[-\arctan\frac{1}{x}\right]_{-1}^{1}=-\frac{\pi}{2}$.

(2)因为 $\int_{-1}^{1}\frac{dx}{x^2+x+1}\overset{x=\frac{1}{t}}{=\!=\!=}-\int_{-1}^{1}\frac{dt}{t^2+t+1}$,所以 $\int_{-1}^{1}\frac{dx}{x^2+x+1}=0$.

【解】 (1)错误. $\int_{-1}^{1}\frac{dx}{1+x^2}=\arctan x\Big|_{-1}^{1}=\frac{\pi}{4}-\left(-\frac{\pi}{4}\right)=\frac{\pi}{2}$.

(2)错误.

$$\begin{aligned}\int_{-1}^{1}\frac{1}{x^2+x+1}dx&=\int_{-1}^{1}\frac{4}{4x^2+4x+1+3}dx\\&=\int_{-1}^{1}\frac{4}{(2x+1)^2+3}dx\\&=\int_{-1}^{1}\frac{4}{3}\cdot\frac{1}{1+\frac{1}{3}(2x+1)^2}dx\\&=\frac{\sqrt{3}}{2}\int_{-1}^{1}\frac{4}{3}\cdot\frac{1}{1+\left(\frac{2}{\sqrt{3}}x+\frac{1}{\sqrt{3}}\right)^2}d\left(\frac{2}{\sqrt{3}}x+\frac{1}{\sqrt{3}}\right)\\&=\left[\frac{2\sqrt{3}}{3}\arctan\left(\frac{2}{\sqrt{3}}x+\frac{1}{\sqrt{3}}\right)\right]_{-1}^{1}\\&=\frac{\sqrt{3}}{3}\pi\end{aligned}$$

4. 设 e^{-x} 是 $f(x)$ 的一个原函数，求 $\int xf(x)\mathrm{d}x$.

【解】 因为 e^{-x} 是 $f(x)$ 的一个原函数，所以 $f(x)=(e^{-x})'=-e^{-x}$. 从而有

$$\int xf(x)\mathrm{d}x=\int(-xe^{-x})\mathrm{d}x=\int x\mathrm{d}(e^{-x})$$

$$=xe^{-x}-\int e^{-x}\mathrm{d}x=xe^{-x}+e^{-x}+C$$

5. 设 $f''(x)$ 在 $[0,1]$ 上连续，且 $f(0)=0, f(2)=3, f'(2)=5$，求 $\int_0^1 xf''(2x)\mathrm{d}x$.

【解】

$$\int_0^1 xf''(2x)\mathrm{d}x=\frac{1}{2}\int_0^1 x\mathrm{d}[f'(2x)]$$

$$=\frac{1}{2}xf'(2x)\Big|_0^2-\frac{1}{2}\int_0^1 f'(2x)\mathrm{d}x$$

$$=\frac{1}{2}f'(2)-\frac{1}{4}f(2x)\Big|_0^1$$

$$=\frac{5}{2}-\frac{1}{4}[f(2)-f(0)]$$

$$=\frac{5}{2}-\frac{1}{2}=2$$

6. 设 $f(x)=\int_0^x e^{-t}\cos t\mathrm{d}t$，求 $f'(0)$ 及 $f''(0)$.

【解】 $f'(x)=\frac{\mathrm{d}}{\mathrm{d}x}\int_0^x e^{-t}\cos t\mathrm{d}t=e^{-x}\cos x, f''(x)=(e^{-x}\cos x)'=-e^{-x}(\sin x+\cos x)$，于是有

$$f'(0)=e^{-0}\cos 0=1, f''(0)=-e^{-0}(\sin 0+\cos 0)=-1$$

7. 计算下列积分.

(1) $\int_0^1 \frac{\mathrm{d}x}{\sqrt{1+x^2}}$;　　(2) $\int_0^1 \frac{1}{e^x+e^{-x}}\mathrm{d}x$;

(3) $\int_0^1 e^{\sqrt{x}}\mathrm{d}x$;　　(4) $\int_{\frac{\pi}{4}}^{\frac{\pi}{3}} \frac{x}{\sin^2 x}\mathrm{d}x$;

(5) $\int_{-\infty}^{+\infty} xe^{-\frac{x^2}{2}}\mathrm{d}x$;　　(6) $\int_1^3 \frac{x\mathrm{d}x}{\sqrt{|x^2-4|}}$.

【解】 (1) 设 $x=\tan t$，则 $\mathrm{d}x=\mathrm{d}(\tan t)=\sec^2 t\mathrm{d}t$. 于是有

$$\int_0^1 \frac{\mathrm{d}x}{\sqrt{1+x^2}}=\int_0^1 \frac{1}{\sec t}\cdot\sec^2 t\mathrm{d}t=\int_0^1 \sec t\mathrm{d}t$$

$$=\int_0^1 \frac{\cos t}{\cos^2 t}\mathrm{d}t=\int_0^1 \frac{1}{\cos^2 t}\mathrm{d}(\sin t)$$

$$=\int_0^1 \frac{1}{1-\sin^2 t}\mathrm{d}(\sin t)=\Big[\ln|\sec t+\tan t|\Big]_0^1$$

$$=\Big[\ln|\sqrt{1+x^2}+x|\Big]_0^1=\Big[\ln(\sqrt{1+x^2})+x\Big]_0^1$$

$$=\ln(\sqrt{2}+1)$$

(2) $\int_0^1 \frac{1}{e^x+e^{-x}}\mathrm{d}x=\int_0^1 \frac{e^x}{1+e^{2x}}\mathrm{d}x=\int_0^1 \frac{1}{1+e^{2x}}\mathrm{d}(e^x)=\arctan(e^x)\Big|_0^1=\arctan e-\frac{\pi}{4}$.

(3)令 $t=\sqrt{x}$,则 $x=t^2$,$\mathrm{d}x=2t\mathrm{d}t$. 于是有

$$\begin{aligned}\int_0^1 \mathrm{e}^{\sqrt{x}}\mathrm{d}x &= \int_0^1 2t\mathrm{e}^t\mathrm{d}t=\int_0^1 2t\mathrm{d}(\mathrm{e}^t)\\ &=2t\mathrm{e}^t\Big|_0^1-2\int_0^1 \mathrm{e}^t\mathrm{d}t\\ &=(2t\mathrm{e}^t-2\mathrm{e}^t)\Big|_0^1=2(t-1)\mathrm{e}^t\Big|_0^1\\ &=2\end{aligned}$$

(4) $$\begin{aligned}\int_{\frac{\pi}{4}}^{\frac{\pi}{3}}\frac{x}{\sin^2 x}\mathrm{d}x &=-\int_{\frac{\pi}{4}}^{\frac{\pi}{3}}x\mathrm{d}(\cot x)=-x\cot x\Big|_{\frac{\pi}{4}}^{\frac{\pi}{3}}+\int_{\frac{\pi}{4}}^{\frac{\pi}{3}}\frac{\cos x}{\sin x}\mathrm{d}x\\ &=-x\cot x\Big|_{\frac{\pi}{4}}^{\frac{\pi}{3}}+\int_{\frac{\pi}{4}}^{\frac{\pi}{3}}\frac{\mathrm{d}(\sin x)}{\sin x}\\ &=(-x\cot x+\ln|\sin x|)\Big|_{\frac{\pi}{4}}^{\frac{\pi}{3}}\\ &=\left(-\frac{\pi}{3}\cot\frac{\pi}{3}+\ln\left|\sin\frac{\pi}{3}\right|\right)-\left(-\frac{\pi}{4}\cot\frac{\pi}{4}+\ln\left|\sin\frac{\pi}{4}\right|\right)\\ &=\left(-\frac{\pi}{3}\times\frac{\sqrt{3}}{3}+\ln\frac{\sqrt{3}}{2}\right)+\left(\frac{\pi}{4}\times 1-\ln\frac{\sqrt{2}}{2}\right)\\ &=-\frac{\sqrt{3}}{9}\pi+\frac{\pi}{4}+\ln\frac{\sqrt{3}}{2}-\ln\frac{\sqrt{2}}{2}.\end{aligned}$$

(5)令 $t=-\frac{x^2}{2}$,则有 $\int_{-\infty}^{+\infty}x\mathrm{e}^{-\frac{x^2}{2}}\mathrm{d}x=-\int_{-\infty}^{+\infty}\mathrm{e}^{-\frac{x^2}{2}}\mathrm{d}\left(-\frac{x^2}{2}\right)=0$.

(6) $\int_1^3\frac{x\mathrm{d}x}{\sqrt{|x^2-4|}}=\sqrt{3}+\sqrt{5}$.

8. 判断定积分 $\int_0^1\frac{\mathrm{d}x}{x^2-3x+2}$ 的敛散性.

【解】 发散.

9. 求由曲线 $x=y^2$ 与 $x=y+2$ 所围成图形的面积.

【解】 联立两个方程,得到如下的方程组.

$$\begin{cases}x=y^2\\ x=y+2\end{cases}$$

解此方程组得

$$\begin{cases}x_1=1\\ y_1=-1\end{cases},\begin{cases}x_2=4\\ y_2=2\end{cases}$$

用 y 轴作定向积分,可得

$$\begin{aligned}\int_{-1}^2(y+2-y^2)\mathrm{d}y &=\int_{-1}^2 y\mathrm{d}y+2\int_{-1}^2\mathrm{d}y-\int_{-1}^2 y^2\mathrm{d}y\\ &=\frac{1}{2}y^2\Big|_{-1}^2+2y\Big|_{-1}^2-\frac{1}{3}y^3\Big|_{-1}^2\\ &=\frac{9}{2}\end{aligned}$$

故由曲线 $x=y^2$ 与 $x=y+2$ 所围成图形的面积为 $\frac{9}{2}$.

10. 求由椭圆$\frac{x^2}{a^2}+\frac{y^2}{b^2}=1$所围成图形绕 y 轴旋转而成的旋转体的体积.

【解】

$$\begin{aligned}\frac{1}{2}V&=\int_0^b \pi\left[\sqrt{a^2\left(1-\frac{y^2}{b^2}\right)}\right]^2 \mathrm{d}y=\int_0^b \pi a^2\left(1-\frac{y^2}{b^2}\right)\mathrm{d}y\\&=a^2\int_0^b \frac{\pi(b^2-y^2)}{b^2}\mathrm{d}y=\frac{\pi a^2}{b^2}\int_0^b (b^2-y^2)\mathrm{d}y\\&=\frac{\pi a^2}{b^2}\left(b^2y-\frac{1}{3}y^3\right)\Big|_0^b=\frac{2}{3}\pi a^2 b\end{aligned}$$

故 $V=\frac{4}{3}\pi a^2 b$.

11. 一个横放着的圆柱形水桶，桶内盛有半桶水. 设桶底半径为 R，求桶一个端面上所受压力.

【解】 设水的密度为 ρ，在桶一端面上建立坐标系，取 x 为积分变量，$x\in[0,R]$，取任一小区间$[x,x+\mathrm{d}x]$，小矩形片上各处压强近似相等，即 $P=\rho x$. 小矩形片的压力微元为

$$\mathrm{d}P=2\rho x\sqrt{R^2-x^2}\,\mathrm{d}x$$

$$\begin{aligned}P&=\int_0^R 2\rho x\sqrt{R^2-x^2}\,\mathrm{d}x\\&=-\rho\int_0^R\sqrt{R^2-x^2}\,\mathrm{d}(R^2-x^2)\\&=-\rho\left[\frac{2}{3}(\sqrt{R^2-x^2})^3\right]_0^R\\&=\frac{2}{3}\rho R^3\end{aligned}$$

12. 半径为 r 的球沉入水中，球的上部与水平面相切，球的密度与水相同，现将球从水中取出，需做多少功?

【解】 建立图 6-3 所示的坐标系，将半径为 r 的球取出水面，在整个运动过程中，球所受的力 $F(x)$ 为

$$F(x)=G-F_{浮}$$

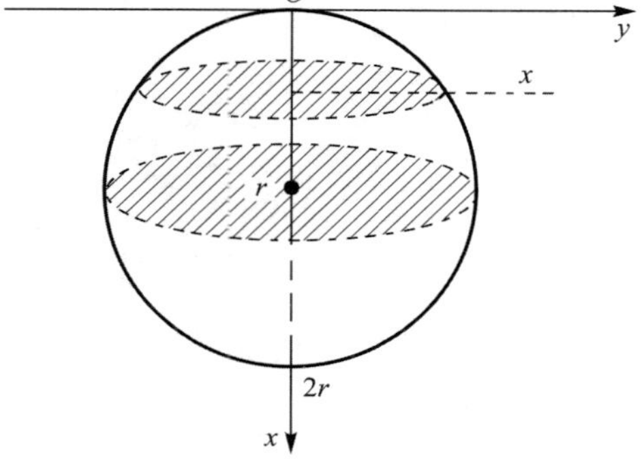

图 6-3

其中，$G=\frac{4\pi r^3}{3}\cdot 1\cdot g$ 是球的重力，$F_{浮}$表示将在高度 x 的球取出之后，仍浸在水中的另一部

分球缺所受的浮力. 而高度为 x 的球体的体积为

$$V=\pi x^2\left(r-\frac{x}{3}\right)$$

于是,由浮力计算公式有

$$F_{浮}=\left[\frac{4}{3}\pi r^3-\pi x^2\left(r-\frac{x}{3}\right)\right]\cdot 1\cdot g$$

于是

$$F(x)=\pi x^2\left(r-\frac{x}{3}\right)g\quad (0\leqslant x\leqslant 2r)$$

从水中将球取出所做的功等于 x 从 0 改变至 $2r$ 时变力 $F(x)$所做的功,则

$$W=\int_0^{2r}\pi g x^2\left(r-\frac{x}{3}\right)\mathrm{d}x=g\left(\frac{\pi r}{3}x^3-\frac{\pi}{12}x^4\right)\Big|_0^{2r}=\frac{4}{3}\pi r^4 g$$

第 7 章　多元微积分

7.1　基 本 要 求

(1)理解空间解析几何的概念.

(2)理解多元函数的概念.

(3)会对二元函数的极限进行求解.

(4)理解二元函数的连续性.

(5)掌握偏导数的概念和计算方法.

(6)理解高阶偏导数,并能够对高阶偏导数进行求解.

(7)理解全微分的概念,掌握全微分在近似计算中的应用.

(8)掌握多元复合函数的求导法则.

(9)了解隐函数的求导法则.

(10)理解二重积分的概念,并能够对相关二重积分进行求解.

7.2　内 容 提 要

7.2.1　空间解析几何

1. 空间直角坐标系

在空间任意取定一点 O,并从点 O 引出三条两两垂直的线,由此确定三条数轴. 把这三条数轴依次记为 x 轴(横轴)、y 轴(纵轴)、z 轴(竖轴),并统称为坐标轴,O 称为坐标原点,它们构成一个空间直角坐标系,称为 $Oxyz$ 坐标系. 通常还有如下规定.

(1)三个数轴的长度单位相同.

(2)把 x 轴和 y 轴配置在水平面上,而 z 轴取垂线,正向向上.

(3)数轴的正向通常符合右手规则,即以右手握住 z 轴,当右手四指从 x 轴正向以 $\frac{\pi}{2}$ 角度转向 y 轴王向时,大拇指的指向就是 z 轴的正向.

三条坐标轴中的任意两条可以确定一个平面,这样定出的三个平面统称为坐标面,按照坐标面所包含的坐标轴,分别记为 xOy 面、yOz 面和 zOx 面. 三个坐标面将空间划分成八个区域,称为八个卦限.含有 x 轴、y 轴与 z 轴正半轴的那个卦限称为第Ⅰ卦限,位于 xOy 面的上方.此外,在 xOy 面的上方,按逆时针方向排列着第Ⅱ卦限、第Ⅲ卦限和第Ⅳ卦限;在 xOy 面的下方,与第Ⅰ卦限对应的是第Ⅴ卦限,按逆时针方向还排列着第Ⅵ卦限、第Ⅶ卦限和第Ⅷ卦限.

2. 两点间距离公式

设点 $A(x_1,y_1,z_1)$,点 $B(x_2,y_2,z_2)$,则 A、B 两点间的距离公式为

$$|AB|=\sqrt{(x_1-x_2)^2+(y_1-y_2)^2+(z_1-z_2)^2}$$

3. 平面方程

平面方程是一个三元一次方程,任意三元一次方程 $Ax+By+Cz+D=0$ 的图形总是一个平面.因此,把三元一次方程 $Ax+By+Cz+D=0$ 称为平面的一般方程.

包含 0 系数的三元一次方程表示特殊的平面.

(1)当 $D=0$,即 $Ax+By+Cz=0$ 时,表示一个过原点的平面.

(2)当 $A=0$,即 $By+Cz+D=0$ 时,表示一个平行于 x 轴的平面;当 $B=0$,即 $Ax+Cz+D=0$ 时,表示一个平行于 y 轴的平面;当 $C=0$,即 $Ax+By+D=0$ 时,表示一个平行于 z 轴的平面.

(3)当 $A=B=0$,即 $Cz+D=0$ 时,表示一个平行于 xOy 面的平面;当 $B=C=0$,即 $Ax+D=0$ 时,表示一个平行于 yOz 面的平面;当 $A=C=0$,即 $By+D=0$ 时,表示一个平行于 zOx 面的平面.

4. 曲面方程

如果曲面 S 上每一点的坐标都满足方程 $F(x,y,z)=0$,而不在曲面 S 上的点的坐标都不满足这个方程,则称方程 $F(x,y,z)=0$ 为曲面 S 的方程,称曲面 S 为此方程的图形.

5. 旋转曲面

设平面上有一条定直线和一条曲线,则该曲线绕定直线旋转一周所形成的曲面称为旋转曲面.其中,定直线称为旋转曲面的轴,曲线称为旋转曲面的母线.

6. 柱面

分别给定一条定直线 l 和一条定曲线 C,取平行于定直线 l 的动直线 L,使之沿定曲线 C 移动,由此形成的轨迹称为柱面.其中,定曲线 C 称为柱面的准线,动直线 L 称为柱面的母线.

7.2.2 多元函数

1. 多元函数的概念

1)区域

由于实数可与数轴上的点对应起来,而全体数轴上的点就构成了一维空间,记为 $\mathbf{R}$.二元有序实数组 (x,y) 和平面上点的全体是一一对应关系.平面上的所有点构成了二维空间,记为 $\mathbf{R}^2$.一般地,n 元有序实数组 $(x_1,x_2,\cdots,x_n)$ 点的全体称为 n 维空间,记为 $\mathbf{R}^n$.

通常,平面区域指平面上由一条曲线或几条曲线围成的部分.区域可以是有限的,如圆形区域、矩形区域等,这种区域称为有界区域.有些区域能够延伸到无穷远处,这种区域称为无界区域.围成区域的曲线称为区域的边界.若所考虑的区域包含区域的全部边界,则称此

区域为闭区域;若不包含区域的边界,则称此区域为开区域.

2)二元函数的定义

定义 7.1 设 D 是 $\mathbf{R}^2$ 的一个非空点集,若对每一点 $(x,y)\in D$,按照某一法则 f 有唯一确定的实数值 z 与之对应,则称 z 是关于变量 x,y 的二元函数,记为

$$z=f(x,y)\quad(x,y)\in D$$

其中,点集 D 称为该函数的定义域,x,y 称为自变量,z 称为因变量. 当 (x,y) 取确定值时,对应的因变量 z 的值称为 f 在点 (x,y) 处的函数值. 函数值 $f(x,y)$ 的全体构成的集合称为 f 的值域.

一般地,设 $D\subset\mathbf{R}^n$ 为 n 维空间中的非空点集,若对 D 中的每一个点 $(x_1,x_2,\cdots,x_n)$ 按照某一法则 f 都有唯一确定的实数值 z 与之对应,则称 z 是自变量 $x_1,x_2,\cdots,x_n$ 的 n 元函数,记为

$$z=f(x_1,x_2,\cdots,x_n)\quad(x_1,x_2,\cdots,x_n)\in D$$

2. 二元函数的极限

定义 7.2 函数 $z=f(x,y)$ 在点 $P_0(x_0,y_0)$ 的附近有定义. 如果当点 $P(x,y)$ 以任何方式趋近于点 $P_0(x_0,y_0)$ 时,对应的函数值 $z=f(x,y)$ 趋近于一个确定的常数 A,则称此常数 A 为函数 $f(x,y)$ 当 $(x,y)\to(x_0,y_0)$ 时的极限,记为

$$\lim_{(x,y)\to(x_0,y_0)} f(x,y)=A$$

注意:

(1)点 $P(x,y)$ 趋向于点 $P_0(x_0,y_0)$ 是指点 P 与 P_0 之间的距离趋于零,即

$$|PP_0|=\sqrt{(x-x_0)^2+(y-y_0)^2}\to 0$$

(2)点 $P(x,y)$ 以任何方式趋向于点 $P_0(x_0,y_0)$ 是指在二维平面上点 P 趋向于点 P_0 的方式有无穷多种,而一元函数只能从点 x_0 的左、右两个方向趋向于 x_0. 二元函数的极限也称为二重极限,与一元函数的极限类似,二重极限也有相应的四则运算法则,这里不再赘述.

3. 二元函数的连续性

定义 7.3 设函数 $z=f(x,y)$ 在点 $P_0(x_0,y_0)$ 的附近有定义,如果

$$\lim_{(x,y)\to(x_0,y_0)} f(x,y)=f(x_0,y_0)$$

则称函数 $f(x,y)$ 在点 $P_0(x_0,y_0)$ 处连续.

若函数 $z=f(x,y)$ 在区域 D 内的每一点处都连续,则称函数 $z=f(x,y)$ 在 D 上连续.

若函数 $f(x,y)$ 在点 $P_0(x_0,y_0)$ 处不连续,则称 P_0 为函数 $f(x,y)$ 的间断点. 显然,在间断点处,函数 $f(x,y)$ 或没有定义,或极限不存在,或极限值不等于 $f(x_0,y_0)$.

7.2.3 偏导数

1. 偏导数的概念及计算

定义 7.4 设二元函数 $z=f(x,y)$ 在点 (x_0,y_0) 的附近有定义,当 y 固定在 y_0 而 x 在 x_0 处有增量 Δx 时,相应地,函数 $z=f(x,y)$ 有增量(称为函数对 x 的偏增量)

$$f(x_0+\Delta x,y_0)-f(x_0,y_0)$$

若极限

$$\lim_{\Delta x\to 0}\frac{f(x_0+\Delta x,y_0)-f(x_0,y_0)}{\Delta x}$$

存在,则称函数 $z=f(x,y)$ 在点 (x_0,y_0) 处对 x 可导,此极限为函数 $z=f(x,y)$ 在点 (x_0,y_0) 处对 x 的偏导数,记为

$$\left.\frac{\partial z}{\partial x}\right|_{\substack{x=x_0\\y=y_0}},\left.\frac{\partial f}{\partial x}\right|_{\substack{x=x_0\\y=y_0}},\left.z_x\right|_{\substack{x=x_0\\y=y_0}}\text{或 } f_x(x_0,y_0)$$

即 $f_x(x_0,y_0)=\lim\limits_{\Delta x\to 0}\dfrac{f(x_0+\Delta x,y_0)-f(x_0,y_0)}{\Delta x}$.

类似地,当 x 固定在 x_0,而 y 处有增量 Δy 时,相应地,函数 $z=f(x,y)$ 有增量(称为函数对 y 的偏增量)

$$f(x_0,y_0+\Delta y)-f(x_0,y_0)$$

若极限

$$\lim_{\Delta y\to 0}\frac{f(x_0,y_0+\Delta y)-f(x_0,y_0)}{\Delta y}$$

存在,则称函数 $z=f(x,y)$ 在点 (x_0,y_0) 处对 y 可导,此极限为函数 $z=f(x,y)$ 在点 (x_0,y_0) 处对 y 的偏导数,记为

$$\left.\frac{\partial z}{\partial y}\right|_{\substack{x=x_0\\y=y_0}},\left.\frac{\partial f}{\partial y}\right|_{\substack{x=x_0\\y=y_0}},\left.z_y\right|_{\substack{x=x_0\\y=y_0}}\text{或 } f_y(x_0,y_0)$$

定义 7.5 如果函数 $z=f(x,y)$ 在区域 D 内每一点处对 x(或对 y)的偏导数都存在,那么这个偏导数也是关于 x,y 的二元函数,就称这个函数为 $z=f(x,y)$ 对 x(或对 y)的偏导函数(简称偏导数),记为

$$\frac{\partial z}{\partial x},\frac{\partial f}{\partial x},z_x\text{ 或 } f_x(x,y)\left[\frac{\partial z}{\partial y},\frac{\partial f}{\partial y},z_y\text{ 或 } f_y(x,y)\right]$$

注意:偏导数的记号 $\dfrac{\partial}{\partial x},\dfrac{\partial}{\partial y}$ 是一个整体的记号,不能看作分子和分母的商.

2. 高阶偏导数

定义 7.6 设函数 $z=f(x,y)$ 在区域 D 内具有偏导数

$$\frac{\partial z}{\partial x}=f_x(x,y),\frac{\partial z}{\partial y}=f_y(x,y)$$

那么在 D 内 $f_x(x,y),f_y(x,y)$ 仍是关于 x,y 的二元函数,如果这两个函数的偏导数也存在,则称它们是函数 $z=f(x,y)$ 的二阶偏导数. 二元函数的二阶偏导数按照对变量求导次序的不同有下列 4 个二阶偏导数.

$$\frac{\partial}{\partial x}\left(\frac{\partial z}{\partial x}\right)=\frac{\partial^2 z}{\partial x^2}=f_{xx}(x,y),\frac{\partial}{\partial y}\left(\frac{\partial z}{\partial x}\right)=\frac{\partial^2 z}{\partial x\partial y}=f_{xy}(x,y),$$

$$\frac{\partial}{\partial x}\left(\frac{\partial z}{\partial y}\right)=\frac{\partial^2 z}{\partial y\partial x}=f_{yx}(x,y),\frac{\partial}{\partial y}\left(\frac{\partial z}{\partial y}\right)=\frac{\partial^2 z}{\partial y^2}=f_{yy}(x,y)$$

类似地,可以定义更高阶的偏导数. 二阶及二阶以上的偏导数统称为高阶偏导数,既有关于 x 又有关于 y 的高阶偏导数称为混合偏导数,如 $\dfrac{\partial^2 z}{\partial x\partial y},\dfrac{\partial^2 z}{\partial y\partial x}$.

定理 7.1 如果函数 $z=f(x,y)$ 的两个二阶混合偏导数 $\dfrac{\partial^2 z}{\partial x\partial y}$ 及 $\dfrac{\partial^2 z}{\partial y\partial x}$ 在区域 D 内连续,

那么在 D 内 $\frac{\partial^2 z}{\partial x\partial y}=\frac{\partial^2 z}{\partial y\partial x}$.

7.2.4 全微分及其应用

1. 全微分的概念

定义 7.7 若函数 $z=f(x,y)$ 在点 (x,y) 处的全增量

$$\Delta z=f(x+\Delta x,y+\Delta y)-f(x,y)$$

可表示为

$$\Delta z=A\Delta x+B\Delta y+o(\rho)$$

其中 A,B 仅与 x,y 有关，$\rho=\sqrt{\Delta x^2+\Delta y^2}$，则称 $z=f(x,y)$ 在点 (x,y) 处可微，称 $A\Delta x+B\Delta y$ 为 $z=f(x,y)$ 在点 (x,y) 处的全微分，记为 $\mathrm{d}z$，则

$$\mathrm{d}z=A\Delta x+B\Delta y$$

常可以将 Δx、Δy 写成 $\mathrm{d}x,\mathrm{d}y$，于是 $\mathrm{d}z=A\mathrm{d}x+B\mathrm{d}y$.

定理 7.2(可微的必要条件) 若函数 $z=f(x,y)$ 在点 (x,y) 处可微，则

(1) $f(x,y)$ 在点 (x,y) 处连续；

(2) $z=f(x,y)$ 的两个偏导数 $f_x(x,y)$ 和 $f_y(x,y)$ 都存在，且 $z=f(x,y)$ 在点 (x,y) 处的全微分为 $\mathrm{d}z=f_x(x,y)\mathrm{d}x+f_y(x,y)\mathrm{d}y$.

定理 7.3(可微的充分条件) 若函数 $z=f(x,y)$ 的偏导数 $\frac{\partial z}{\partial x}$ 和 $\frac{\partial z}{\partial y}$ 在点 (x,y) 处连续，则函数 $z=f(x,y)$ 在点 (x,y) 处可微.

2. 全微分在近似计算中的应用

设函数 $z=f(x,y)$ 在点 (x,y) 处可微，则函数的全增量与全微分之差是比 ρ 高阶的无穷小，因此当 $|\Delta x|$ 和 $|\Delta y|$ 都较小时，全增量可以近似地用全微分代替，即

$$\Delta z\approx \mathrm{d}z=f_x(x,y)\Delta x+f_y(x,y)\Delta y \tag{7-1}$$

又因为 $\Delta z=f(x+\Delta x,y+\Delta y)-f(x,y)$，所以有

$$f(x+\Delta x,y+\Delta y)\approx f(x,y)+f_x(x,y)\Delta x+f_y(x,y)\Delta y \tag{7-2}$$

利用式(7-1)和式(7-2)可以分别计算函数 $z=f(x,y)$ 在某点处的全增量 Δz 及函数值的近似值.

7.2.5 多元复合函数的微分法

1. 多元复合函数的求导法则

定理 7.4 如果函数 $u=\varphi(t)$ 及 $v=\psi(t)$ 都在点 t 处可导，函数 $z=f(u,v)$ 在对应点 (u,v) 处具有连续偏导数，则复合函数 $z=f[\varphi(t),\psi(t)]$ 在点 t 处可导，且有

$$\frac{\mathrm{d}z}{\mathrm{d}t}=\frac{\partial z}{\partial u}\cdot\frac{\mathrm{d}u}{\mathrm{d}t}+\frac{\partial z}{\partial v}\cdot\frac{\mathrm{d}v}{\mathrm{d}t}$$

定理 7.5 如果函数 $u=\varphi(x,y)$ 及 $v=\psi(x,y)$ 都在点 (x,y) 处具有对 x 及对 y 的偏导数，函数 $z=f(u,v)$ 在对应点 (u,v) 处具有连续偏导数，则复合函数 $z=f[\varphi(x,y),\psi(x,y)]$ 在点 (x,y) 处的两个偏导数存在，且有

$$\frac{\partial z}{\partial x}=\frac{\partial z}{\partial u}\cdot\frac{\partial u}{\partial x}+\frac{\partial z}{\partial v}\cdot\frac{\partial v}{\partial x}$$

$$\frac{\partial z}{\partial y}=\frac{\partial z}{\partial u}\cdot\frac{\partial u}{\partial y}+\frac{\partial z}{\partial v}\cdot\frac{\partial v}{\partial y}$$

定理 7.6 如果函数 $u=\varphi(x,y)$ 在点 (x,y) 处具有对 x 及对 y 的偏导数,函数 $v=\psi(y)$ 在点 y 处可导,函数 $z=f(u,v)$ 在对应点 (u,v) 处具有连续偏导数,则复合函数 $z=f[\varphi(x,y),\psi(y)]$ 在点 (x,y) 处的两个偏导数存在,且有

$$\frac{\partial z}{\partial x}=\frac{\partial z}{\partial u}\cdot\frac{\partial u}{\partial x}$$

$$\frac{\partial z}{\partial y}=\frac{\partial z}{\partial u}\cdot\frac{\partial u}{\partial y}+\frac{\partial z}{\partial v}\cdot\frac{\mathrm{d}v}{\mathrm{d}y}$$

***2. 隐函数的求导法则**

1)由方程 $F(x,y)=0$ 确定的隐函数 $y=y(x)$ 的导数的求法

当 $F(x,y)$ 在点 (x,y) 的某邻域内有连续偏导数 F_x,F_y,且 $F_y(x,y)\neq0$ 时,可以证明在 x 的某一邻域内存在一个可导的隐函数 $y=y(x)$. 将 $y=y(x)$ 代入方程 $F(x,y)=0$,得

$$F[x,y(x)]\equiv0$$

两端对 x 求导,得

$$\frac{\partial F}{\partial x}+\frac{\partial F}{\partial y}\cdot\frac{\mathrm{d}y}{\mathrm{d}x}=0$$

即

$$F_x+F_y\frac{\mathrm{d}y}{\mathrm{d}x}=0$$

由于 $F_y(x,y)\neq0$,故有

$$\frac{\mathrm{d}y}{\mathrm{d}x}=-\frac{F_x(x,y)}{F_y(x,y)}$$

这是一元隐函数的求导公式.

2)由方程 $F(x,y,z)=0$ 确定的二元隐函数 $z=z(x,y)$ 的偏导数的求法

当 $F(x,y,z)$ 在点 (x,y,z) 的某邻域内有连续偏导数 F_x,F_y,F_z,且 $F_z(x,y,z)\neq0$ 时,可以证明在点 (x,y) 的某一邻域内存在一个有偏导数的二元隐函数 $z=z(x,y)$. 将 $z=z(x,y)$ 代入原方程,得

$$F[x,y,z(x,y)]\equiv0$$

两端对 x(或 y)求导,得

$$F_x+F_z\frac{\partial z}{\partial x}=0 \text{ 或 } F_y+F_z\frac{\partial z}{\partial y}=0$$

由于 $F_z(x,y,z)\neq0$,故有

$$\frac{\partial z}{\partial x}=-\frac{F_x}{F_z}\text{或}\frac{\partial z}{\partial y}=-\frac{F_y}{F_z}$$

这是求二元隐函数偏导数的公式.

7.2.6 二重积分

定义 7.8 设二元函数 $z=f(x,y)$ 在有界闭区域 D 上有定义,将区域 D 任意分割成 n 个小区域 $\Delta D_1,\Delta D_2,\cdots,\Delta D_n$,其面积分别为 $\Delta\sigma_1,\Delta\sigma_2,\cdots,\Delta\sigma_n$. 在每个 $\Delta D_i(i=1,2,\cdots,n)$ 上

任取一点(ξ_i,η_i)作乘积$f(\xi_i,\eta_i)\Delta\sigma_i$,$i=1,2,\cdots,n$,并作和$\sum_{i=1}^{n}(\xi_i,\eta_i)\Delta\sigma_i$.如果当$n$个小区域的直径中最大值$\lambda$趋于零时,这和式的极限总存在,则称此极限为函数$f(x,y)$在区域$D$上的二重积分,记为$\iint_D f(x,y)\mathrm{d}\sigma$,即

$$\iint_D f(x,y)\mathrm{d}\sigma=\lim_{\lambda\to 0}\sum_{i=1}^{n}f(\xi_i,\eta_i)\Delta\sigma_i$$

其中,$f(x,y)$叫作被积函数,$f(x,y)\mathrm{d}\sigma$叫作被积表达式,$\mathrm{d}\sigma$叫作面积元素,x与y叫作积分变量,D叫作积分区域,$\sum_{i=1}^{n}f(\xi_i,\eta_i)\Delta\sigma_i$叫作积分和.

7.3 习题解答

习题 7.1

1.方程$x^2+y^2+z^2-2x+4y+2z=0$表示什么曲面?

【解】 原方程可变形为$(x-1)^2+(y+2)^2+(z+1)^2=6$,即此方程表示的是以点$(1,-2,-1)$为球心,$\sqrt{6}$为半径的球面.

2.求按如下方法生成的旋转曲面的方程.

(1)将zOx坐标面上的抛物线$z^2=5x$绕x轴旋转一周;

(2)将zOx坐标面上的圆$x^2+z^2=4$绕z轴旋转一周;

(3)将xOy坐标面上的$4x^2-9y^2=36$分别绕x轴及y轴旋转一周.

【解】 (1)以$\pm\sqrt{y^2+z^2}$代替抛物线方程中的z,得$(\pm\sqrt{y^2+z^2})^2=5x$,即$y^2+z^2=5x$.

(2)以$\pm\sqrt{x^2+y^2}$代替圆方程中的x,得$(\pm\sqrt{x^2+y^2})^2+z^2=4$,即$x^2+y^2+z^2=4$.

(3)绕x轴:以$\pm\sqrt{y^2+z^2}$代替双曲线方程中的y,得$4x^2-9(\pm\sqrt{y^2+z^2})^2=36$,即$4x^2-9y^2-9z^2=36$.

(3)绕y轴:以$\pm\sqrt{x^2+z^2}$代替双曲线方程中的x,得$4(\pm\sqrt{x^2+z^2}^2-9y^2=36$,即$4x^2-9y^2+4z^2=36$.

3.求过点$(1,0,-1)$且平行于平面$x+2y-z+8=0$的平面方程.

【解】 设所求方程为$x+2y-z+a=0$,将点$(1,0,-1)$代入,解得$a=-2$,故所求方程为$x+2y-z-2=0$.

习题 7.2

1.设函数$f(x,y)=x^y+xy$,求$f(1,2)$,$f(x+y,x-y)$.

【解】 $f(1,2)=1^2+1\times 2=3$.

$$f(x+y,x-y)=(x+y)^{x-y}+(x+y)(x-y).$$

2. 求下列函数的定义域.

(1) $z=\dfrac{1}{\sqrt{x-y}}$;　　(2) $z=\ln(1-x^2-y^2)+\dfrac{1}{\sqrt{\dfrac{1}{2}-x}}$.

【解】 (1)要使函数有意义,则必须满足 $x-y>0$,即函数的定义域为

$$D=\{(x,y)\mid x-y>0\}$$

(2)要使函数有意义,则必须满足

$$\begin{cases}1-x^2-y^2>0\\ \dfrac{1}{2}-x>0\end{cases}$$

故函数的定义域为 $D=\left\{(x,y)\mid x^2+y^2<1 \text{ 且 } x<\dfrac{1}{2}\right\}$.

3. 求下列极限.

(1) $\lim\limits_{(x,y)\to(1,2)}\dfrac{\ln(x^2+y)}{x-y}$;　　(2) $\lim\limits_{(x,y)\to(0,0)}\dfrac{1-\sqrt{xy+1}}{xy}$;

(3) $\lim\limits_{(x,y)\to(1,1)}\dfrac{\sin(x^2-y^2)}{x-y}$;　　(4) $\lim\limits_{(x,y)\to(\infty,\infty)}\dfrac{1}{x^2+y^2}$.

【解】 (1) $\lim\limits_{(x,y)\to(1,2)}\dfrac{\ln(x^2+y)}{x-y}=\dfrac{\ln(1^2+2)}{1-2}=-\ln 3$.

(2)
$$\begin{aligned}\lim_{(x,y)\to(0,0)}\frac{1-\sqrt{xy+1}}{xy}&=\lim_{(x,y)\to(0,0)}\frac{(1-\sqrt{xy+1})(1+\sqrt{xy+1})}{xy(1+\sqrt{xy+1})}\\&=\lim_{(x,y)\to(0,0)}\frac{-xy}{xy(1+\sqrt{xy+1})}\\&=-\lim_{(x,y)\to(0,0)}\frac{1}{1+\sqrt{xy+1}}\\&=-\frac{1}{1+1}\\&=-\frac{1}{2}.\end{aligned}$$

(3)
$$\begin{aligned}\lim_{(x,y)\to(1,1)}\frac{\sin(x^2-y^2)}{x-y}&=\lim_{(x,y)\to(1,1)}\frac{\sin(x^2-y^2)}{(x-y)(x+y)}(x+y)\\&=\lim_{(x,y)\to(1,1)}\frac{\sin(x^2-y^2)}{x^2-y^2}(x+y)\\&=1\times 2\\&=2.\end{aligned}$$

(4) $\lim\limits_{(x,y)\to(\infty,\infty)}\dfrac{1}{x^2+y^2}=0$.

习题 7.3

1. 设 $f_x(x_0,y_0)=1$,求 $\lim\limits_{\Delta x\to 0}\dfrac{f(x_0+\Delta x,y_0)-f(x_0-\Delta x,y_0)}{\Delta x}$.

【解】 $\lim\limits_{\Delta x\to 0}\dfrac{f(x_0+\Delta x,y_0)-f(x_0-\Delta x,y_0)}{\Delta x}$

$=\lim\limits_{\Delta x\to 0}\dfrac{[f(x_0+\Delta x,y_0)-f(x_0,y_0)]-[f(x_0-\Delta x,y_0)-f(x_0,y_0)]}{\Delta x}$

$=\lim\limits_{\Delta x\to 0}\dfrac{f(x_0+\Delta x,y_0)-f(x_0,y_0)}{\Delta x}+\lim\limits_{\Delta x\to 0}\dfrac{f(x_0-\Delta x,y_0)-f(x_0,y_0)}{-\Delta x}$

$=2f_x(x_0,y_0)$

$=2\times 1$

$=2.$

2. 设 $f(x,y)=x^y$，求 $f_x(1,2)$，$f_y(1,2)$.

【解】 由 $f(x,y)=x^y$，有 $f_x(x,y)=yx^{y-1}$，$f_y(x,y)=x^y\ln x$. 所以 $f_x(1,2)=2\times 1^{2-1}=2$，$f_y(1,2)=1^2\times\ln 1=0$.

3. 求下列函数的一阶偏导数.

(1) $z=x^2y-xy^2$； (2) $z=\ln(xy)$；

(3) $z=\cos(x^2+y^2)$； (4) $z=e^{xy}+\sin(x+y)$.

【解】 (1) $\dfrac{\partial z}{\partial x}=2xy-y^2$，$\dfrac{\partial z}{\partial y}=x^2-2xy$.

(2) $\dfrac{\partial z}{\partial x}=\dfrac{1}{xy}y=\dfrac{1}{x}$，$\dfrac{\partial z}{\partial y}=\dfrac{1}{xy}x=\dfrac{1}{y}$.

(3) $\dfrac{\partial z}{\partial x}=-\sin(x^2+y^2)\cdot 2x=-2x\sin(x^2+y^2)$.

$\dfrac{\partial z}{\partial y}=-\sin(x^2+y^2)\cdot 2y=-2y\sin(x^2+y^2)$.

(4) $\dfrac{\partial z}{\partial x}=e^{xy}\cdot y+\cos(x+y)=ye^{xy}+\cos(x+y)$.

$\dfrac{\partial z}{\partial y}=e^{xy}\cdot x+\cos(x+y)=xe^{xy}+\cos(x+y)$.

4. 求下列函数的二阶偏导数.

(1) $z=x^4+3x^3y+y^2-1$； (2) $z=\sin(x^2+y)$；

(3) $z=y\ln(x-y)$； (4) $z=e^x\cos(xy)$.

【解】 (1) 因为 $\dfrac{\partial z}{\partial x}=4x^3+9x^2y$，$\dfrac{\partial z}{\partial y}=3x^3+2y$，所以

$$\frac{\partial^2 z}{\partial x^2}=12x^2+18xy,\ \frac{\partial^2 z}{\partial x\partial y}=9x^2,\ \frac{\partial^2 z}{\partial y\partial x}=9x^2,\ \frac{\partial^2 z}{\partial y^2}=2$$

(2) 因为

$$\frac{\partial z}{\partial x}=\cos(x^2+y)\cdot 2x=2x\cos(x^2+y)$$

$$\frac{\partial z}{\partial y}=\cos(x^2+y)\cdot 1=\cos(x^2+y)$$

所以

$$\frac{\partial^2 z}{\partial x^2}=2\cos(x^2+y)+2x[-\sin(x^2+y)\cdot 2x]=2\cos(x^2+y)-4x^2\sin(x^2+y)$$

$$\frac{\partial^2 z}{\partial x\partial y}=2x[-\sin(x^2+y)]=-2x\sin(x^2+y)$$

$$\frac{\partial^2 z}{\partial y\partial x}=-\sin(x^2+y)\cdot 2x=-2x\sin(x^2+y)$$

$$\frac{\partial^2 z}{\partial y^2}=-\sin(x^2+y)$$

(3)因为

$$\frac{\partial z}{\partial x}=y\frac{1}{x-y}=\frac{y}{x-y}$$

$$\frac{\partial z}{\partial y}=\ln(x-y)+y\frac{1}{x-y}\cdot(-1)=\ln(x-y)-\frac{y}{x-y}$$

所以

$$\frac{\partial^2 z}{\partial x^2}=y\cdot(-1)\cdot(x-y)^{-2}=-\frac{y}{(x-y)^2}$$

$$\frac{\partial^2 z}{\partial x\partial y}=\frac{(x-y)-y\cdot(-1)}{(x-y)^2}=\frac{x}{(x-y)^2}$$

$$\frac{\partial^2 z}{\partial y\partial x}=\frac{1}{x-y}-y\cdot(-1)\cdot(x-y)^{-2}=\frac{1}{x-y}+\frac{y}{(x-y)^2}=\frac{x}{(x-y)^2}$$

$$\frac{\partial^2 z}{\partial y^2}=\frac{1}{x-y}\cdot(-1)-\frac{x}{(x-y)^2}=\frac{y-2x}{(x-y)^2}$$

(4)因为

$$\frac{\partial z}{\partial x}=e^x\cos(xy)+e^x[-\sin(xy)y]=e^x\cos(xy)-ye^x\sin(xy)$$

$$\frac{\partial z}{\partial y}=e^x[-\sin(xy)x]=-xe^x\sin(xy)$$

所以

$$\frac{\partial^2 z}{\partial x^2}=e^x\cos(xy)-ye^x\sin(xy)-ye^x\sin(xy)-ye^x\cos(xy)y$$
$$=e^x\cos(xy)-2ye^x\sin(xy)-y^2e^x\cos(xy)$$

$$\frac{\partial^2 z}{\partial x\partial y}=-xe^x\sin(xy)-e^x\sin(xy)-ye^x\cos(xy)x$$
$$=-xe^x\sin(xy)-e^x\sin(xy)-xye^x\cos(xy)$$

$$\frac{\partial^2 z}{\partial y\partial x}=-e^x\sin(xy)-xe^x\sin(xy)-xe^x\cos(xy)y$$
$$=-e^x\sin(xy)-xe^x\sin(xy)-xye^x\cos(xy)$$

$$\frac{\partial^2 z}{\partial y^2}=-xe^x\cos(xy)x=-x^2e^x\cos(xy)$$

习题 7.4

1. 求下列函数的全微分.

(1) $z=e^{xy}$；　　(2) $z=\ln(2x-3y)$；

(3) $z=xy+\dfrac{y}{x}$；　　(4) $u=\sin(x^2+y^2-z^2)$.

【解】 (1)因为$\frac{\partial z}{\partial x}=e^{xy}\cdot y=ye^{xy}$,$\frac{\partial z}{\partial y}=e^{xy}\cdot x=xe^{xy}$,所以 $dz=ye^{xy}dx+xe^{xy}dy$.

(2)因为$\frac{\partial z}{\partial x}=\frac{2}{2x-3y}$,$\frac{\partial z}{\partial y}=-\frac{3}{2x-3y}$,所以 $dz=\frac{2}{2x-3y}dx-\frac{3}{2x-3y}dy$.

(3)因为$\frac{\partial z}{\partial x}=y-\frac{y}{x^2}$,$\frac{\partial z}{\partial y}=x+\frac{1}{x}$,所以 $dz=\left(y-\frac{y}{x^2}\right)dx+\left(x+\frac{1}{x}\right)dy$.

(4)因为

$$\frac{\partial u}{\partial x}=\cos(x^2+y^2-z^2)\cdot 2x=2x\cos(x^2+y^2-z^2)$$

$$\frac{\partial u}{\partial y}=\cos(x^2+y^2-z^2)\cdot 2y=2y\cos(x^2+y^2-z^2)$$

$$\frac{\partial u}{\partial z}=\cos(x^2+y^2-z^2)\cdot(-2z)=-2z\cos(x^2+y^2-z^2)$$

所以

$$du=2x\cos(x^2+y^2-z^2)dx+2y\cos(x^2+y^2-z^2)dy-2z\cos(x^2+y^2-z^2)dz$$

2. 求函数 $z=\ln(x^2+y^2)$在点(2,1)处的全微分.

【解】 因为

$$\frac{\partial z}{\partial x}=\frac{2x}{x^2+y^2},\frac{\partial z}{\partial y}=\frac{2y}{x^2+y^2}$$

所以

$$\left.\frac{\partial z}{\partial x}\right|_{\substack{x=2\\y=1}}=\frac{2\times 2}{2^2+1^2}=\frac{4}{5},\left.\frac{\partial z}{\partial y}\right|_{\substack{x=2\\y=1}}=\frac{2\times 1}{2^2+1^2}=\frac{2}{5}$$

故 $\left.dz\right|_{\substack{x=2\\y=1}}=\frac{4}{5}dx+\frac{2}{5}dy$.

3. 求函数 $z=\frac{x}{y}$在 $x=1,y=2,\Delta x=-0.1,\Delta y=0.2$ 时的全微分 dz 和全增量 Δz.

【解】 由 $z=\frac{x}{y}$,有

$$\left.\frac{\partial z}{\partial x}\right|_{\substack{x=1\\y=2}}=\left.\frac{1}{y}\right|_{\substack{x=1\\y=2}}=\frac{1}{2},\frac{\partial z}{\partial y}=-\left.\frac{x}{y^2}\right|_{\substack{x=1\\y=2}}=-\frac{1}{4}$$

所以

$$\left.dz\right|_{\substack{x=1,y=2\\\Delta x=-0.1,\Delta y=0.2}}=\frac{1}{2}\times(-0.1)-\frac{1}{4}\times 0.2=-\frac{1}{10}$$

$$\Delta z=\frac{1-0.1}{2+0.2}-\frac{1}{2}=-\frac{1}{11}$$

习题 7.5

1. 设 $z=u^2v$,其中 $u=\sin t,v=\cos t$,求$\frac{dz}{dt}$.

【解】 $\frac{dz}{dt}=\frac{\partial z}{\partial u}\cdot\frac{du}{dt}+\frac{\partial z}{\partial v}\cdot\frac{dv}{dt}$

$=2uv\cos t+u^2\cdot(-\sin t)$

$=2\sin t\cos t\cos t-\sin^2 t\sin t$

$=2\sin t\cos^2 t-\sin^3 t$.

2. 设 $z=\arctan(xy)$,其中 $y=2^x$,求$\frac{\mathrm{d}z}{\mathrm{d}x}$.

【解】 $\frac{\mathrm{d}z}{\mathrm{d}x}=\frac{\partial z}{\partial x}+\frac{\partial z}{\partial y}\cdot\frac{\mathrm{d}y}{\mathrm{d}x}$

$=\frac{1}{1+x^2y^2}y+\frac{1}{1+x^2y^2}x\cdot 2^x\cdot\ln 2$

$=\frac{y+x\cdot 2^x\ln 2}{1+x^2y^2}$.

3. 设 $z=\mathrm{e}^u\cos v$,其中 $u=x^2+y^2$,$v=x-y$,求$\frac{\partial z}{\partial x}$,$\frac{\partial z}{\partial y}$.

【解】 $\frac{\mathrm{d}z}{\mathrm{d}x}=\frac{\partial z}{\partial u}\cdot\frac{\partial u}{\partial x}+\frac{\partial z}{\partial v}\cdot\frac{\partial v}{\partial x}$

$=\mathrm{e}^u\cos v\cdot 2x+\mathrm{e}^u\cdot[-\sin v]\cdot 1$

$=2x\mathrm{e}^{x^2+y^2}\cos(x-y)-\mathrm{e}^{x^2+y^2}\sin(x-y)$.

$\frac{\partial z}{\partial y}=\frac{\partial z}{\partial u}\cdot\frac{\partial u}{\partial y}+\frac{\partial z}{\partial v}\cdot\frac{\partial v}{\partial y}$

$=\mathrm{e}^u\cos v\cdot 2y+\mathrm{e}^u\cdot[-\sin v]\cdot(-1)$

$=2y\mathrm{e}^{x^2+y^2}\cos(x-y)+\mathrm{e}^{x^2+y^2}\sin(x-y)$.

4. 设 $z=v^2\ln u$,其中 $u=2x+3y$,$v=x-y$,求$\frac{\partial z}{\partial x}$,$\frac{\partial z}{\partial y}$.

【解】 $\frac{\partial z}{\partial x}=\frac{\partial z}{\partial u}\cdot\frac{\partial u}{\partial x}+\frac{\partial z}{\partial v}\cdot\frac{\partial v}{\partial x}$

$=\frac{v^2}{u}\cdot 2+2v\ln u\cdot 1$

$=\frac{2(x-y)^2}{2x+3y}+2(x-y)\ln(2x+3y)$.

$\frac{\partial z}{\partial y}=\frac{\partial z}{\partial u}\cdot\frac{\partial u}{\partial y}+\frac{\partial z}{\partial v}\cdot\frac{\partial v}{\partial y}$

$=\frac{v^2}{u}\cdot 3+2v\ln u\cdot(-1)$

$=\frac{3(x-y)^2}{2x+3y}-2(x-y)\ln(2x-3y)$.

5. 设 $z=u^2v+uv^2$,其中 $u=y\sin x$,$v=x\cos y$,求$\frac{\partial z}{\partial x}$,$\frac{\partial z}{\partial y}$.

【解】 $\frac{\partial z}{\partial x}=\frac{\partial z}{\partial u}\cdot\frac{\partial u}{\partial x}+\frac{\partial z}{\partial v}\cdot\frac{\partial v}{\partial x}$

$=(2uv+v^2)y\cos x+(u^2+2uv)\cos y$.

$\frac{\partial z}{\partial y}=\frac{\partial z}{\partial u}\cdot\frac{\partial u}{\partial y}+\frac{\partial z}{\partial v}\cdot\frac{\partial v}{\partial y}$

$=(2uv+v^2)\sin x+(u^2+2uv)(-x\sin y)$

$=(2uv+v^2)\sin x-(u^2+2uv)x\sin y$.

6. 设 $z=f(xy+\sin x)$,求$\frac{\partial z}{\partial x}$,$\frac{\partial z}{\partial y}$.

【解】 $z=f(xy+\sin x)$可由 $z=f(u)$和 $u=xy+\sin y$ 复合而成,故

$$\frac{\partial z}{\partial x}=\frac{\partial z}{\partial u}\cdot\frac{\partial u}{\partial x}=f'(u)(y+\cos x)=f'(xy+\sin x)(y+\cos x)$$

$$\frac{\partial z}{\partial y}=\frac{\partial z}{\partial u}\cdot\frac{\partial u}{\partial y}=f'(u)x=xf'(xy+\sin x)$$

7. 设 $e^{xy}-\arctan z-xyz=0$,求$\frac{\partial z}{\partial x}$.

【解】 令 $F(x,y,z)=e^{xy}-\arctan z+xyz$,则

$$F_x=ye^{xy}+yz,F_y=xe^{xy}+xz,F_z=-\frac{1}{1+z^2}+xy=xy-\frac{1}{1+z^2}$$

所以

$$\frac{\partial z}{\partial x}=-\frac{F_x}{F_z}=-\frac{ye^{xy}+yz}{xy-\frac{1}{1+z^2}}=\frac{(ye^{xy}+yz)(1+z)}{1-xy(1+z^2)}$$

8. 设 $z=xy+xf(u)$,且 $u=\frac{y}{x}$,其中 $f(u)$是可导函数. 证明:$x\frac{\partial z}{\partial x}+y\frac{\partial z}{\partial y}=z+xy$.

【证明】 令 $z=F(x,y,u)=xy+xf(u)$,则

$$\frac{\partial z}{\partial x}=\frac{\partial F}{\partial x}+\frac{\partial F}{\partial u}\cdot\frac{\partial u}{\partial x}=y+f(u)+xf'(u)\left(-\frac{y}{x^2}\right)=y+f(u)-\frac{y}{x}f'(u)$$

$$\frac{\partial z}{\partial y}=\frac{\partial F}{\partial y}+\frac{\partial F}{\partial u}\cdot\frac{\partial u}{\partial y}=x+xf'(u)\frac{1}{x}=x+f'(u)$$

所以

$$\begin{aligned}x\frac{\partial z}{\partial x}+y\frac{\partial z}{\partial y}&=x\left[y+f(u)-\frac{y}{x}f'(u)\right]+y[x+f'(u)]\\&=xy+xf(u)+xy\\&=z+xy\end{aligned}$$

习题 7.6

1. 计算下列二重积分.

(1) $\iint\limits_D(1-x^2)d\sigma$,其中 D 是由 $y=2x,x=0$ 和 $y=1+x^2$ 围成的区域;

(2) $\iint\limits_D xy\,d\sigma$,其中 D 是由 $y=x+2$ 和 $y=x^2$ 围成的区域;

(3) $\iint\limits_D xe^{xy}d\sigma$,其中 D 为 $0\leqslant x\leqslant 1,1\leqslant y\leqslant 2$;

(4) $\iint\limits_D(1-x+y)d\sigma$,其中 D 是由 $x=0,y=0$ 及 $2x-y=3$ 围成的区域.

【解】 (1)积分区域 D 可写成 $D=\{(x,y)|0\leqslant x\leqslant 1,2x\leqslant y\leqslant 1+x^2\}$,于是

$$\begin{aligned}\iint\limits_D(1-x^2)d\sigma&=\int_0^1dx\int_{2x}^{1+x^2}(1-x^2)dy=\int_0^1\left[(1-x^2)y\Big|_{2x}^{1+x^2}\right]dx\\&=\int_0^1(1-2x+2x^3-x^4)dx=\left[x-x^2+\frac{1}{2}x^4-\frac{1}{5}x^5\right]_0^1\\&=1-1^2+\frac{1}{2}-\frac{1}{5}=\frac{3}{10}\end{aligned}$$

(2) 两曲线的交点分别为 $(-1,1)$，$(2,4)$，积分区域 D 可写成 $D=\{(x,y)\mid -1\leqslant x\leqslant 2, x^2\leqslant y\leqslant x+2\}$，于是

$$\begin{aligned}\iint_D xy\mathrm{d}\sigma &= \int_{-1}^{2}\mathrm{d}x\int_{x^2}^{x+2}xy\mathrm{d}y\\ &=\int_{-1}^{2}\frac{1}{2}xy^2\Big|_{x^2}^{x+2}\mathrm{d}x\\ &=\frac{1}{2}\int_{-1}^{2}(x^3+4x^2+4x-x^4)\mathrm{d}x\\ &=\frac{1}{2}\left[\frac{1}{4}x^4+\frac{4}{3}x^3+2x^2-\frac{1}{5}x^5\right]_{-1}^{2}\\ &=\frac{67}{5}\end{aligned}$$

(3) $$\begin{aligned}\iint_D xe^{xy}\mathrm{d}\sigma &= \int_0^1\mathrm{d}x\int_1^2 xe^{xy}\mathrm{d}y\\ &=\int_0^1 e^{xy}\Big|_1^2\mathrm{d}x=\int_0^1(e^{2x}-e^x)\mathrm{d}x\\ &=\left(\frac{1}{2}e^{2x}-e^x\right)\Big|_0^1=\frac{1}{2}e^2-e+\frac{1}{2}.\end{aligned}$$

(4) 积分区域 D 可写成 $D=\left\{(x,y)\mid 0\leqslant x\leqslant\frac{3}{2}, 2x-3\leqslant y\leqslant 0\right\}$，于是

$$\begin{aligned}\iint_D(1-x+y)\mathrm{d}\sigma &= \int_0^{\frac{3}{2}}\mathrm{d}x\int_{2x-3}^{0}(1-x+y)\mathrm{d}y\\ &=\int_0^{\frac{3}{2}}\left(y-xy+\frac{1}{2}y^2\right)\Big|_{2x-3}^{0}\mathrm{d}x\\ &=\int_0^{\frac{3}{2}}\left(x-\frac{3}{2}\right)\mathrm{d}x=\left(\frac{1}{2}x^2-\frac{3}{2}x\right)\Big|_0^{\frac{3}{2}}\\ &=-\frac{9}{8}\end{aligned}$$

2. 交换下列二次积分的积分次序.

(1) $\int_0^1\mathrm{d}y\int_y^{\sqrt{y}}f(x,y)\mathrm{d}x$；

(2) $\int_0^1\mathrm{d}x\int_x^1 f(x,y)\mathrm{d}y$；

(3) $\int_0^1\mathrm{d}x\int_x^{2x}f(x,y)\mathrm{d}y+\int_1^2\mathrm{d}x\int_x^2 f(x,y)\mathrm{d}y$.

【解】 (1) 积分区域 D 可写成 $D=\{(x,y)\mid 0\leqslant x\leqslant 1, x^2\leqslant y\leqslant x\}$，于是

$$\int_0^1\mathrm{d}y\int_y^{\sqrt{y}}f(x,y)\mathrm{d}x=\int_0^1\mathrm{d}x\int_{x^2}^{x}f(x,y)\mathrm{d}y$$

(2) 积分区域 D 可写成 $D=\{(x,y)\mid 0\leqslant x\leqslant y, 0\leqslant y\leqslant 1\}$，于是

$$\int_0^1\mathrm{d}x\int_x^1 f(x,y)\mathrm{d}y=\int_0^1\mathrm{d}y\int_0^y f(x,y)\mathrm{d}x$$

(3) 积分区域 D 可写成 $D=\left\{(x,y)\mid \frac{y}{2}\leqslant x\leqslant y, 0\leqslant y\leqslant 2\right\}$，于是

$$\int_0^1 dx\int_x^{2x} f(x,y)dy+\int_1^2 dx\int_x^2 f(x,y)dy=\int_0^2 dy\int_{\frac{y}{2}}^{y} f(x,y)dx$$

复习题七

1. 选择题.

(1)函数 $z=\ln(x-y)$ 的定义域为(　　).

A. $\{(x,y)\mid x-y\neq 0\}$　　B. $\{(x,y)\mid x-y>0\}$

C. $\{(x,y)\mid x-y\neq 1\}$　　D. $\{(x,y)\mid x-y>0$ 且 $x-y\neq 1\}$

(2)已知 $f(x-y,x+y)=x^2-y^2$,则 $f(x,y)=$(　　).

A. $x+y$　　B. x^y

C. $x-y$　　D. xy

(3)设 $z=F(x^2+y^2)$,且 F 具有导数,则 $\frac{\partial z}{\partial x}+\frac{\partial z}{\partial y}=$(　　).

A. $2x+2y$　　B. $(2x+2y)F(x^2+y^2)$

C. $(2x+2y)F'(x^2+y^2)$　　D. $(2x-2y)F'(x^2+y^2)$

(4)二元函数 $z=\frac{x-y}{x+y}$ 的全微分 $dz=$(　　).

A. $\frac{2(ydx-xdy)}{(x+y)^2}$　　B. $\frac{2(ydx+xdy)}{(x+y)^2}$

C. $\frac{2(ydy-xdx)}{(x+y)^2}$　　D. $\frac{2(ydy+xdx)}{(x+y)^2}$

(5) $\int_0^2 dx\int_x^{\sqrt{2x}} f(x,y)dy=$(　　).

A. $\int_0^2 dy\int_x^{\sqrt{2x}} f(x,y)dx$　　B. $\int_0^2 dy\int_0^y f(x,y)dx$

C. $\int_0^2 dy\int_{\frac{y^2}{2}}^{y} f(x,y)dx$　　D. $\int_0^2 dy\int_{\frac{y}{2}}^{y^2} f(x,y)dx$

【解】 (1)B　(2)D　(3)C　(4)A　(5)C

2. 在“充分”“必要”和“充分必要”三者中选择一个正确的填入下列横线上.

(1) $f(x,y)$ 在点 (x,y) 处可微分是 $f(x,y)$ 在该点处连续的________条件,$f(x,y)$ 在点 (x,y) 处连续是 $f(x,y)$ 在该点处可微分的________条件.

(2) $z=f(x,y)$ 在点 (x,y) 处的偏导数 $\frac{\partial z}{\partial x}$ 及 $\frac{\partial z}{\partial y}$ 存在是 $z=f(x,y)$ 在该点处可微分的________条件,$z=f(x,y)$ 在点 (x,y) 处可微分是函数在该点处的偏导数 $\frac{\partial z}{\partial x}$ 及 $\frac{\partial z}{\partial y}$ 存在的________条件.

(3) $z=f(x,y)$ 的偏导数 $\frac{\partial z}{\partial x}$ 及 $\frac{\partial z}{\partial y}$ 在点 (x,y) 处存在且连续是 $z=f(x,y)$ 在该点处可微分的________条件.

(4)函数 $z=f(x,y)$ 的两个二阶偏导数 $\frac{\partial^2 z}{\partial x\partial y}$ 及 $\frac{\partial^2 z}{\partial y\partial x}$ 在区域 D 内连续是这两个二阶混合偏导数在 D 内相等的________条件.

【解】 (1)充分,必要;(2)必要,充分;(3)充分;(4)充分.

3. 求下列函数的定义域.

(1) $z=\dfrac{\sqrt{4x-y^2}}{\ln(1-x^2-y^2)}$;　　(2) $z=\ln(y^2-2x+1)$;

(3) $z=\arcsin\dfrac{y}{x}$;　　(4) $z=\sqrt{x}\ln(x+y)$.

【解】 (1)要使函数有意义,则 $\begin{cases}4x-y^2\geqslant 0\\1-x^2-y^2>0\end{cases}$ 且 $1-x^2-y^2\neq 1$,即 $\begin{cases}4x-y^2\geqslant 0\\0<x^2+y^2<1\end{cases}$. 故函数的定义域为 $D=\{(x,y)\mid 4x-y^2\geqslant 0$ 且 $0<x^2+y^2<1\}$.

(2)要使函数有意义,则 $y^2-2x+1>0$,故函数的定义域为

$$D=\{(x,y)\mid y^2-2x+1>0\}$$

(3)要使函数有意义,则 $-1\leqslant\dfrac{y}{x}\leqslant 1$,即 $-x\leqslant y\leqslant x$,故函数的定义域为

$$D=\{(x,y)\mid -x\leqslant y\leqslant x\}$$

(4)要使函数有意义,则 $\begin{cases}x\geqslant 0\\x+y>0\end{cases}$,故函数的定义域为 $D=\{(x,y)\mid x+y>0$ 且 $x\geqslant 0\}$.

4. 设一平面垂直于平面 $z=0$,并通过从点 $(1,-1,1)$ 到直线 $\begin{cases}y-z+1=0\\x=0\end{cases}$ 的垂线,求此平面的方程.

【解】 $x+2y+1=0$,解析过程略.

5. 证明极限 $\lim\limits_{(x,y)\to(0,0)}\dfrac{xy^2}{x^2+y^4}$ 不存在.

【证明】 当点 (x,y) 沿 x 轴趋于点 $(0,0)$ 时,

$$\lim_{(x,y)\to(0,0)}\frac{xy^2}{x^2+y^4}=\lim_{x\to 0}\frac{x\cdot 0}{x^2+0^4}=\lim_{x\to 0}\frac{1}{x}=\infty$$

故极限 $\lim\limits_{(x,y)\to(0,0)}\dfrac{xy^2}{x^2+y^4}$ 不存在.

6. 设 $f(x,y)=\begin{cases}\dfrac{x^2y}{x^2+y^2}, & x^2+y^2\neq 0\\ 0, & x^2+y^2=0\end{cases}$,求 $f_x(x,y)$, $f_y(x,y)$.

【解】 当 $x^2+y^2\neq 0$ 时,

$$f_x(x,y)=\frac{2xy(x^2+y^2)-x^2y\cdot 2x}{(x^2+y^2)^2}=\frac{2xy(x^2+y^2)-2x^3y}{(x^2+y^2)^2}=\frac{2xy^3}{(x^2+y^2)^2}$$

$$f_y(x,y)=\frac{x^2(x^2+y^2)-x^2y\cdot 2y}{(x^2+y^2)^2}=\frac{x^2(x^2+y^2)-2x^2y^2}{(x^2+y^2)^2}=\frac{x^4-x^2y^2}{(x^2+y^2)^2}$$

当 $x^2+y^2=0$ 时,$x=0$,$y=0$. 此时

$$f_x(0,0)=\lim_{\Delta x\to 0}\frac{f(\Delta x,0)-f(0,0)}{\Delta x}=\lim_{\Delta x\to 0}\frac{0-0}{\Delta x}=0$$

$$f_y(0,0)=\lim_{\Delta y\to 0}\frac{f(0,\Delta y)-f(0,0)}{\Delta y}=\lim_{\Delta y\to 0}\frac{0-0}{\Delta y}=0$$

7. 求下列函数的一阶和二阶偏导数.

(1) $z=\ln(x+y^2)$；　　(2) $z=x^y$；

(3) $z=x^4y^2-x^2y^3+x$；　　(4) $z=\dfrac{y^2-x^2}{y^2+x^2}$.

【解】 (1) $\dfrac{\partial z}{\partial x}=\dfrac{1}{x+y^2}\cdot 1=\dfrac{1}{x+y^2}$.

$\dfrac{\partial z}{\partial y}=\dfrac{1}{x+y^2}\cdot 2y=\dfrac{2y}{x+y^2}$.

$\dfrac{\partial^2 z}{\partial x^2}=(-1)\cdot(x+y^2)^{-2}=-\dfrac{1}{(x+y^2)^2}$.

$\dfrac{\partial^2 z}{\partial x\partial y}=(-1)\cdot(x+y^2)^{-2}\cdot 2y=-\dfrac{2y}{(x+y^2)^2}$.

$\dfrac{\partial^2 z}{\partial y\partial x}=2y\cdot(-1)\cdot(x+y^2)^{-2}=-\dfrac{2y}{(x+y^2)^2}$.

$\dfrac{\partial^2 z}{\partial y^2}=\dfrac{2(x+y^2)-2y\cdot 2y}{(x+y^2)^2}=\dfrac{2(x-y^2)}{(x+y^2)^2}$.

(2) $\dfrac{\partial z}{\partial x}=yx^{y-1}$.

$\dfrac{\partial z}{\partial y}=x^y\ln x$.

$\dfrac{\partial^2 z}{\partial x^2}=y\cdot(y-1)x^{y-2}=y(y-1)x^{y-2}$.

$\dfrac{\partial^2 z}{\partial x\partial y}=x^{y-1}+yx^{y-1}\ln x=x^{y-1}(1+y\ln x)$.

$\dfrac{\partial^2 z}{\partial y\partial x}=yx^{y-1}\ln x+x^y\ \dfrac{1}{x}=x^{y-1}(y\ln x+1)$.

$\dfrac{\partial^2 z}{\partial y^2}=x^y\ln x\ln x=x^y(\ln x)^2$.

(3) $\dfrac{\partial z}{\partial x}=4x^3y^2-2xy^3+1$.

$\dfrac{\partial z}{\partial y}=2x^4y-3x^2y^2$.

$\dfrac{\partial^2 z}{\partial x^2}=12x^2y^2-2y^3$.

$\dfrac{\partial^2 z}{\partial x\partial y}=4x^3\cdot 2y-2x\cdot 3y^2=8x^3y-6xy^2$.

$\dfrac{\partial^2 z}{\partial y\partial x}=2\cdot 4x^3y-3\cdot 2xy^2=8x^3y-6xy^2$.

$\dfrac{\partial^2 z}{\partial y^2}=2x^4-6x^2y$.

(4) $\dfrac{\partial z}{\partial x}=\dfrac{-2x(y^2+x^2)-(y^2-x^2)\cdot 2x}{(y^2+x^2)^2}=\dfrac{-4xy^2}{(x^2+y^2)^2}$.

$\dfrac{\partial z}{\partial y}=\dfrac{2y(y^2+x^2)-(y^2-x^2)\cdot 2y}{(y^2+x^2)^2}=\dfrac{4x^2y}{(x^2+y^2)^2}$.

$$\frac{\partial^2 z}{\partial x^2}=\frac{4y^2(x^2+y^2)^2-4xy^2\cdot 2(x^2+y^2)\cdot 2x}{(x^2+y^2)^4}=\frac{16x^2y^2(x^2+y^2)-4y^2(x^2+y^2)^2}{(x^2+y^2)^4}.$$

$$\frac{\partial^2 z}{\partial x\partial y}=-\frac{4x\cdot 2y(x^2+y^2)^2-4xy^2\cdot 2(x^2+y^2)\cdot 2y}{(x^2+y^2)^4}$$

$$=\frac{16xy^3(x^2+y^2)-8xy(x^2+y^2)^2}{(x^2+y^2)^4}$$

$$=\frac{8xy(y^4-x^4)}{(x^2+y^2)^4}.$$

$$\frac{\partial^2 z}{\partial y\partial x}=\frac{8xy(x^2+y^2)^2-4x^2y\cdot 2(x^2+y^2)\cdot 2x}{(x^2+y^2)^4}=\frac{8xy(y^4-x^4)}{(x^2+y^2)^4}.$$

$$\frac{\partial^2 z}{\partial y^2}=\frac{4x^2(x^2+y^2)^2-4x^2y\cdot 2(x^2+y^2)\cdot 2y}{(x^2+y^2)^4}=\frac{4x^2(x^2-3y^2)}{(x^2+y^2)^3}.$$

8. 计算下列二重积分.

(1) $\iint\limits_D (1+x)\sin y\mathrm{d}\sigma$,其中 D 是顶点分别为$(0,0)$,$(1,0)$,$(1,2)$和$(0,1)$的梯形闭区域.

(2) $\iint\limits_D (x^2-y^2)\mathrm{d}\sigma$,其中 $D=\{(x,y)\mid 0\leqslant x\leqslant\pi,0\leqslant y\leqslant\sin x\}$.

(3) $\iint\limits_D \sqrt{R^2-x^2-y^2}\mathrm{d}\sigma$,其中 D 是圆周 $x^2+y^2=Rx$ 所围成的闭区域.

(4) $\iint\limits_D (y^2+3x-6y+9)\mathrm{d}\sigma$,其中 $D=\{(x,y)\mid x^2+y^2\geqslant R^2\}$.

【解】 (1)直线 AB 的方程为 $y-1=\frac{2-1}{1-0}(x-0)$,即 $y=x+1$. 积分区域 D 可写成 $D=\{(x,y)\mid 0\leqslant x\leqslant 1,0\leqslant y\leqslant x+1\}$. 则

$$\iint\limits_D (1+x)\sin y\mathrm{d}\sigma=\int_0^1\mathrm{d}x\int_0^{x+1}(1+x)\sin y\mathrm{d}y$$

$$=-\int_0^1(1+x)\cos y\Big|_0^{x+1}\mathrm{d}x$$

$$=-\int_0^1[(1+x)\cos(x+1)-(1+x)]\mathrm{d}x$$

$$=\int_0^1(1+x)\mathrm{d}x-\int_0^1(1+x)\cos(x+1)\mathrm{d}x$$

$$=\frac{3}{2}-\int_0^1(1+x)\mathrm{d}[\sin(1+x)]$$

$$=\frac{3}{2}-(1+x)\sin(1+x)\Big|_0^1+\int_0^1\sin(1+x)\mathrm{d}(1+x)$$

$$=\frac{3}{2}-2\sin 2+\sin 1+[-\cos(1+x)]\Big|_0^1$$

$$=\frac{3}{2}-2\sin 2+\sin 1-\cos 2+\cos 1$$

(2) $$\iint\limits_D (x^2-y^2)\mathrm{d}x=\int_0^{\pi}\mathrm{d}x\int_0^{\sin x}(x^2-y^2)\mathrm{d}y$$

$$=\int_0^{\pi}\left(x^2y-\frac{1}{3}y^3\right)\Big|_0^{\sin x}\mathrm{d}x$$

$$=\int_0^{\pi}\left(x^2\sin x-\frac{1}{3}\sin^3 x\right)dx$$

$$=\int_0^{\pi}x^2\sin x dx-\frac{1}{3}\int_0^{\pi}\sin^3 x dx$$

$$=-\int_0^{\pi}x^2 d(\cos x)+\frac{1}{3}\int_0^{\pi}\sin^2 x d(\cos x)$$

$$=-x^2\cos x\Big|_0^{\pi}+\int_0^{\pi}\cos x d(x^2)+\frac{1}{3}\int_0^{\pi}(1-\cos^2 x)d(\cos x)$$

$$=\pi^2+2\int_0^{\pi}x\cos x dx+\frac{1}{3}\left(\cos x-\frac{1}{3}\cos^3 x\right)\Big|_0^{\pi}$$

$$=\pi^2+2\int_0^{\pi}x d(\sin x)+\frac{1}{3}\left[\left(-1+\frac{1}{3}\right)-\left(1-\frac{1}{3}\right)\right]$$

$$=\pi^2+2\left(x\sin x\Big|_0^{\pi}-\int_0^{\pi}\sin x dx\right)-\frac{4}{9}$$

$$=\pi^2+2\left(0+\cos x\Big|_0^{\pi}\right)-\frac{4}{9}$$

$$=\pi^2-4-\frac{4}{9}$$

$$=\pi^2-\frac{40}{9}.$$

(3)$\frac{1}{9}(3\pi-4)R^3$，解析过程略.

(4)$9\pi R^2+\frac{\pi}{4}R^4$，解析过程略.

9. 交换下列二次积分的顺序.

(1)$\int_0^1 dy\int_{-\sqrt{4-y}}^{\frac{1}{2}(y-4)}f(x,y)dx$；

(2)$\int_0^1 dy\int_0^{2y}f(x,y)dx+\int_1^3 dy\int_0^{3-y}f(x,y)dx$；

(3)$\int_0^1 dx\int_{\sqrt{x}}^{1+\sqrt{1-x^2}}f(x,y)dy$；

(4)$\int_0^{\frac{1}{4}} dy\int_y^{\sqrt{y}}f(x,y)dx+\int_{\frac{1}{4}}^{\frac{1}{2}} dy\int_y^{\frac{1}{2}}f(x,y)dx$.

【解】 (1)$\int_0^1 dy\int_{-\sqrt{4-y}}^{\frac{1}{2}(y-4)}f(x,y)dx=\int_{-2}^0 dx\int_{2x+4}^{-x^2+4}f(x,y)dy$.

(2)$\int_0^1 dy\int_0^{2y}f(x,y)dx+\int_1^3 dy\int_0^{3-y}f(x,y)dx=\int_0^2 dy\int_{\frac{1}{2}x}^{3-x}f(x,y)dy$.

(3)$\int_0^1 dx\int_{\sqrt{x}}^{1+\sqrt{1-x^2}}f(x,y)dy=\int_0^1 dy\int_0^{y^2}f(x,y)dx+\int_1^2 dy\int_0^{\sqrt{2y-y^2}}f(x,y)dx$.

(4)$\int_0^{\frac{1}{4}} dy\int_y^{\sqrt{y}}f(x,y)dx+\int_{\frac{1}{4}}^{\frac{1}{2}} dy\int_y^{\frac{1}{2}}f(x,y)dx=\int_0^{\frac{1}{2}} dx\int_{x^2}^{x}f(x,y)dy$.

第 8 章　常微分方程

8.1　基本要求

(1)理解常微分方程的基本概念.

(2)理解可分离变量的微分方程及齐次方程的求解方法.

(3)会求解一阶线性微分方程.

(4)掌握求解可降阶的高阶微分方程的方法.

(5)会求二阶常系数齐次线性微分方程的通解.

(6)会求二阶常系数非齐次线性微分方程的通解.

8.2　内容提要

8.2.1　常微分方程的概念

定义 8.1　含有未知函数导数或微分的方程称为微分方程.未知函数是一元函数的微分方程称为常微分方程,简称微分方程或方程;未知函数是多元函数的微分方程称为偏微分方程.

定义 8.2　微分方程中所出现的未知函数的最高阶导数或微分的阶数称为微分方程的阶.

定义 8.3　满足微分方程的函数称为微分方程的解;求微分方程解的过程叫作解微分方程;如果微分方程的解中所含独立的任意常数的个数等于微分方程的阶数,则称该解为微分方程的通解(或一般解);不含任意常数的解称为微分方程的特解.

定义 8.4　确定通解中任意常数的条件称为初始条件.求微分方程满足初始条件的解的问题称为初值问题.

定义 8.5　微分方程的解所对应的图形称为积分曲线,通解通常表示一族积分曲线,特解只是其中某一条曲线.

8.2.2 一阶微分方程

1. 可分离变量的微分方程

在一阶方程中，如果可以将含有未知函数 y 的式子及 $\mathrm{d}y$ 与含有自变量 x 的式子及 $\mathrm{d}x$ 分开至方程两边，就可以分别对 y 和 x 积分求解.

形如

$$\frac{\mathrm{d}y}{\mathrm{d}x}=f(x)g(y),g(y)\neq 0 \tag{8-1}$$

的方程称为可分离变量的微分方程.

对于式(8-1)，可以将关于 y 和 x 的式子分开，得

$$\frac{\mathrm{d}y}{g(y)}=f(x)\mathrm{d}x$$

两边积分得

$$\int\frac{\mathrm{d}y}{g(y)}=\int f(x)\mathrm{d}x+C$$

2. 齐次方程

形如

$$\frac{\mathrm{d}y}{\mathrm{d}x}=f\left(\frac{y}{x}\right)$$

的微分方程称为齐次方程.

3. 一阶线性微分方程

形如

$$y'+p(x)y=Q(x)$$

的方程称为一阶线性微分方程，其中 $p(x)$和 $Q(x)$是已知连续函数.

当 $Q(x)\equiv 0$ 时，有

$$y'+p(x)y=0 \tag{8-2}$$

此时，该方程称为(一阶)齐次线性微分方程. 若 $Q(x)$不恒等于零，则称为(一阶)非齐次线性微分方程.

对于式(8-2)，可分离变量为

$$\frac{1}{y}\mathrm{d}y=-p(x)\mathrm{d}x$$

解得

$$\ln|y|=-\int p(x)\mathrm{d}x+C_1$$

因此

$$y=\pm e^{C_1}e^{-\int p(x)\mathrm{d}x}$$

于是式(8-2)的通解为

$$y=Ce^{-\int p(x)\mathrm{d}x}$$

其中，$C=\pm e^{C_1}$ 为任意常数.

8.2.3 可降阶的高阶微分方程

1. $y^{(n)}=f(x)$型微分方程

$y^{(n)}=f(x)$型微分方程的右端仅含有自变量 x,因此,只要连续积分 n 次便可得到通解,即

$$y^{(n-1)}=\int f(x)\mathrm{d}x+C_1,$$

$$y^{(n-2)}=\int\left[\int f(x)\mathrm{d}x+C_1\right]\mathrm{d}x+C_2,$$

$$\cdots$$

其通解中含有 n 个任意常数.

2. $y''=f(x,y')$型微分方程

$y''=f(x,y')$型微分方程的特点是不显含未知函数 y. 求解时只需令 $y'=p(x)$,则 $y''=p'(x)$. 将 y'和 y''代入原方程使原方程降为一阶方程 $p'=f(x,p)$. 求出该一阶方程的通解,两端再积分,即可得到原方程的通解.

3. $y''=f(y,y')$型微分方程

$y''=f(y,y')$型微分方程的特点是不显含自变量 x. 解这类方程可令 $y'=p(x)$,则

$$y''=\frac{\mathrm{d}p}{\mathrm{d}x}=\frac{\mathrm{d}p}{\mathrm{d}y}\cdot\frac{\mathrm{d}y}{\mathrm{d}x}=p(y)\frac{\mathrm{d}p}{\mathrm{d}y}$$

将 y'和 y''代入原方程,则原方程化为

$$p\frac{\mathrm{d}p}{\mathrm{d}y}=f(y,p)$$

这是一阶微分方程. 利用前面的方法可求出它的通解 $p=\varphi(y,C_1)$,即 $y'=\varphi(y,C_1)$,分离变量后积分,得原方程的通解为 $\int\frac{\mathrm{d}y}{\varphi(y,C_1)}=x+C_2$.

8.2.4 二阶常系数线性微分方程

形如

$$y''+py'+qy=f(x)\quad(p,q\text{ 为常数})$$

的微分方程称为二阶常系数线性微分方程,当 $f(x)\equiv0$ 时,称方程

$$y''+py'+qy=0$$

为二阶常系数齐次线性方程,若 $f(x)\neq0$,则称上式为二阶常系数非齐次线性方程.

1. 二阶常系数齐次线性微分方程的通解

定理 8.1 若 y_1 和 y_2 是方程 $y''+py'+qy=0$ 的两个解,则其线性组合

$$y=C_1y_1+C_2y_2$$

仍是方程 $y''+py'+qy=0$ 的解,其中 C_1,C_2 为任意常数.

定理 8.2 若 y_1 和 y_2 是方程 $y''+py'+qy=0$ 的两个线性无关的解,则

$$y=C_1y_1+C_2y_2$$

就是方程 $y''+py'+qy=0$ 的通解,其中 C_1,C_2 为任意常数.

我们称一元二次方程式 $r^2+pr+q=0$ 为二阶常系数齐次线性方程 $y''+py'+qy=0$ 的特征方程，特征方程的根称为微分方程 $y''+py'+qy=0$ 的特征根.

2. 二阶常系数非齐次线性微分方程的通解

定理 8.3 设 $y^*(x)$是方程 $y''+py'+qy=f(x)$的一个特解，$Y(x)$为方程 $y''+py'+qy=f(x)$对应的齐次方程 $y''+py'+qy=0$ 的通解，则 $y=Y(x)+y^*(x)$即为非齐次线性微分方程 $y''+py'+qy=0$ 的通解.

8.3 习题解答

习题 8.1

1. 下列方程中哪些是微分方程？并说明它们的阶数.

(1) $\frac{dy}{dx}=xy+x^4y^3$；　　(2) $\frac{d^2y}{dx^2}+\left(\frac{dy}{dx}\right)^3+x=0$；

(3) $\frac{dy}{x^2+y^2}+xydx=0$；　　(4) $y^2=\frac{d(\ln x)}{dx}+y$；

(5) $y''+(y')^2=x$；　　(6) $\frac{d^2y}{dx^2}+2y=e^{3x}$.

【解】 (1)、(2)、(3)、(5)、(6)是微分方程，(4)不是. 其中(1)是一阶微分方程，(2)是二阶微分方程，(3)是一阶微分方程，(5)是二阶微分方程，(6)是二阶微分方程.

2. 验证下列函数(其中 C 为任意常数)是不是相应的微分方程的解，若是，是通解还是特解？

(1) $y'-2y=0, y=0, y=-e^x, y=Ce^{2x}$；

(2) $y''+y=0, y=0, y=e^{-x}, y=3\sin x-4\cos x$.

【解】 (1)当 $y=0$ 时，$y'=0$，故有 $y'-2y=0-2\times 0=0$，因此 $y=0$ 是特解.

当 $y=-e^x$ 时，$y'=-e^x$，故有

$$y'-2y=(-e^x)-2(-e^x)=e^x\neq 0$$

因此 $y=-e^x$ 不是微分方程的解.

当 $y=Ce^{2x}$时，$y'=2Ce^{2x}$，故有 $y'-2y=2Ce^{2x}-2Ce^{2x}=0$，因为任意常数个数为 1 与方程阶数相同，因此 $y=Ce^{2x}$是微分方程的通解.

(2)当 $y=0$ 时，$y'=y''=0$，故有

$$y''+y=0+0=0$$

因此 $y=0$ 是微分方程的特解.

当 $y=e^{-x}$时，$y'=-e^{-x}$，$y''=e^{-x}$，故有

$$y''+y=e^{-x}+e^{-x}=2e^{-x}\neq 0$$

因此 $y=e^{-x}$不是微分方程的解.

当 $y=3\sin x-4\cos x$ 时，$y'=3\cos x+4\sin x$，$y''=-3\sin x+4\cos x$，故有

$$y''+y=(-3\sin x+4\cos x)+(3\sin x-4\cos x)=0$$

因此 $y=3\sin x-4\cos x$ 是微分方程的特解.

3. 已知曲线通过点(0,1),且在该曲线上任意点 $P(x,y)$ 处的切线的斜率为 $2x^2$,求此曲线方程.

【解】 设此曲线方程为 $y=f(x)$,由题意有

$$\frac{\mathrm{d}f(x)}{\mathrm{d}x}=2x^2$$

其通解为

$$f(x)=\frac{2}{3}x^3+C$$

将 $x=0,y=1$ 代入通解中,有

$$1=0+C$$

得 $C=1$. 故曲线方程为 $f(x)=\frac{2}{3}x^3+1$.

习题 8.2

1. 求下列微分方程的通解.

(1) $xy'+2y=0$;

(2) $x^2\mathrm{d}y=y\mathrm{d}x$;

(3) $\frac{\mathrm{d}y}{\mathrm{d}x}=\frac{y}{x}+\sec\frac{y}{x}$;

(4) $y'-2y=1$;

(5) $y'+y=\mathrm{e}^{-x}$;

(6) $y'-\frac{2}{x+1}y=(x+1)^3$.

【解】 (1)原方程分离变量,得

$$\frac{\mathrm{d}y}{y}=-2\frac{\mathrm{d}x}{x}$$

两边分别积分,得

$$\ln|y|=-2\ln|x|+C_1$$

两边取 e 的对数,得

$$|y|=\frac{1}{x^2}\mathrm{e}^{C_1}$$

解得

$$y=\pm\mathrm{e}^{C_1}\frac{1}{x^2}=C\frac{1}{x^2}\quad(C=\pm\mathrm{e}^{C_1})$$

(2)原方程分离变量,得

$$\frac{\mathrm{d}y}{y}=\frac{1}{x^2}\mathrm{d}x$$

两边分别积分,得

$$\ln|y|=-\frac{1}{x}+C_1$$

两边取 e 的对数,得

$$|y|=\mathrm{e}^{-\frac{1}{x}+C_1}=\mathrm{e}^{-\frac{1}{x}}\mathrm{e}^{C_1}$$

解得

$$y=\pm e^{C_1}e^{-\frac{1}{x}}=Ce^{-\frac{1}{x}}\quad (C=\pm e^{C_1})$$

(3)令 $u=\frac{y}{x}$，则 $y=ux,\frac{dy}{dx}=u+x\frac{du}{dx}$，则原方程可写为

$$u+x\frac{du}{dx}=u+\sec u$$

分离变量，得

$$\cos u du=\frac{1}{x}dx$$

两边分别积分，得

$$\sin u=\ln|x|+C$$

解得

$$u=\arcsin(\ln|x|+C)$$

将 $u=\frac{y}{x}$ 代入得

$$y=x\arcsin(\ln|x|+C)$$

(4)解齐次线性方程 $y'-2y=0$ 得通解为 $y=Ce^{2x}$. 将 $y=C(x)e^{2x}$ 代入原方程，得

$$C'(x)e^{2x}+2C(x)e^{2x}-2C(x)e^{2x}=1$$

从而有

$$C'(x)e^{2x}=1$$

因此

$$C(x)=-\frac{1}{2}e^{-2x}+C$$

于是，原方程的通解为

$$y=\left(-\frac{1}{2}e^{-2x}+C\right)e^{2x}$$

(5)解齐次线性方程 $y'+y=0$ 得通解为 $y=Ce^{-x}$. 将 $y=C(x)e^{-x}$ 代入原方程，得

$$C'(x)e^{-x}-C(x)e^{-x}+C(x)e^{-x}=e^{-x}$$

从而有

$$C'(x)=1$$

因此

$$C(x)=x+C$$

于是，原方程的通解为

$$y=(x+C)e^{-x}$$

(6)对齐次线性方程 $y'-\frac{2}{x+1}y=0$ 分离变量，得

$$\frac{dy}{y}=\frac{2}{x+1}dx$$

两边积分得

$$\ln|y|=2\ln|x+1|+C_1$$

从而有

$$|y|=(x+1)^2e^{C_1}$$

所以

$$y=C(x+1)^2 \quad (C=\pm e^{C_1})$$

将 $y=C(x)(x+1)^2$ 代入原方程,得

$$C'(x)(x+1)^2+2C(x)(x+1)-\frac{2}{x+1}C(x)(x+1)^2=(x+1)^3$$

从而有

$$C'(x)=x+1$$

因此

$$C(x)=\frac{1}{2}x^2+x+C$$

于是,原方程的通解为

$$y=\left(\frac{1}{2}x^2+x+C\right)(x+1)^2$$

2. 求下列微分方程满足所给初始条件的特解.

(1) $\frac{dy}{dx}=e^{2x-y}, y|_{x=0}=0$;　　(2) $\frac{1}{\cos x}dy-y^2dx=0, y|_{x=1}=-1$;

(3) $y'=3x-2y, y|_{x=0}=0$;　　(4) $y'=e^{-\sin x}-y\cos x, y|_{x=0}=0$.

【解】 (1)对方程分离变量,得

$$e^y dy=e^{2x}dx$$

两边积分,得

$$e^y=\frac{1}{2}e^{2x}+C$$

将 $y|_{x=0}=0$代入上式,有

$$e^0=\frac{1}{2}e^0+C$$

所以

$$C=\frac{1}{2}$$

故微分方程的特解为

$$e^y=\frac{1}{2}e^{2x}+\frac{1}{2}$$

(2)对方程分离变量,得

$$\frac{1}{y^2}dy=\cos x dx$$

两边积分,得

$$-\frac{1}{y}=\sin x+C \Leftrightarrow y(\sin x+C)=-1$$

将 $y|_{x=1}=-1$代入上式,有

$$(-1)(\sin 1+C)=-1$$

所以

$$C=1-\sin 1$$

故微分方程的特解为

$$y(\sin x+1-\sin 1)=-1$$

(3)方程可写为

$$y'+2y=3x$$

对齐次线性微分方程

$$y'+2y=0$$

解得通解为

$$y=Ce^{-2x}$$

将 $y=C(x)e^{-2x}$ 代入原方程，有

$$C'(x)e^{-2x}-2C(x)e^{-2x}+2C(x)e^{-2x}=3x$$

从而有

$$C'(x)=3xe^{2x}$$

所以

$$\begin{aligned}C(x)&=3\int xe^{2x}dx=3\times\frac{1}{2}\int xd(e^{2x})\\&=\frac{3}{2}(xe^{2x}-\int e^{2x}dx)\\&=\frac{3}{2}\left(xe^{2x}-\frac{1}{2}e^{2x}\right)+C\\&=\frac{3}{2}xe^{2x}-\frac{3}{4}e^{2x}+C\end{aligned}$$

故方程的特解为

$$y=\left(\frac{3}{2}xe^{2x}-\frac{3}{4}e^{2x}+C\right)e^{-2x}=\frac{3}{2}x-\frac{3}{4}+Ce^{-2x}$$

(4)方程可写为

$$y'+y\cos x=e^{-\sin x}$$

对齐次线性微分方程

$$y'+y\cos x=0$$

解得通解为

$$y=Ce^{-\sin x}$$

将 $y=C(x)e^{-\sin x}$ 代入原方程，有

$$C'(x)e^{-\sin x}-C(x)e^{-\sin x}\cos x=e^{-\sin x}-C(x)e^{-\sin x}\cos x$$

从而有

$$C'(x)=1$$

所以

$$C(x)=x+C$$

故方程的特解为

$$y=(x+C)e^{-\sin x}$$

习题 8.3

1. 求下列可降阶的高阶微分方程的通解或特解.

(1) $y'''=x+1$；　　(2) $(1+x)y''+y'=\ln(1+x)$；

(3) $y''=(y')^{\frac{1}{2}}$　　(4) $y'''=e^{ax}, y|_{x=1}=y'|_{x=1}=y''|_{x=1}=0$；

(5) $xy''=-2y', y|_{x=1}=0, y'|_{x=1}=1$；

(6) $y''-y'^2=0, y|_{x=1}=0, y'|_{x=0}=-1$.

【解】 (1)由 $y'''=x+1$ 可得

$$y''=\frac{1}{2}x^2+x+C_1$$

$$y'=\frac{1}{6}x^3+\frac{1}{2}x^2+C_1x+C_2$$

$$y=\frac{1}{24}x^4+\frac{1}{6}x^3+\frac{1}{2}C_1x^2+C_2x+C_3$$

(2)令 $y'=p$,则 $y''=\frac{dp}{dx}$,则原方程可写为

$$\frac{dp}{dx}+\frac{1}{1+x}p=\frac{1}{1+x}\ln(1+x)$$

其通解为

$$\begin{aligned}p&=C_1e^{-\int\frac{1}{1+x}dx}+e^{-\int\frac{1}{1+x}dx}\int\frac{1}{1+x}\ln(1+x)\,e^{\int\frac{1}{1+x}dx}dx\\&=\frac{C_1}{1+x}+\frac{1}{1+x}\int\ln(1+x)dx\\&=\frac{C_1}{1+x}+\frac{1}{1+x}[(x+1)\ln(1+x)-x]\\&=\frac{C_1-x}{1+x}+\ln(1+x)\end{aligned}$$

即

$$y'=\frac{C_1-x}{1+x}+\ln(1+x)$$

故原方程的通解为

$$\begin{aligned}y&=C_1\ln(1+x)-x+\ln(1+x)+(x+1)\ln(1+x)-x+C_2\\&=(x+2+C_1)\ln(1+x)-2x+C_2\\&=(x+C_3)\ln(1+x)-2x+C_2\end{aligned}$$

其中 $C_3=2+C_1$.

(3)令 $y'=p$,则 $y''=p\frac{dp}{dy}$,故原方程可写成

$$p\frac{dp}{dy}=p^{\frac{1}{2}}$$

分离变量得

$$p=\left(\frac{3}{2}\right)^{\frac{2}{3}}\cdot(y+C_1)^{\frac{2}{3}}$$

从而有

$$\frac{\mathrm{d}y}{\mathrm{d}x}=\left(\frac{3}{2}\right)^{\frac{2}{3}}\cdot(y+C_1)^{\frac{2}{3}}$$

即

$$\frac{\mathrm{d}y}{(y+C_1)^{\frac{2}{3}}}=\left(\frac{3}{2}\right)^{\frac{2}{3}}\mathrm{d}x$$

求得通解为

$$3(y+C_1)^{\frac{1}{3}}=\left(\frac{3}{2}\right)^{\frac{2}{3}}x+C_2$$

(4)由 $y'''=\mathrm{e}^{ax}$,有

$$y''=\frac{1}{a}\mathrm{e}^{ax}+C_1$$

$$y'=\frac{1}{a^2}\mathrm{e}^{ax}+C_1x+C_2$$

$$y=\frac{1}{a^3}\mathrm{e}^{ax}+\frac{1}{2}ax^2+C_2x+C_3$$

又因为 $y|_{x=1}=y'|_{x=1}=y''|_{x=1}=0$,故有

$$\frac{1}{a}\mathrm{e}^{a}+C_1=0$$

$$\frac{1}{a^2}\mathrm{e}^{a}+C_1+C_2=0$$

$$\frac{1}{a^3}\mathrm{e}^{a}+\frac{1}{2}a+C_2+C_3=0$$

所以

$$C_1=-\frac{1}{a}\mathrm{e}^{a},C_2=\left(\frac{1}{a}-\frac{1}{a^2}\right)\mathrm{e}^{a},C_3=\left(\frac{1}{a^2}-\frac{1}{2a}-\frac{1}{a^3}\right)\mathrm{e}^{a}$$

故特解为

$$y=\frac{1}{a^3}\mathrm{e}^{ax}-\frac{1}{2a}\mathrm{e}^{a}x^2+\left(\frac{1}{a}-\frac{1}{a^2}\right)\mathrm{e}^{a}x+\left(\frac{1}{a^2}-\frac{1}{2a}-\frac{1}{a^3}\right)\mathrm{e}^{a}$$

(5)令 $y'=p$,则 $y''=\frac{\mathrm{d}p}{\mathrm{d}x}$,故原方程可写成

$$x\frac{\mathrm{d}p}{\mathrm{d}x}=-2p$$

解得

$$p=\frac{C_1}{x^2}$$

即

$$y'=\frac{C_1}{x^2}$$

$$y=-\frac{1}{x}C_1+C_2$$

又因为 $y|_{x=1}=0,y'|_{x=1}=1$,故有

$$\begin{cases}1=\dfrac{C_1}{1}\\0=-C_1+C_2\end{cases}$$

解得

$$C_1=1,C_2=1$$

故特解为

$$y=-\frac{1}{x}+1$$

(6)令 $y'=p$,则 $y''=\dfrac{\mathrm{d}p}{\mathrm{d}x}$,故原方程可写成

$$\frac{\mathrm{d}p}{\mathrm{d}x}-p^2=0$$

分离变量得

$$p=-\frac{1}{x+C_1}$$

即

$$y'=-\frac{1}{x+C_1}$$

解得原方程的通解为

$$y=-\ln|x+C_1|+C_2$$

又因为 $y|_{x=0}=0,y'|_{x=0}=-1$,故有

$$\begin{cases}-1=-\dfrac{1}{0+C_1}\\0=-\ln|C_1|+C_2\end{cases}$$

解得

$$C_1=1,C_2=0$$

故特解为

$$y=-\ln|x+1|$$

2. 设 $y=f(x)$在点 x 处的二阶导数为 $y''=x$,且曲线 $y=f(x)$过点 $M(0,1)$,在该点处与直线 $y=2x+1$ 相切,求曲线 $y=f(x)$的表达式.

【解】 由 $y''=x$,有

$$y'=\frac{1}{2}x^2+C_1$$

$$y=\frac{1}{6}x^3+C_1x+C_2$$

又由题意知

$$y|_{x=0}=1,y'|_{x=0}=2$$

故有

$$\begin{cases}2=\dfrac{1}{2}\times0^2+C_1\\1=\dfrac{1}{6}\times0^3+C_1\times0+C_2\end{cases}$$

解得

$$C_1=2, C_2=1$$

故曲线的表达式为

$$y=\frac{1}{6}x^3+2x+1$$

习题 8.4

1. 求下列齐次微分方程的通解.

(1) $y''+y'-6y=0$；　(2) $y''+2y'+y=0$；　(3) $y''+2y'+5y=0$.

【解】 (1)对应的特征方程为

$$r^2+r-6=0$$

特征根为

$$r_1=-3, r_2=2$$

故所求通解为

$$y=C_1e^{-3x}+C_2e^{2x}$$

(2)对应的特征方程为

$$r^2+2r+1=0$$

特征根为

$$r_1=r_2=-1$$

故所求通解为

$$y=(C_1+C_2x)e^{-x}$$

(3)对应的特征方程为

$$r^2+2r+5=0$$

特征根为

$$r_1=-1+2i, r_2=-1-2i$$

故所求通解为

$$y=e^{-x}(C_1\cos 2x+C_2\sin 2x)$$

2. 求下列微分方程的特解.

(1) $y''-4y'+3y=0, y|_{x=0}=2, y'|_{x=0}=5$；

(2) $y''+y'-2y=0, y|_{x=0}=1, y'|_{x=0}=2$；

(3) $y''-6y'+9y=0, y|_{x=0}=0, y'|_{x=0}=2$；

(4) $y''+y'-\frac{1}{4}y=0, y|_{x=0}=2, y'|_{x=0}=1$.

【解】 (1)对应的特征方程为

$$r^2-4r+3=0$$

特征根为

$$r_1=1, r_2=3$$

故所求通解为

$$y=C_1e^x+C_2e^{3x}$$

所以

$$y'=C_1e^x+3C_2e^{3x}$$

由 $y|_{x=0}=2, y'|_{x=0}=5$，有

$$\begin{cases}C_1+C_2=2\\C_1+3C_2=5\end{cases}$$

解得

$$C_1=\frac{1}{2}, C_2=\frac{3}{2}$$

故所求特解为

$$y=\frac{1}{2}e^x+\frac{3}{2}e^{3x}$$

(2)对应的特征方程为

$$r^2+r-2=0$$

特征根为

$$r_1=-2, r_2=1$$

故所求通解为

$$y=C_1e^{-2x}+C_2e^x$$

所以

$$y'=-2C_1e^{-2x}+C_2e^x$$

由 $y|_{x=0}=1, y'|_{x=0}=2$，有

$$\begin{cases}1=C_1+C_2\\2=-2C_1+C_2\end{cases}$$

解得

$$C_1=-\frac{1}{3}, C_2=\frac{4}{3}$$

故所求特解为

$$y=-\frac{1}{3}e^{-2x}+\frac{4}{3}e^x$$

(3)对应的特征方程为

$$r^2-6r+9=0$$

特征根为

$$r_{1,2}=3$$

故所求通解为

$$y=(C_1+C_2x)e^{3x}$$

所以

$$y'=C_2e^{3x}+3(C_1+C_2x)e^{3x}$$

由 $y|_{x=0}=0, y'|_{x=0}=2$，有

$$\begin{cases}0=(C_1+0)\times 1\\2=C_2+3(C_1+0)\times 1\end{cases}$$

解得

$$C_1=0, C_2=2$$

故所求特解为

$$y=(0+2x)e^{3x}=2xe^{3x}$$

(4)对应的特征方程为

$$r^2+r+\frac{1}{4}=0$$

特征根为

$$r_{1,2}=-\frac{1}{2}$$

故所求通解为

$$y=(C_1+C_2x)e^{-\frac{1}{2}x}$$

所以

$$y'=C_2e^{-\frac{1}{2}x}-\frac{1}{2}(C_1+C_2x)e^{-\frac{1}{2}x}$$

由 $y|_{x=0}=2, y'|_{x=0}=1$,有

$$\begin{cases}2=(C_1+0)\times 1\\ 1=C_2-\frac{1}{2}(C_1+0)\times 1\end{cases}$$

解得

$$C_1=2, C_2=2$$

故所求特解为

$$y=(2+2x)e^{-\frac{1}{2}x}=2(1+x)e^{-\frac{1}{2}x}$$

3. 求下列非齐次微分方程的通解.

(1) $2y''+y'-y=x^2+1$;　(2) $y''+3y'+2y=3xe^{-x}$;　(3) $y''-2y'+5y=\sin 2x$.

【解】 (1)设 y 是 x 的 n 次多项式,则 y' 是 x 的 $n-1$ 次多项式,y'' 是 x 的 $n-2$ 次多项式. 因方程两边次数相等,故 $n=2$.

设 $y^*=ax^2+bx+c$ 是方程特解,则 $y'=2ax+b, y''=2a$,将 y' 和 y'' 代入原方程,得

$$\begin{cases}4a+2ax+b-(ax^2+bx+c)=x^2+1\\ -ax^2+(2a-b)x+(4a+b-c)=x^2+1\end{cases}$$

所以

$$\begin{cases}-a=1\\ 2a-b=0\\ 4a+b-c=1\end{cases}$$

解得

$$a=-1, b=-2, c=-7$$

所以 $y^*=-x^2-2x-7$ 是方程的特解.

对应齐次微分方程的特征方程为

$$2r^2+r-1=0$$

特征根为

$$r_1=-1, r_2=\frac{1}{2}$$

故齐次微分方程的通解为

$$Y=C_1\mathrm{e}^{-x}+C_2\mathrm{e}^{\frac{1}{2}x}$$

因此,原方程的通解为

$$y=Y+y^*=C_1\mathrm{e}^{-x}+C_2\mathrm{e}^{\frac{1}{2}x}-x^2-2x-7$$

(2)齐次微分方程 $y''+3y'+2y=0$ 的特征方程为

$$r^2+3r+2=0$$

其特征根为

$$r_1=-1, r_2=-2$$

则齐次微分方程的通解为

$$Y=C_1\mathrm{e}^{-x}+C_2\mathrm{e}^{-2x}$$

而 $a=-1=r_1$ 为特征根之一,因此可设方程的特解形式为

$$y^*=x(Ax+B)\mathrm{e}^{-x}=(Ax^2+Bx)\mathrm{e}^{-x}$$

则

$$(y^*)'=(2Ax+B)\mathrm{e}^{-x}-(Ax^2+Bx)\mathrm{e}^{-x}=[-Ax^2+(2A-B)x+B]\mathrm{e}^{-x}$$

$$\begin{aligned}(y^*)''&=2A\mathrm{e}^{-x}-(2Ax+B)\mathrm{e}^{-x}-(2Ax+B)\mathrm{e}^{-x}+(Ax^2+Bx)\mathrm{e}^{-x}\\&=[Ax^2-(4A-B)x+(2A-2B)]\mathrm{e}^{-x}\end{aligned}$$

代入原方程,有

$$Ax^2-(4A-B)x+(2A-2B)+3[-Ax^2+(2A-B)x+B]+2(Ax^2+Bx)=3x$$

即

$$2Ax+(2A+B)=3x$$

所以

$$\begin{cases}2A=3\\2A+B=0\end{cases}$$

解得

$$A=\frac{3}{2}, B=-3$$

故特解为

$$y^*=\left(\frac{3}{2}x^2-3x\right)\mathrm{e}^{-x}$$

则原方程的通解为

$$y=Y+y^*=C_1\mathrm{e}^{-x}+C_2\mathrm{e}^{-2x}+\left(\frac{3}{2}x^2-3x\right)\mathrm{e}^{-x}$$

(3)齐次微分方程 $y''-2y'+5y=0$ 的特征方程为

$$r^2-2r+5=0$$

其特征根为

$$r_1=1+2\mathrm{i}, r_2=1-2\mathrm{i}$$

则齐次微分方程的通解为

$$Y=\mathrm{e}^x(C_1\cos 2x+C_2\sin 2x)$$

而$\beta=2$，从而$\pm\beta i=\pm 2i$不是特征根. 因此，可设方程的特解为

$$y^*=A\cos 2x+B\sin 2x$$

则

$$(y^*)'=2B\cos 2x-2A\sin 2x$$

$$(y^*)''=-4B\sin 2x-4A\cos 2x$$

代入原方程，有

$$(-4B\sin 2x-4A\cos 2x)-2(2B\cos 2x-2A\sin 2x)+5(A\cos 2x+B\sin 2x)=\sin 2x$$

整理得

$$(B+4A)\sin 2x+(A-4B)\cos 2x=\sin 2x$$

所以

$$\begin{cases}B+4A=1\\A-4B=0\end{cases}$$

解得

$$A=\frac{4}{17},B=\frac{1}{17}$$

故方程的特解为

$$y^*=\frac{4}{17}\cos 2x+\frac{1}{17}\sin 2x$$

则原方程的通解为

$$y=Y+y^*=e^x(C_1\cos 2x+C_2\sin 2x)+\frac{4}{17}\cos 2x+\frac{1}{17}\sin 2x$$

4. 求下列微分方程的特解.

(1)$y''+4y=8x, y|_{x=0}=1, y'|_{x=0}=2$；

(2)$y''-5y'+6y=2e^x, y|_{x=0}=0, y'|_{x=0}=1$.

【解】 (1)设y是x的n次多项式，则y'是x的$n-1$次多项式，y''是x的$n-2$次多项式. 因方程两边次数相等，故$n=1$.

设特解$y^*=Ax+B$，则$(y^*)'=A$，$(y^*)''=0$，将$(y^*)'$和$(y^*)''$代入原方程，得

$$4Ax+4B=8x$$

所以

$$\begin{cases}4A=8\\4B=0\end{cases}$$

解得

$$A=2,B=0$$

故方程的特解为

$$y^*=2x$$

对应齐次方程$y''+4y=0$的特征方程为

$$r^2+4=0$$

特征根为

$$r=\pm 2i$$

故齐次微分方程的通解为

$$Y=C_1\cos 2x+C_2\sin 2x$$

故原方程的通解为

$$y=Y+y^*=C_1\cos 2x+C_2\sin 2x+2x$$

当 $y|_{x=0}=0, y'|_{x=0}=2$ 时,有

$$\begin{cases}C_1=0\\2C_2+2=2\end{cases}$$

解得

$$C_1=C_2=0$$

即原方程满足初始条件的特解为

$$y=2x$$

(2)齐次微分方程 $y''-5y'+6y=0$ 的特征方程为

$$r^2-5r+6=0$$

特征根为

$$r_1=2, r_2=3$$

则齐次微分方程的通解为

$$Y=C_1e^{2x}+C_2e^{3x}$$

而 $\alpha=1$ 不是特征根,因此可设原方程的特解形式为

$$y^*=Ae^x$$

则

$$(y^*)'=(y^*)''=Ae^x$$

代入原方程,有

$$Ae^x-5Ae^x+6Ae^x=2e^x$$

从而有

$$2Ae^x=2e^x$$

解得

$$A=1$$

故特解为

$$y^*=e^x$$

则原方程的通解为

$$y=Y+y^*=C_1e^{2x}+C_2e^{3x}+e^x$$

当 $y|_{x=0}=0, y'|_{x=0}=1$ 时,有

$$\begin{cases}C_1+C_2+1=0\\2C_1+3C_2+1=1\end{cases}$$

解得

$$C_1=-3, C_2=2$$

即原方程满足初始条件的特解为

$$y=-3e^{2x}+2e^{3x}+e^x$$

复 习 题 八

1. 选择题.

(1)微分方程 $y''+2y'+y=e^x$ 不是(　　).

A. 齐次的　　B. 线性的

C. 常系数的　　D. 二阶的

(2)微分方程 $y''+y=0$ 的通解是(　　).

A. $y=a\sin x$　　B. $y=b\cos x$

C. $y=\sin x+b\cos x$　　D. $y=a\sin x+b\cos x$

(3)微分方程 $y''-4y'+5y=0$ 的通解是(　　).

A. $y=e^x(C_1\cos 2x+C_2\sin 2x)$

B. $y=e^{2x}(C_1\cos x+C_2\sin x)$

C. $y=e^{-x}(C_1\cos 2x+C_2\sin 2x)$

D. $y=e^{-2x}(C_1\cos x+C_2\sin x)$

(4)微分方程 $y''-2y'+y=x^2e^{3x}$ 的特解形式为 $y^*=$(　　).

A. $x(ax+b)e^{3x}$　　B. $(ax^2+bx+c)e^{3x}$

C. $x(ax^2+bx+c)e^{3x}$　　D. ax^2+bx+c

【解】 (1)A　(2)D　(3)B　(4)B

2. 填空题.

(1)微分方程 $y''=e^x$ 的通解是________.

(2)微分方程 $y''+y'-2y=0$ 的通解是________________.

(3)微分方程 $y'+2xy=2xe^{-x^2}$ 的通解是________________.

【解】 (1)答案:$y=e^x+C_1x+C_2$.

解析:由 $y''=e^x$ 得 $y'=e^x+C_1$,故通解为 $y=e^x+C_1x+C_2$.

(2)答案:$y=C_1e^{-2x}+C_2e^x$.

解析:对应特征方程为 $r^2+r-2=0$,特征根为 $r_1=-2,r_2=1$,故通解为 $y=C_1e^{-2x}+C_2e^x$.

(3)答案:$y=(x^2+C)e^{-x^2}$.

解析:先求对应齐次线性方程

$$y'+2xy=0$$

分离变量,得

$$y=Ce^{-x^2}$$

将 $y=C(x)e^{-x^2}$ 代入原方程,有

$$C'(x)e^{-x^2}-C(x)e^{-x^2}\cdot 2x+2xC(x)e^{-x^2}=2xe^{-x^2}$$

从而有

$$\begin{cases}C'(x)=2x\\C(x)=x^2+C\end{cases}$$

故通解为

$$y=(x^2+C)e^{-x^2}$$

3. 求下列各微分方程的通解或给定初始条件下的特解.

(1) $(1+y)\mathrm{d}x-(1-x)\mathrm{d}y=0$；

(2) $y\ln x\mathrm{d}x+x\ln y\mathrm{d}y=0$；

(3) $y'=\dfrac{y}{y-x}$；

(4) $y'+y=\mathrm{e}^{-x}$；

(5) $y''=\dfrac{1}{1+x^2}$；

(6) $y'''=2x+\sin x$；

(7) $y''-6y'-13y=14$；

(8) $y''+2y'-3y=\mathrm{e}^{2x}$；

(9) $\dfrac{\mathrm{d}x}{y}+\dfrac{\mathrm{d}y}{x}=0, y\Big|_{x=3}=4$；

(10) $y''+4y=x, y\Big|_{x=0}=4, y'\Big|_{x=0}=0$.

【解】 (1)分离变量,得

$$\frac{\mathrm{d}y}{1+y}=\frac{1}{1-x}\mathrm{d}x$$

两边积分,得

$$\ln|1+y|=-\ln|1-x|+C_1$$

从而有

$$|1+y|=\frac{1}{|1-x|}\mathrm{e}^{C_1}$$

所以

$$1+y=C\frac{1}{1-x}$$

即

$$y=\frac{C}{1-x}-1 \text{ 或 } (1-x)(1+y)=C$$

其中 C 为任意常数.

(2)分离变量,得

$$\frac{\ln y\mathrm{d}y}{y}=-\frac{\ln x\mathrm{d}x}{x}$$

两边积分,得

$$\ln^2 y=-\ln^2 x+C$$

即方程通解为

$$\ln^2 x+\ln^2 y=C$$

(3)原方程可改写为

$$\frac{\mathrm{d}x}{\mathrm{d}y}=\frac{y-x}{y}=1-\frac{1}{y}x$$

即

$$\frac{\mathrm{d}x}{\mathrm{d}y}+\frac{1}{y}x=1$$

利用公式法,得

$$x=\mathrm{e}^{-\int\frac{1}{y}\mathrm{d}y}\left(\int\mathrm{e}^{\int\frac{1}{y}\mathrm{d}y}\mathrm{d}y+C\right)=\frac{1}{2}y+\frac{C}{y}$$

(4)直接利用公式法,得

$$y=e^{-\int dx}\left(\int e^{-x}e^{\int dx}dx+C\right)=e^{-x}\left(\int e^{-x}e^{x}dx+C\right)=e^{-x}(x+C)$$

即方程的通解为

$$y=e^{-x}(x+C)$$

(5)由 $y''=\dfrac{1}{1+x^2}$,有

$$y'=\arctan x$$

所以

$$\begin{aligned}y&=\int \arctan x\mathrm{d}x\\&=x\arctan x-\int x\mathrm{d}(\arctan x)\\&=x\arctan x-\int\frac{x}{1+x^2}\mathrm{d}x\\&=x\arctan x-\frac{1}{2}\int\frac{1}{1+x^2}\mathrm{d}(1+x^2)\\&=x\arctan x-\frac{1}{2}\ln(1+x^2)+C\end{aligned}$$

(6)由 $y'''=2x+\sin x$,有

$$y''=\int(2x+\sin x)\mathrm{d}x=\frac{1}{2}x^2-\cos x+C_1$$

$$y'=\int\left(\frac{1}{2}x^2-\cos x+C_1\right)\mathrm{d}x=\frac{1}{6}x^3-\sin x+C_1x+C_2$$

$$y=\int\left(\frac{1}{6}x^3-\sin x+C_1x+C_2\right)\mathrm{d}x=\frac{1}{24}x^4+\cos x+\frac{1}{2}C_1x^2+C_2x+C_3$$

(7)齐次微分方程 $y''-6y'-13y=0$ 的特征方程为

$$r^2-6r-13=0$$

其特征根为

$$r_1=3+\sqrt{22},r_2=3-\sqrt{22}$$

故齐次微分方程的通解为

$$Y=C_1e^{(3+\sqrt{22})x}+C_2e^{(3-\sqrt{22})x}$$

而 $y^*=-\dfrac{14}{13}$ 是原方程的一个特解,故原方程的通解为

$$y=Y+y^*=C_1e^{(3+\sqrt{22})x}+C_2e^{(3-\sqrt{22})x}-\frac{14}{13}$$

(8)齐次微分方程 $y''+2y'-3y=0$ 的特征方程为

$$r^2+2r-3=0$$

其特征根为

$$r_1=-3,r_2=1$$

故齐次微分方程的通解为

$$Y=C_1e^{-3x}+C_2e^{x}$$

而 $\alpha=2$ 不是特征根,因此可设原方程的特解为

$$y^* = Ae^{2x}$$

则

$$(y^*)' = 2Ae^{2x}, (y^*)'' = 4Ae^{2x}$$

代入原方程,有

$$4Ae^{2x} + 2 \times 2Ae^{2x} - 3Ae^{2x} = e^{2x}$$

从而有

$$5Ae^{2x} = e^{2x}$$

解得

$$5A = 1$$

即

$$A = \frac{1}{5}$$

故 $y^* = \frac{1}{5}e^{2x}$ 是方程的特解. 则原方程的通解为

$$y = Y + y^* = C_1 e^{-3x} + C_2 e^x + \frac{1}{5}e^{2x}$$

(9)分离变量,有

$$y\mathrm{d}y = -x\mathrm{d}x$$

两边积分,得

$$\frac{1}{2}y^2 = -\frac{1}{2}x^2 + C_1$$

从而有

$$y^2 = -x^2 + 2C_1$$

即

$$x^2 + y^2 = C \quad (C = 2C_1)$$

当 $y|_{x=3} = 4$ 时,有

$$3^2 + 4^2 = C$$

解得

$$C = 25$$

故满足初始条件的特解为

$$x^2 + y^2 = 25$$

(10)齐次微分方程 $y'' + 4y = 0$ 的特征方程为

$$r^2 + 4 = 0$$

其特征根为

$$r_1 = -2\mathrm{i}, r_2 = 2\mathrm{i}$$

故齐次微分方程的通解为

$$Y = C_1 \cos 2x + C_2 \sin 2x$$

再令 y 是关于 x 的 n 次多项式函数,则 y'' 是关于 x 的 $n-2$ 次多项式函数. 由方程两边次数相等有 $n=1$.

故令 $y^* = Ax + B$ 是方程的特解,则 $(y^*)'' = 0$. 将 y^* 和 $(y^*)''$ 代入原方程,有

$$4(Ax+B)=x$$

从而有

$$\begin{cases}4A=1\\4B=0\end{cases}$$

解得

$$A=\frac{1}{4},B=0$$

故 $y^*=\frac{1}{4}x$ 是方程的特解.

因此,原方程的通解为

$$y=Y+y^*=C_1\cos 2x+C_2\sin 2x+\frac{1}{4}x$$

当 $y\Big|_{x=0}=4,y'\Big|_{x=0}=0$ 时,有

$$\begin{cases}C_1=4\\2C_2+\frac{1}{4}=0\end{cases}$$

解得

$$C_1=4,C_2=-\frac{1}{8}$$

因此,满足初始条件的特解为

$$y=4\cos 2x-\frac{1}{8}\sin 2x+\frac{1}{4}x$$

4. 方程 $y''+4y=\sin x$ 的一条积分曲线过点(0,1),并在这一点与直线 $y=1$ 相切,求该曲线方程.

【解】 方程 $y''+4y=\sin x$ 的齐次微分方程 $y''+4y=0$ 的特征方程为

$$r^2+4=0$$

其特征根为

$$r_1=-2\mathrm{i},r_2=2\mathrm{i}$$

故齐次微分方程的通解为

$$Y=C_1\cos 2x+C_2\sin 2x$$

而 $\beta=1$,且 $\pm\mathrm{i}$ 不是特征根,因此可设方程的特解为

$$y^*=A\cos x+B\sin x$$

则

$$(y^*)'=B\cos x-A\sin x$$
$$(y^*)''=-A\cos x-B\sin x$$

代入原方程,有

$$(-A\cos x-B\sin x)+4(A\cos x+B\sin x)=\sin x$$

从而有

$$3A\cos x+3B\sin x=\sin x$$

所以

$$\begin{cases}3A=0\\3B=1\end{cases}$$

解得

$$A=0,B=\frac{1}{3}$$

故 $y^*=\frac{1}{3}\sin x$ 是方程的特解.

因此,原方程的通解为

$$y=C_1\cos 2x+C_2\sin 2x+\frac{1}{3}\sin x$$

又由题意知 $y|_{x=0}=1,y'|_{x=0}=0$,故有

$$\begin{cases}C_1=1\\2C_2+\frac{1}{3}=0\end{cases}$$

解得

$$C_1=1,C_2=-\frac{1}{6}$$

因此,曲线方程为

$$y=\cos 2x-\frac{1}{6}\sin 2x+\frac{1}{3}\sin x$$

第9章 无穷级数

9.1 基本要求

(1)理解常数项级数的概念.
(2)理解并掌握收敛级数的基本性质.
(3)掌握常数项级数的类型及其敛散性.
(4)理解绝对收敛与条件收敛.
(5)理解函数项级数的概念.
(6)掌握幂级数的概念,理解幂级数的收敛半径与收敛域.
(7)会对幂级数的收敛半径进行求解.
(8)掌握幂级数的性质.
(9)理解并掌握泰勒级数的相关知识.
(10)掌握函数展开为幂级数的方法.

9.2 内容提要

9.2.1 常数项级数的概念和性质

1. 常数项级数的概念

定义 9.1 如果给定一个数列

$$u_1, u_2, u_3, \cdots, u_n, \cdots$$

则由该数列构成的表达式

$$\sum_{n=1}^{\infty} u_n = u_1 + u_2 + u_3 + \cdots + u_n + \cdots$$

叫作(常数项)无穷级数,简称(常数项)级数.其中第 n 项 u_n 叫作级数的一般项(或通项).

定义 9.2 设级数 $\sum\limits_{n=1}^{\infty} u_n = u_1 + u_2 + u_3 + \cdots + u_n + \cdots$ 的前 n 项和为

$$s_n = u_1 + u_2 + \cdots + u_n = \sum_{i=1}^{n} u_i$$

称 s_n 为级数的部分和.

当 n 无限增大时,如果级数 $\sum_{n=1}^{\infty} u_n$ 的部分和数列 $\{s_n\}$ 有极限 s,即

$$\lim_{n\to\infty} s_n = s$$

则称无穷级数 $\sum_{n=1}^{\infty} u_n$ 收敛于 s,这时极限 s 叫作级数 $\sum_{n=1}^{\infty} u_n$ 的和,并写成

$$s = u_1 + u_2 + \cdots + u_n + \cdots$$

如果 $\{s_n\}$ 没有极限,则称无穷级数 $\sum_{n=1}^{\infty} u_n$ 发散. 即常数项级数收敛(发散)的充分必要条件是极限 $\lim\limits_{n\to\infty} s_n$ 存在(不存在).

2. 收敛级数的基本性质

性质 9.1 如果级数 $\sum_{n=1}^{\infty} u_n$ 收敛于 s,则 $\sum_{n=1}^{\infty} ku_n$ 亦收敛且其和为 ks.

性质 9.2 设两个收敛级数 $\sum_{n=1}^{\infty} u_n = s$, $\sum_{n=1}^{\infty} v_n = \sigma$,则级数 $\sum_{n=1}^{\infty} (u_n \pm v_n)$ 也收敛,其和为 $s \pm \sigma$.

性质 9.3 在级数中删除、增加或改变前面的有限项,不会改变级数的敛散性.

性质 9.4 收敛级数任意加括号后所成的级数仍然收敛于原来的和.

推论 9.1 如果加括号后所成的级数发散,则原来的级数也发散.

性质 9.5(级数收敛的必要条件) 如果级数 $\sum_{n=1}^{\infty} u_n$ 收敛,当 n 无限增大时,它的一般项 u_n 趋于 0,即 $\lim\limits_{n\to\infty} u_n = 0$.

9.2.2 常数项级数的类型及其敛散性

1. 正项级数

定义 9.3 如果级数 $\sum_{n=1}^{\infty} u_n$ 中的每一项都是非负数,即 $u_n \geqslant 0 (n=1,2,3,\cdots)$,则称此级数为正项级数.

定理 9.1 正项级数 $\sum_{n=1}^{\infty} u_n$ 收敛的充分必要条件是部分和数列 $\{S_n\}$ 有界.

2. 正项级数的审敛法

定理 9.2(比较审敛法) 设 $\sum_{n=1}^{\infty} u_n$ 和 $\sum_{n=1}^{\infty} v_n$ 均为正项级数.

(1)若 $\sum_{n=1}^{\infty} v_n$ 收敛,且 $u_n \leqslant v_n$,则 $\sum_{n=1}^{\infty} u_n$ 收敛;

(2)若 $\sum_{n=1}^{\infty} u_n$ 发散,且 $u_n \geqslant v_n$,则 $\sum_{n=1}^{\infty} v_n$ 发散.

推论 9.2 设 $\sum_{n=1}^{\infty} u_n$ 和 $\sum_{n=1}^{\infty} v_n$ 均为正项级数. 如果级数 $\sum_{n=1}^{\infty} v_n$ 收敛,且存在自然数 **N**,

使当 $n \geqslant N$ 时，有 $u_n \leqslant kv_n(k>0)$ 成立，则级数 $\sum_{n=1}^{\infty} u_n$ 收敛；如果级数 $\sum_{n=1}^{\infty} v_n$ 发散，且当 $n \geqslant N$ 时，$u_n \geqslant kv_n(k>0)$ 成立，则级数 $\sum_{n=1}^{\infty} u_n$ 发散.

定理 9.3（比较审敛法的极限形式） 设 $\sum_{n=1}^{\infty} u_n$ 与 $\sum_{n=1}^{\infty} v_n$ 都是正项级数，如果 $\lim_{n\to\infty}\frac{u_n}{v_n}=l$，则有：

(1) 当 $0<l<+\infty$ 时，$\sum_{n=1}^{\infty} u_n$ 和 $\sum_{n=1}^{\infty} v_n$ 有相同的敛散性；

(2) 当 $l=0$ 时，若 $\sum_{n=1}^{\infty} v_n$ 收敛，则 $\sum_{n=1}^{\infty} u_n$ 收敛；

(3) 当 $l=+\infty$ 时，若 $\sum_{n=1}^{\infty} v_n$ 发散，则 $\sum_{n=1}^{\infty} u_n$ 发散.

推论 9.3（极限审敛法） 设 $\sum_{n=1}^{\infty} u_n$ 为正项级数，如果 $\lim_{n\to\infty} nu_n=l>0$（或 $\lim_{n\to\infty} nu_n=+\infty$），则级数 $\sum_{n=1}^{\infty} u_n$ 发散；如果有 $p>l$，使得 $\lim_{n\to\infty} n^p u_n=l(0\leqslant l<+\infty)$，则级数 $\sum_{n=1}^{\infty} u_n$ 收敛.

定理 9.4（比值审敛法，达朗贝尔判别法） 设 $\sum_{n=1}^{\infty} u_n$ 是正项级数，如果 $\lim_{n\to\infty}\frac{u_{n+1}}{u_n}=\rho$，则有：

(1) 当 $\rho<1$ 时，级数收敛；

(2) 当 $\rho>1$（或 $\lim_{n\to\infty}\frac{u_{n+1}}{u_n}=\infty$）时，级数发散；

(3) 当 $\rho=1$ 时，不能用此判别法确定其敛散性.

比值审敛法的优点是不必找参考级数，直接从级数本身的构成，利用通项来判定其敛散性.

定理 9.5（极值审敛法，柯西判别法） 设 $\sum_{n=1}^{\infty} u_n$ 是正项级数，如果 $\lim_{n\to\infty}\sqrt[n]{u_n}=\rho$，则有：

(1) 当 $\rho<1$ 时，级数收敛；

(2) 当 $\rho>1$（或 $\lim_{n\to\infty}\sqrt[n]{u_n}=+\infty$）时，级数发散；

(3) 当 $\rho=1$ 时，不能用此判别法确定其敛散性.

3. 交错级数

数项级数 $\sum_{n=1}^{\infty}(-1)^n u_n$ 或 $\sum_{n=1}^{\infty}(-1)^{n-1} u_n(u_n\geqslant 0, n=1,2,\cdots)$ 称为交错级数. 交错级数的特点是正负项交替出现.

定理 9.6（莱布尼茨审敛法） 如果交错级数 $\sum_{n=1}^{\infty}(-1)^{n-1} u_n(u_n\geqslant 0, n=1,2,\cdots)$ 满足条件：

(1) $u_n\geqslant u_{n+1}(n=1,2,\cdots)$；

(2) $\lim_{n\to\infty} u_n=0$.

则交错级数 $\sum_{n=1}^{\infty}(-1)^{n-1}u_n$ 收敛,且其和 $S\leqslant u_1$,其余项 r_n 的绝对值 $|r_n|\leqslant u_{n+1}$.

4. 绝对收敛与条件收敛

定义 9.4 对任意项级数 $\sum_{n=1}^{\infty}u_n$,若 $\sum_{n=1}^{\infty}|u_n|$ 收敛,则称级数 $\sum_{n=1}^{\infty}u_n$ 为绝对收敛;若 $\sum_{n=1}^{\infty}|u_n|$ 发散,而 $\sum_{n=1}^{\infty}u_n$ 收敛,则称级数 $\sum_{n=1}^{\infty}u_n$ 为条件收敛.

定理 9.7 若级数 $\sum_{n=1}^{\infty}u_n$ 绝对收敛,则级数 $\sum_{n=1}^{\infty}u_n$ 必定收敛.

9.2.3 幂级数

1. 函数项级数的概念

定义 9.5 设有定义在区间 I 上的函数列 $\{u_n(x)\}$,则和式

$$\sum_{n=1}^{\infty}u_n(x)=u_1(x)+u_2(x)+\cdots+u_n(x)+\cdots \tag{9-1}$$

称为定义在区间 I 上的函数项无穷级数,简称函数项级数,$u_n(x)$ 为该级数的一般项或通项.

对于区间 I 上的任意 x_0,将 x_0 代入式(9-1),则函数项级数 $\sum_{n=1}^{\infty}u_n$ 成为一个数项级数 $\sum_{n=1}^{\infty}u_n(x_0)$. 如果该数项级数收敛,则称 x_0 为函数项级数 $\sum_{n=1}^{\infty}u_n(x)$ 的收敛点;如果该数项级数发散,则称 x_0 为函数项级数 $\sum_{n=1}^{\infty}u_n(x)$ 的发散点. 一个函数项级数收敛点(或发散点)的全体叫作该级数的收敛域(或发散域).

设函数项级数 $\sum_{n=1}^{\infty}u_n(x)$ 的收敛域为 D,则对于任意的 $x\in D$,函数项级数 $\sum_{n=1}^{\infty}u_n(x)$ 都收敛,其和显然与 x 有关,记作 $S(x)$,称为函数项级数 $\sum_{n=1}^{\infty}u_n(x)$ 的和函数,即

$$S(x)=u_1(x)+u_2(x)+\cdots+u_n(x)+\cdots \quad (x\in D)$$

2. 幂级数及其收敛性

定义 9.6 幂级数是各项都为幂函数的函数项级数. 一般把形如

$$\sum_{n=0}^{\infty}a_nx^n=a_0+a_1x+a_2x^2+\cdots+a_nx^n+\cdots \tag{9-2}$$

的函数项级数称为关于 x 的幂级数,其中 $a_0,a_1,\cdots,a_n,\cdots$ 称为幂级数(9-2)的系数. 形如

$$\sum_{n=0}^{\infty}a_n(x-x_0)^n=a_0+a_1(x-x_0)+a_2(x-x_0)^2+\cdots+a_n(x-x_0)^n+\cdots \tag{9-3}$$

的函数项级数称为关于 $x-x_0$ 的幂级数,其中 $a_0,a_1,\cdots,a_n,\cdots$ 称为幂级数(9-3)的系数.

如果做变换 $t=x-x_0$,则幂级数(9-3)就变为幂级数(9-2).

定理 9.8[阿贝尔(Abel)定理] 若幂级数 $\sum_{n=0}^{\infty}a_nx^n$ 在 $x=x_0\ (x_0\neq 0)$ 处收敛,则它在

$(-|x_0|,|x_0|)$内绝对收敛;反之,若幂级数 $\sum_{n=0}^{\infty} a_n x^n$ 在 $x=x_0$ 处发散,则它在$[-|x_0|,|x_0|]$外发散.

推论 9.4 若幂级数 $\sum_{n=0}^{\infty} a_n x^n$ 既有非零的收敛点,又有发散点,则必存在正数 R,使得:

(1)当$|x|<R$ 时,幂级数 $\sum_{n=0}^{\infty} a_n x^n$ 绝对收敛;

(2)当$|x|>R$ 时,幂级数 $\sum_{n=0}^{\infty} a_n x^n$ 发散;

(3)当$|x|=R$ 时,幂级数 $\sum_{n=0}^{\infty} a_n x^n$ 可能收敛,也可能发散.

上述推论中的正数 R 称为幂级数 $\sum_{n=0}^{\infty} a_n x^n$ 的收敛半径. 由于幂级数(9-2)在区间$(-R,R)$内一定绝对收敛,所以把$(-R,R)$称为幂级数 $\sum_{n=0}^{\infty} a_n x^n$ 的收敛区间.

定理 9.9 对于幂级数 $\sum_{n=0}^{\infty} a_n x^n$,如果有$\lim_{n\to\infty}\left|\frac{a_{n+1}}{a_n}\right|=\rho$,则它的收敛半径为

$$R=\begin{cases}+\infty, \rho=0 \\ \frac{1}{\rho}, \rho\neq 0 \\ 0, \rho=+\infty\end{cases}$$

3. 幂级数的性质

性质 9.6 如果幂级数 $\sum_{n=0}^{\infty} a_n x^n$ 和 $\sum_{n=0}^{\infty} b_n x^n$ 的收敛半径分别为 R_1 和 R_2,$R=\min\{R_1,R_2\}$,则在$(-R,R)$内,幂级数 $\sum_{n=0}^{\infty}(a_n\pm b_n)x^n$ 收敛,且有

$$\sum_{n=0}^{\infty}(a_n\pm b_n)x^n=\sum_{n=0}^{\infty} a_n x^n+\sum_{n=0}^{\infty} b_n x^n$$

性质 9.7 设幂级数 $\sum_{n=0}^{\infty} a_n x^n$ 的收敛半径为$R(R>0)$,则和函数 $s(x)$具有下列性质.

(1)$s(x)$在$(-R,R)$内连续;

(2)$s(x)$在$(-R,R)$内可导,且 $s'(x)=(\sum_{n=0}^{\infty} a_n x^n)'=\sum_{n=1}^{\infty} na_n x^{n-1}$,即幂级数在收敛区间内可以逐项求导;

(3)$s(x)$在$(-R,R)$内可积,且

$$\int_0^x s(x)\mathrm{d}x=\int_0^x(\sum_{n=0}^{\infty} a_n x^n)\mathrm{d}x=\sum_{n=0}^{\infty}(\int_0^x a_n x^n\mathrm{d}x)=\sum_{n=0}^{\infty}\frac{a_n}{n+1}x^{n+1}$$

即幂级数在收敛区间内可以逐项积分.

9.2.4 函数的幂级数展开

定理 9.10 如果函数 $f(x)$在某个邻域内具有任意阶导数,且在某个邻域内能展开成

$(x-x_0)$的幂级数,即

$$f(x)=\sum_{n=0}^{\infty}a_n(x-x_0)^n$$

则其系数为

$$a_n=\frac{1}{n!}f^{(n)}(x_0)\quad(n=0,1,2,\cdots)$$

且展开式是唯一的.

定理 9.11 如果函数 $f(x)$在点 x_0 的附近具有 $n+1$ 阶导数,则在 x 与 x_0 之间存在一点 ξ,使得

$$f(x)=f(x_0)+f'(x_0)(x-x_0)+\frac{1}{2!}f''(x_0)(x-x_0)^2+\frac{1}{3!}f'''(x_0)(x-x_0)^3+\cdots+$$
$$\frac{1}{n!}f^{(n)}(x_0)(x-x_0)^n+\frac{1}{(n+1)!}f^{(n+1)}(\xi)(x-x_0)^{n+1}$$

成立.

上式称为函数 $f(x)$在点 x_0 处的 n 阶泰勒公式,简称 n 阶泰勒公式.

上式中的前 $n+1$ 项

$$f(x_0)+f'(x_0)(x-x_0)+\frac{1}{2!}f''(x_0)(x-x_0)^2+\cdots+\frac{1}{n!}f^{(n)}(x_0)(x-x_0)^n$$

称为函数 $f(x)$在点 x_0 处的泰勒多项式,它是$(x-x_0)$的 n 次多项式.

其中,$\frac{1}{(n+1)!}f^{(n+1)}(\xi)(x-x_0)^{n+1}$称为函数 $f(x)$的泰勒余项,记作 $R_n(x)$,即

$$R_n(x)=\frac{1}{(n+1)!}f^{n+1}(\xi)(x-x_0)^{n+1}$$

其中,ξ 在 x 与 x_0 之间. 当用 n 次泰勒多项式代替 $f(x)$,其误差就是泰勒余项的绝对值,即$|R_n(x)|$.

当 $x_0=0$ 时,则有麦克劳林公式

$$f(x)=f(0)+f'(0)x+\frac{1}{2!}f''(0)x^2+\frac{1}{3!}f'''(0)x^3+\cdots+\frac{1}{n!}f^{(n)}(0)x^n+R_n(x)$$

其中,$R_n(x)=\frac{1}{(n+1)!}f^{(n+1)}(\xi)x^{n+1}$,$\xi$ 在 0 与 x 之间.

定义 9.7 如果 $f(x)$在点 x_0 的附近具有任意阶导数,则幂级数

$$\sum_{n=0}^{\infty}\frac{f^{(n)}(x_0)}{n!}(x-x_0)^n$$

称为 $f(x)$在点 x_0 处的泰勒级数. 记为

$$f(x)\sim\sum_{n=0}^{\infty}\frac{f^{(n)}(x_0)}{n!}(x-x_0)^n$$

$\sum\limits_{n=0}^{\infty}\frac{f^{(n)}(0)}{n!}x^n$ 称为 $f(x)$在点 $x_0=0$ 处的麦克劳林级数.

定理 9.12 设函数 $f(x)$在点 x_0 的附近具有各阶导数,则 $f(x)$在该邻域内能展开成泰勒级数的充分必要条件是 $f(x)$的泰勒级数公式中的余项 $R_n(x)$当 $n\to\infty$时的极限为零,即$\lim\limits_{n\to\infty}R_n(x)=0$.

当 $f(x)$ 满足定理 9.12 的条件时，$f(x)$ 的泰勒级数 $\sum_{n=0}^{\infty}\frac{f^{(n)}(x_0)}{n!}(x-x_0)^n$ 在点 x_0 处可展开成泰勒级数，记为

$$f(x)=\sum_{n=0}^{\infty}\frac{f^{(n)}(x_0)}{n!}(x-x_0)^n$$

此式称为函数 $f(x)$ 的泰勒展开式.

当 $x_0=0$ 时，$f(x)$ 为麦克劳林级数，记为

$$f(x)=\sum_{n=0}^{\infty}\frac{f^{(n)}(0)}{n!}x^n$$

此式称为函数 $f(x)$ 的麦克劳林展开式.

9.3 习题解答

习题 9.1

1. 选择题.

(1)下列命题正确的是(　　).

A. 若级数 $\sum_{n=1}^{\infty}u_n$ 收敛，$\sum_{n=1}^{\infty}v_n$ 发散，则级数 $\sum_{n=1}^{\infty}(u_n+v_n)$ 可能收敛

B. 若级数 $\sum_{n=1}^{\infty}(u_n+v_n)$ 收敛，则级数 $\sum_{n=1}^{\infty}u_n$，$\sum_{n=1}^{\infty}v_n$ 可能都发散

C. 若级数 $\sum_{n=1}^{\infty}u_n$ 发散，$\sum_{n=1}^{\infty}v_n$ 发散，则级数 $\sum_{n=1}^{\infty}(u_n+v_n)$ 必发散

D. 若级数 $\sum_{n=1}^{\infty}(u_n+v_n)$ 发散，则级数 $\sum_{n=1}^{\infty}u_n$，$\sum_{n=1}^{\infty}v_n$ 可能都发散

(2)下列命题正确的是(　　).

A. 若级数 $\sum_{n=1}^{\infty}u_n$ 发散，则 $\lim\limits_{n\to\infty}u_n\neq 0$

B. 若 $\lim\limits_{n\to\infty}u_n\neq 0$，则级数 $\sum_{n=1}^{\infty}u_n$ 发散

C. 若级数 $\sum_{n=1}^{\infty}u_n$ 发散，则 $\lim\limits_{n\to\infty}u_n=\infty$

D. 若 $\lim\limits_{n\to\infty}u_n=0$，则级数 $\sum_{n=1}^{\infty}u_n$ 收敛

【解】 (1)B　　(2)B

2. 判断下列级数的敛散性.

(1) $\sum_{n=1}^{\infty}\frac{1}{(2n-1)(2n+1)}$；　　(2) $\sum_{n=1}^{\infty}[\ln(n+1)-\ln n]$；

(3) $\sum_{n=1}^{\infty}\left(\frac{1}{2^n}+\frac{1}{5^n}\right)$;　　　　(4) $\sum_{n=1}^{\infty}\frac{2n^2+1}{n^2+n}$.

【解】 (1)$S_n=\frac{1}{1\times3}+\frac{1}{3\times5}+\cdots+\frac{1}{(2n-1)(2n+1)}$

$$=\frac{1}{2}\left(1-\frac{1}{3}+\frac{1}{3}-\frac{1}{5}+\cdots+\frac{1}{2n-1}-\frac{1}{2n+1}\right)$$

$$=\frac{1}{2}\left(1-\frac{1}{2n+1}\right).$$

因为$\lim\limits_{n\to\infty}S_n=\frac{1}{2}$,所以级数收敛.

(2)$S_n=(\ln 2-\ln 1)+(\ln 3-\ln 2)+\cdots+[\ln(n+1)-\ln n]=\ln(n+1)$.

因为$\lim\limits_{n\to\infty}S_n=\lim\limits_{n\to\infty}\ln(n+1)=\infty$,所以级数发散.

(3)因为$\sum_{n=1}^{\infty}\frac{1}{2^n}$和$\sum_{n=1}^{\infty}\frac{1}{5^n}$都收敛,所以$\sum_{n=1}^{\infty}\left(\frac{1}{2^n}+\frac{1}{5^n}\right)$收敛.

(4)令$u_n=\frac{2n^2+1}{n^2+n}$. 因为$\lim\limits_{n\to\infty}\frac{2n^2+1}{n^2+n}=2$,所以级数收敛.

3. 判断下列级数的敛散性.

(1)$1+2+\cdots+100+1+\frac{1}{2}+\frac{1}{2^2}+\cdots+\frac{1}{2^n}+\cdots$;

(2)$-\frac{2}{3}+\frac{2^2}{3^2}-\frac{2^3}{3^3}+\frac{2^4}{3^4}+\cdots$.

【解】 (1)因为$1+\frac{1}{2}+\frac{1}{2^2}+\cdots+\frac{1}{2^n}+\cdots=\sum_{n=0}^{\infty}\frac{1}{2^n}$收敛,且$1+2+\cdots+100$是有限项的和,所以级数收敛.

(2)因为$-\frac{2}{3}+\frac{2^2}{3^2}-\frac{2^3}{3^3}+\frac{2^4}{3^4}+\cdots$是公比为$q=-\frac{2}{3}$的等比级数,所以级数收敛.

习题 9.2

1. 用比较审敛法或它的极限形式判定下列极限的敛散性.

(1) $\sum_{n=1}^{\infty}\sqrt{\frac{n}{n^2+1}}$;　　　　(2) $\sum_{n=1}^{\infty}\frac{1}{2n-1}$;

(3) $\sum_{n=1}^{\infty}\frac{1}{n^{1+\frac{1}{n}}}$;　　　　(4) $\sum_{n=1}^{\infty}\frac{1}{1+2^n}$.

【解】 (1)因为$\lim\limits_{n\to\infty}\frac{\sqrt{\frac{n}{n^2+1}}}{\frac{1}{\sqrt{n}}}=\lim\limits_{n\to\infty}\sqrt{\frac{n^2}{n^2+1}}=1$且$\sum_{n=1}^{\infty}\frac{1}{\sqrt{n}}$是$p=\frac{1}{2}$的$p$-级数,发散. 所以原级数发散.

(2)因为$\lim\limits_{n\to\infty}\frac{\frac{1}{2n-1}}{\frac{1}{n}}=\lim\limits_{n\to\infty}\frac{n}{2n-1}=\frac{1}{2}$且$\sum_{n=1}^{\infty}\frac{1}{n}$发散,所以$\sum_{n=1}^{\infty}\frac{1}{2n-1}$发散.

(3)因为$\lim\limits_{n\to\infty}\dfrac{\dfrac{1}{n^{1+\frac{1}{n}}}}{\dfrac{1}{n}}=\lim\limits_{n\to\infty}\dfrac{1}{n^{\frac{1}{n}}}=1$且$\sum\limits_{n=1}^{\infty}\dfrac{1}{n}$发散,所以原级数发散.

(4)因为$\lim\limits_{n\to\infty}\dfrac{\dfrac{1}{1+2^n}}{\dfrac{1}{2^n}}=\lim\limits_{n\to\infty}\dfrac{1}{\dfrac{1}{2^n}+1}=1$且$\sum\limits_{n=1}^{\infty}\dfrac{1}{2^n}$收敛,所以原级数收敛.

2. 用比值审敛法判定下列级数的敛散性.

(1) $\sum\limits_{n=1}^{\infty}\dfrac{n}{2^n}$;　　(2) $\sum\limits_{n=1}^{\infty}\dfrac{3^n}{n^2}$;

(3) $\sum\limits_{n=1}^{\infty}n^2\sin\dfrac{\pi}{2^n}$;　　(4) $\sum\limits_{n=1}^{\infty}\dfrac{n^n}{n!}$.

【解】 (1)因为$\lim\limits_{n\to\infty}\dfrac{\dfrac{n+1}{2^{n+1}}}{\dfrac{n}{2^n}}=\lim\limits_{n\to\infty}\dfrac{n+1}{2n}=\dfrac{1}{2}<1$,所以级数收敛.

(2)因为$\lim\limits_{n\to\infty}\dfrac{\dfrac{3^{n+1}}{(n+1)^2}}{\dfrac{3^n}{n^2}}=\lim\limits_{n\to\infty}\dfrac{3n^2}{(n+1)^2}=3>1$,所以级数发散.

(3)因为

$$\lim_{n\to\infty}\frac{(n+1)^2\sin\frac{\pi}{2^{n+1}}}{n^2\sin\frac{\pi}{2^n}}=\lim_{n\to\infty}\frac{(n+1)^2}{n^2}\cdot\frac{\sin\frac{\pi}{2^{n+1}}}{\frac{\pi}{2^{n+1}}}\cdot\frac{\frac{\pi}{2^n}}{\sin\frac{\pi}{2^n}}\cdot\frac{1}{2}$$

$$=1\times1\times1\times\frac{1}{2}=\frac{1}{2}<1$$

所以级数收敛.

(4)因为

$$\lim_{n\to\infty}\frac{\frac{(n+1)^{n+1}}{(n+1)!}}{\frac{n^n}{n!}}=\lim_{n\to\infty}\frac{(n+1)^{n+1}}{(n+1)n^n}=\lim_{n\to\infty}\left(\frac{n+1}{n}\right)^n=\lim_{n\to\infty}\left(1+\frac{1}{n}\right)^n$$

$$=\mathrm{e}>1$$

所以级数发散.

3. 判定下列级数的敛散性.

(1) $\sum\limits_{n=1}^{\infty}(-1)^n\dfrac{1}{2n-1}$;　　(2) $\sum\limits_{n=1}^{\infty}(-1)^n\dfrac{2n-1}{2n+3}$.

【解】 (1)令$u_n=\dfrac{1}{2n-1}$,由于$u_n=\dfrac{1}{2n-1}>u_{n+1}=\dfrac{1}{2n+1}$且$\lim\limits_{n\to\infty}\dfrac{1}{2n-1}=0$. 由莱布尼茨定理可知,原级数收敛.

(2)因为$\lim\limits_{n\to\infty}(-1)^n\dfrac{2n-1}{2n+3}$不存在,所以原级数发散.

4. 判定下列级数的敛散性，若级数收敛，是绝对收敛还是条件收敛？

(1) $\sum_{n=1}^{\infty}(-1)^n\frac{1}{\sqrt{n}}$;　　　　(2) $\sum_{n=1}^{\infty}\frac{\cos n\alpha}{n^2}$.

【解】 (1)因为 $\sum_{n=1}^{\infty}\left|(-1)^n\frac{1}{\sqrt{n}}\right|=\sum_{n=1}^{\infty}\frac{1}{\sqrt{n}}$发散，又 $u_n=\frac{1}{\sqrt{n}}>u_{n+1}=\frac{1}{\sqrt{n+1}}$且$\lim\limits_{n\to\infty}\frac{1}{\sqrt{n}}=0$，所以，$\sum_{n=1}^{\infty}(-1)^n\frac{1}{\sqrt{n}}$收敛且是条件收敛.

(2)因为$\left|\frac{\cos n\alpha}{n^2}\right|\leqslant\frac{1}{n^2}$且级数 $\sum_{n=1}^{\infty}\frac{1}{n^2}$收敛，所以级数 $\sum_{n=1}^{\infty}\frac{\cos n\alpha}{n^2}$绝对收敛.

习题 9.3

1. 求下列幂级数的收敛半径和收敛域.

(1) $\sum_{n=1}^{\infty}\frac{x^n}{n}$;　(2) $\sum_{n=1}^{\infty}(-1)^n\frac{x^n}{n^2}$;　(3) $\sum_{n=1}^{\infty}\frac{3^nx^n}{n!}$;　(4) $\sum_{n=1}^{\infty}n!x^n$.

【解】 (1)因为 $\rho=\lim\limits_{n\to\infty}\left|\frac{\frac{1}{n+1}}{\frac{1}{n}}\right|=1$，所以收敛半径为 $R=1$.

当 $x=-1$ 时，级数 $\sum_{n=1}^{\infty}\frac{(-1)^n}{n}$收敛；当 $x=1$ 时，级数 $\sum_{n=1}^{\infty}\frac{1}{n}$发散. 故幂级数的收敛域为$[-1,1)$.

(2)因为 $\rho=\lim\limits_{n\to\infty}\left|\frac{(-1)^{n+1}\frac{1}{(n+1)^2}}{(-1)^n\frac{1}{n^2}}\right|=1$，所以收敛半径为 $R=1$.

当 $x=\pm1$ 时，级数都收敛. 故幂级数的收敛域为$[-1,1]$.

(3)因为 $\rho=\lim\limits_{n\to\infty}\left|\frac{\frac{3^{n+1}}{(n+1)!}}{\frac{3^n}{n!}}\right|=\lim\limits_{n\to\infty}\frac{3}{n+1}=0$，所以收敛半径为 $R=+\infty$，收敛域为$(-\infty,+\infty)$.

(4)因为 $\rho=\lim\limits_{n\to\infty}\left|\frac{(n+1)!}{n!}\right|=\lim\limits_{n\to\infty}(n+1)=+\infty$，所以收敛半径为 $R=0$，级数在 $x=0$ 处收敛.

2. 求下列幂级数的和函数.

(1) $\sum_{n=1}^{\infty}(n+1)x^n$;　　　　(2) $\sum_{n=1}^{\infty}\frac{x^n}{n}$.

【解】 (1)因为 $\rho=\lim\limits_{n\to\infty}\left|\frac{n+2}{n+1}\right|=1$，故级数的收敛半径 $R=1$，且 $\sum_{n=1}^{\infty}(n+1)x^n$ 在 $x=\pm1$ 时都发散，所以级数的收敛域为$(-1,1)$.

设幂级数的和函数为 $S(x)$，即

$$S(x)=\sum_{n=1}^{\infty}(n+1)x^n\quad x\in(-1,1)$$

故

$$\int_0^x S(x)\mathrm{d}x = \int_0^x \left[\sum_{n=1}^{\infty}(n+1)x^n\right]\mathrm{d}x$$
$$= \sum_{n=1}^{\infty}\int_0^x (n+1)x^n\mathrm{d}x$$
$$= \sum_{n=1}^{\infty} x^{n+1}$$
$$= \frac{1}{1-x} - 1 - x \quad x\in(-1,1)$$

即

$$\int_0^x S(x)\mathrm{d}x = \frac{1}{1-x} - 1 - x \quad x\in(-1,1)$$

两端对 x 求导,得

$$S(x) = \frac{1}{(1-x)^2} - 1 \quad x\in(-1,1)$$

即

$$\sum_{n=1}^{\infty}(n+1)x^n = \frac{1}{(1-x)^2} - 1 \quad x\in(-1,1)$$

(2)因为 $\rho = \lim\limits_{n\to\infty}\left|\dfrac{\frac{1}{n+1}}{\frac{1}{n}}\right| = 1$,故级数的收敛半径为 $R=1$,收敛域为$[-1,1)$.

设幂函数的和函数为 $S(x)$,即

$$S(x) = \sum_{n=1}^{\infty}\frac{x^n}{n} \quad x\in[-1,1)$$

对等式两边求导,得

$$S'(x) = \left(\sum_{n=1}^{\infty}\frac{x^n}{n}\right)' = \sum_{n=1}^{\infty}\left(\frac{x^n}{n}\right)' = \sum_{n=1}^{\infty}x^{n-1} = \frac{1}{1-x} \quad x\in[-1,1)$$

积分得

$$\int_0^x S'(x)\mathrm{d}x = S(x) - S(0)$$
$$= \int_0^x \frac{1}{1-x}\mathrm{d}x$$
$$= -\ln(1-x)\Big|_0^x$$
$$= -\ln(1-x) \quad x\in[-1,1)$$

显然 $S(0)=0$,所以 $S(x) = -\ln(1-x)$.

习题 9.4

1. 将下列函数展开成 x 的幂级数,并求其收敛区间.

(1) $f(x)=\sin^2 x$;　　(2) $f(x)=a^x$.

【解】 (1)因为 $f(x)=\sin^2 x = \frac{1}{2}(1-\cos 2x)$,又因为

$$\cos 2x = 1 - \frac{1}{2!}x^2 + \frac{1}{4!}x^4 - \cdots + (-1)^n\frac{x^{2n}}{(2n)!} + \cdots \quad x\in(-\infty,+\infty)$$

故有

$$\cos 2x=1-\frac{2^2}{2!}x^2+\frac{2^4}{4!}x^4-\cdots+(-1)^n\frac{2^{2n}x^{2n}}{(2n)!}+\cdots \quad x\in(-\infty,+\infty)$$

所以

$$\begin{aligned}f(x)&=\frac{1}{2}(1-\cos 2x)\\&=\frac{1}{2}-\frac{1}{2}\left[1-\frac{2^2}{2!}x^2+\frac{2^4}{4!}x^4-\cdots+(-1)^n\frac{2^{2n}x^{2n}}{(2n)!}+\cdots\right]\\&=\frac{2}{2!}x^2-\frac{2^3}{4!}x^4-\cdots+(-1)^{n+1}\frac{2^{2n-1}x^{2n}}{(2n)!}+\cdots \quad x\in(-\infty,+\infty)\end{aligned}$$

(2)因为

$$f'(x)=a^x\ln a,f''(x)=a^x(\ln a)^2,\cdots,f^{(n)}(x)=a^x(\ln a)^n$$

将 $x=0$ 代入各阶导数,有

$$f(0)=1,f'(0)=\ln a,f''(0)=(\ln a)^2,\cdots,f^{(n)}(0)=(\ln a)^n,\cdots$$

代入麦克劳林公式,有

$$1+\ln a\cdot x+\frac{(\ln a)^2}{2!}x^2+\cdots+\frac{(\ln a)^n}{n!}x^n+\cdots$$

此幂级数的收敛域为$(-\infty,+\infty)$. 又

$$R_n(x)=\frac{a^{\theta x}(\ln a)^{n+1}}{(n+1)!}x^{n+1} \quad (0<\theta<1)$$

显然

$$\lim_{n\to\infty}R_n(x)=0$$

故有

$$a^x=1+\ln a\cdot x+\frac{(\ln a)^2}{2!}x^2+\cdots+\frac{(\ln a)^n}{n!}x^n+\cdots \quad x\in(-\infty,+\infty)$$

2. 将函数 $f(x)=\dfrac{1}{2-x}$展开成$(x-1)$的幂级数.

【解】 令 $t=x-1$,则 $x=t+1$,故有 $f(x)=\dfrac{1}{1-t}$. 又因为

$$\frac{1}{1-t}=1+t+t^2+\cdots+t^n+\cdots \quad t\in(-1,1)$$

所以

$$\begin{aligned}f(x)&=\frac{1}{2-x}\\&=1+(x-1)+(x-1)^2+\cdots+(x-1)^n+\cdots \quad x\in(0,2)\end{aligned}$$

3. 将函数 $f(x)=\dfrac{1}{x^2+3x+2}$展开成$(x+3)$的幂级数.

【解】 令 $t=x+3$,则 $x=t-3$,故有 $f(x)=\dfrac{1}{1-t}-\dfrac{1}{2-t}$. 因为

$$\frac{1}{1-t}=1+t+t^2+\cdots+t^n+\cdots \quad (-1<t<1)$$

$$\frac{1}{2-t}=\frac{1}{2}\cdot\frac{1}{1-\frac{t}{2}}=\frac{1}{2}\left[1+\frac{t}{2}+\left(\frac{t}{2}\right)^2+\cdots+\left(\frac{t}{2}\right)^n+\cdots\right] \quad (-2<t<2)$$

所以

$$
\begin{aligned}
f(x)&=\frac{1}{1-t}-\frac{1}{2-t}\\
&=(1+t+t^2+\cdots+t^n+\cdots)-\frac{1}{2}\left[1+\frac{t}{2}+\left(\frac{t}{2}\right)^2+\cdots+\left(\frac{t}{2}\right)^n+\cdots\right]\\
&=\frac{1}{2}+\frac{2^2-1}{2^2}t+\frac{2^3-1}{2^3}t^2+\cdots+\frac{2^{n+1}-1}{2^{n+1}}t^n+\cdots\quad(-1<t<1)\\
&=\frac{1}{2}+\frac{2^2-1}{2^2}(x+3)+\frac{2^3-1}{2^3}(x+3)^2+\cdots+\frac{2^{n+1}-1}{2^{n+1}}(x+3)^n+\cdots\quad(-4<x<-2)
\end{aligned}
$$

复习题九

1. 选择题.

(1)设级数 $\sum\limits_{n=1}^{\infty}(u_{2n-1}+u_{2n})$ 是收敛的,则(　　).

A. $\lim\limits_{n\to\infty}u_n=0$　　B. 级数 $\sum\limits_{n=1}^{\infty}u_n$ 必收敛

C. 级数 $\sum\limits_{n=1}^{\infty}u_n$ 发散　　D. 级数 $\sum\limits_{n=1}^{\infty}u_n$ 未必发散

(2) $\lim\limits_{n\to\infty}u_n\neq0$ 是级数 $\sum\limits_{n=1}^{\infty}u_n$ 发散的(　　).

A. 充分条件　　B. 必要条件

C. 充要条件　　D. 既非充分也非必要条件

(3)级数 $\sum\limits_{n=1}^{\infty}(-1)^n\frac{n+a}{n^2}$(　　).

A. 收敛　　B. 发散

C. 绝对收敛　　D. 收敛性与 a 的值有关

(4)幂级数 $\sum\limits_{n=1}^{\infty}\frac{x^n}{n+1}$ 的收敛域为(　　).

A. $(-1,1]$　　B. $(-1,1)$

C. $[-1,1)$　　D. $[-1,1]$

【解】 (1)D　(2)A　(3)A　(4)C

2. 填空题.

(1)对级数 $\sum\limits_{n=1}^{\infty}u_n$,$\lim\limits_{n\to\infty}u_n=0$ 是它收敛的________条件,不是它收敛的________条件.

(2)部分和数列 $\{S_n\}$ 有界是正项级数 $\sum\limits_{n=1}^{\infty}u_n$ 收敛的________条件.

(3)若级数 $\sum\limits_{n=1}^{\infty}u_n$ 绝对收敛,则级数 $\sum\limits_{n=1}^{\infty}|u_n|$ 必定________;若级数 $\sum\limits_{n=1}^{\infty}u_n$ 条件收敛,则级数 $\sum\limits_{n=1}^{\infty}|u_n|$ 必定____________.

【解】 (1)必要,充分;(2)充分必要;(3)收敛,发散.

3. 判定下列级数的收敛性.

(1) $\sum\limits_{n=1}^{\infty}(\sqrt{n+2}-2\sqrt{n+1}+\sqrt{n})$；　　(2) $\sum\limits_{n=1}^{\infty}(\sqrt{n+1}-\sqrt{n})$；

(3) $\sum\limits_{n=1}^{\infty}\frac{\sin^2 3n}{2^n}$；　　(4) $\sum\limits_{n=1}^{\infty}\frac{n+1}{n(n+2)}$.

【解】 (1)令 $u_n=\sqrt{n+2}-2\sqrt{n+1}+\sqrt{n}$,则

$$\begin{aligned}u_n&=(\sqrt{n+2}-\sqrt{n+1})-(\sqrt{n+1}-\sqrt{n})\\&=\frac{1}{\sqrt{n+2}+\sqrt{n+1}}-\frac{1}{\sqrt{n+1}+\sqrt{n}}\\&=\frac{\sqrt{n}-\sqrt{n+2}}{(\sqrt{n+2}+\sqrt{n+1})(\sqrt{n+1}+\sqrt{n})}\\&=-2\cdot\frac{1}{(\sqrt{n+2}+\sqrt{n+1})(\sqrt{n+1}+\sqrt{n})(\sqrt{n+2}+\sqrt{n})}\end{aligned}$$

因为

$$\begin{aligned}&\lim_{n\to\infty}\frac{\frac{1}{(\sqrt{n+2}+\sqrt{n+1})(\sqrt{n+1}+\sqrt{n})(\sqrt{n+2}+\sqrt{n})}}{\frac{1}{(\sqrt{n})^3}}\\&=\lim_{n\to\infty}\frac{(\sqrt{n})^3}{(\sqrt{n+2}+\sqrt{n+1})(\sqrt{n+1}+\sqrt{n})(\sqrt{n+2}+\sqrt{n})}\\&=\lim_{n\to\infty}\frac{1}{\left(\sqrt{1+\frac{2}{n}}+\sqrt{1+\frac{1}{n}}\right)\left(\sqrt{1+\frac{1}{n}}+1\right)\left(\sqrt{1+\frac{2}{n}}+1\right)}\\&=\frac{1}{2\times2\times2}=\frac{1}{8}\end{aligned}$$

且 $\sum\limits_{n=1}^{\infty}\frac{1}{(\sqrt{n})^3}=\sum\limits_{n=1}^{\infty}\frac{1}{n^{\frac{3}{2}}}$收敛. 所以,级数

$$\sum_{n=1}^{\infty}\frac{1}{(\sqrt{n+2}+\sqrt{n+1})(\sqrt{n+1}+\sqrt{n})(\sqrt{n+2}+\sqrt{n})}$$

收敛. 即级数

$$\sum_{n=1}^{\infty}(-2)\cdot\frac{1}{(\sqrt{n+2}+\sqrt{n+1})(\sqrt{n+1}+\sqrt{n})(\sqrt{n+2}+\sqrt{n})}$$

收敛,故原级数收敛.

(2)令 $u_n=\sqrt{n+1}-\sqrt{n}$,则 $u_n=\frac{1}{\sqrt{n+1}+\sqrt{n}}$. 因为

$$\lim_{n\to\infty}\frac{\frac{1}{\sqrt{n+1}+\sqrt{n}}}{\frac{1}{\sqrt{n}}}=\lim_{n\to\infty}\frac{\sqrt{n}}{\sqrt{n+1}+\sqrt{n}}=\lim_{n\to\infty}\frac{1}{\sqrt{1+\frac{1}{n}}+1}=\frac{1}{2}$$

且 $\sum\limits_{n=1}^{\infty}\frac{1}{\sqrt{n}}$发散,故原级数发散.

(3)因为$\left|\dfrac{\sin^2 3n}{2^n}\right|\leqslant\dfrac{1}{2^n}$,且$\sum\limits_{n=1}^{\infty}\dfrac{1}{2^n}$收敛,故原级数绝对收敛,即必收敛.

(4)因为$\lim\limits_{n\to\infty}\dfrac{\dfrac{n+1}{n(n+2)}}{\dfrac{1}{n}}=\lim\limits_{n\to\infty}\dfrac{n+1}{n+2}=1$且$\sum\limits_{n=1}^{\infty}\dfrac{1}{n}$发散,故原级数发散.

4. 讨论下列级数的绝对收敛与条件收敛.

(1)$1-\dfrac{1}{\sqrt{2}}+\dfrac{1}{\sqrt{3}}-\dfrac{1}{\sqrt{4}}+\cdots$;　　(2)$-\dfrac{1}{3^2}+\dfrac{1}{5^2}-\dfrac{1}{7^2}+\cdots$.

【解】 (1)因为级数$\left|\sum\limits_{n=1}^{\infty}(-1)^n\dfrac{1}{\sqrt{n}}\right|=\sum\limits_{n=1}^{\infty}\dfrac{1}{\sqrt{n}}$发散,但$u_n=\dfrac{1}{\sqrt{n}}>\dfrac{1}{\sqrt{n+1}}=u_{n+1}$,且$\lim\limits_{n\to\infty}\dfrac{1}{\sqrt{n}}=0$,故原级数收敛且是条件收敛.

(2)因为级数$\left|\sum\limits_{n=1}^{\infty}(-1)^n\dfrac{1}{(2n+1)^2}\right|=\sum\limits_{n=1}^{\infty}\dfrac{1}{(2n+1)^2}$收敛,故原级数绝对收敛.

5. 求下列幂级数的收敛性.

(1)$x^2+x^4-x^8+\cdots+x^{2^n}+\cdots$;　　(2)$\sum\limits_{n=1}^{\infty}\dfrac{2^n+3^n}{n}x^n$;

(3)$\sum\limits_{n=1}^{\infty}\dfrac{\ln(1+n)}{n+1}x^n$;　　(4)$\sum\limits_{n=1}^{\infty}n(x+1)^n$.

【解】 (1)考察正项级数$\sum\limits_{n=1}^{\infty}|x^{2^n}|$的敛散性. 因为$\lim\limits_{n\to\infty}\left|\dfrac{x^{2^{n+1}}}{x^{2^n}}\right|=\lim\limits_{n\to\infty}|x^{2^n}|=\lim\limits_{n\to\infty}|x|^{2^n}<1$,此时$-1<x<1$,当$x=\pm1$时,级数发散,故级数的收敛域为$(-1,1)$.

(2)因为

$$\rho=\lim_{n\to\infty}\left|\frac{\dfrac{2^{n+1}+3^{n+1}}{n+1}}{\dfrac{2^n+3^n}{n}}\right|=\lim_{n\to\infty}\left|\frac{n}{n+1}\cdot\frac{2^{n+1}+3^{n+1}}{2^n+3^n}\right|=\lim_{n\to\infty}\left[\frac{1}{1+\dfrac{1}{n}}\cdot\frac{2\cdot\left(\dfrac{2}{3}\right)^n+3}{\left(\dfrac{2}{3}\right)^n+1}\right]=3$$

所以级数的收敛半径为$R=\dfrac{1}{3}$.

当$x=\dfrac{1}{3}$时,级数$\sum\limits_{n=1}^{\infty}\dfrac{2^n+3^n}{n}\cdot\left(\dfrac{1}{3}\right)^n=\sum\limits_{n=1}^{\infty}\dfrac{\left(\dfrac{2}{3}\right)^n}{n}+\sum\limits_{n=1}^{\infty}\dfrac{1}{n}$发散.

当$x=-\dfrac{1}{3}$时,级数$\sum\limits_{n=1}^{\infty}\dfrac{2^n+3^n}{n}\cdot\left(-\dfrac{1}{3}\right)^n=\sum\limits_{n=1}^{\infty}(-1)^n\cdot\dfrac{\left(\dfrac{2}{3}\right)^n}{n}+\sum\limits_{n=1}^{\infty}(-1)^n\cdot\dfrac{1}{n}$收敛.

故级数的收敛域为$\left[-\dfrac{1}{3},\dfrac{1}{3}\right)$.

(3)因为$\rho=\lim\limits_{n\to\infty}\left|\dfrac{\dfrac{\ln(2+n)}{n+2}}{\dfrac{\ln(1+n)}{n+1}}\right|=\lim\limits_{n\to\infty}\left|\dfrac{\ln(2+n)}{\ln(1+n)}\cdot\dfrac{n+1}{n+2}\right|=1$,故级数的收敛半径为$R=1$.

当 $x=-1$ 时,级数 $\sum\limits_{n=1}^{\infty}(-1)^n\dfrac{\ln(1+n)}{n+1}$ 收敛;当 $x=1$ 时,级数 $\sum\limits_{n=1}^{\infty}\dfrac{\ln(1+n)}{n+1}$ 发散.因此,级数的收敛域为$[-1,1)$.

(4)令 $t=x+1$,考察级数 $\sum\limits_{n=1}^{\infty}nt^n$ 的收敛域.因为 $\rho=\lim\limits_{n\to\infty}\left|\dfrac{n+1}{n}\right|=1$,故级数 $\sum\limits_{n=1}^{\infty}nt^n$ 的收敛半径为 $R=1$,且当 $t=\pm1$ 时都发散.故级数 $\sum\limits_{n=1}^{\infty}nt^n$ 的收敛域为$(-1,1)$.则原级数收敛区间满足 $\begin{cases}-1<x+1<1\\-2<x<0\end{cases}$.因此级数的收敛域为$(-2,0)$.

6.求下列幂级数的和函数.

(1) $\sum\limits_{n=1}^{\infty}\dfrac{n(n+1)}{2}x^{n-1}$; (2) $\sum\limits_{n=1}^{\infty}\dfrac{x^n}{n(n+1)}$; (3) $\sum\limits_{n=1}^{\infty}n(x-1)^n$.

【解】 (1)因为 $\rho=\lim\limits_{n\to\infty}\left|\dfrac{\frac{(n+1)(n+2)}{2}}{\frac{n(n+1)}{2}}\right|=1$,所以级数的收敛半径为 $R=1$.当 $x=\pm1$ 时,级数发散,因此级数的收敛域为$(-1,1)$.

令 $S(x)=\sum\limits_{n=1}^{\infty}\dfrac{n(n+1)}{2}x^{n-1}$,$x\in(-1,1)$.等式左右两边积分,得

$$\begin{aligned}A(x)&=\int_0^x S(x)\mathrm{d}x=\sum_{n=1}^{\infty}\int_0^x\frac{n(n+1)}{2}x^{n-1}\mathrm{d}x\\&=\frac{1}{2}\sum_{n=1}^{\infty}n(n+1)\frac{1}{n}x^n=\frac{1}{2}\sum_{n=1}^{\infty}(n+1)x^n\quad(-1<x<1)\end{aligned}$$

上式左右两边积分,得

$$\begin{aligned}\int_0^x A(x)\mathrm{d}x&=\frac{1}{2}\sum_{n=1}^{\infty}\int_0^x(n+1)x^n\mathrm{d}x=\frac{1}{2}\sum_{n=1}^{\infty}x^{n+1}\\&=\frac{1}{2}(x^2+x^3+\cdots+x^n+\cdots)\\&=\frac{1}{2}\left(\frac{1}{1-x}-1-x\right)\quad(-1<x<1)\end{aligned}$$

上式左右两边对 x 求导,得

$$A(x)=\frac{1}{2}\left[\frac{1}{(1-x)^2}-1\right]\quad(-1<x<1)$$

上式左右两端对 x 求导,得

$$S(x)=A'(x)=\frac{1}{2}\cdot(-2)\cdot\frac{1}{(1-x)^3}\cdot(-1)=\frac{1}{(1-x)^3}\quad(-1<x<1)$$

(2)因为 $\rho=\lim\limits_{n\to\infty}\left|\dfrac{\frac{1}{(n+1)(n+2)}}{\frac{1}{n(n+1)}}\right|=1$,故级数的收敛半径为 $R=1$.当 $x=\pm1$ 时,级数收敛,因此级数的收敛域为$[-1,1]$.

令 $S(x)=\sum\limits_{n=1}^{\infty}\dfrac{x^n}{n(n+1)}$,$x\in[-1,1]$,则有

$$S(x)=\sum_{n=1}^{\infty}\frac{x^n}{n(n+1)}=\sum_{n=1}^{\infty}\left(\frac{1}{n}-\frac{1}{n+1}\right)x^n=\sum_{n=1}^{\infty}\frac{1}{n}x^n-\sum_{n=1}^{\infty}\frac{1}{n+1}x^n$$

令 $S_1(x)=\sum_{n=1}^{\infty}\frac{1}{n}x^n$，$S_2(x)=\sum_{n=1}^{\infty}\frac{1}{n+1}x^n$. 显然 $S_1(x)=-\ln(1-x)$.

又因为

$$xS_2(x)=\sum_{n=1}^{\infty}\frac{1}{n+1}x^{n+1}=-\ln(1-x)-x$$

故

$$S_2(x)=-1-\frac{1}{x}\ln(1-x)\quad (x\neq 0)$$

所以，当 $x\neq 0$ 时，有

$$\begin{aligned}S(x)&=S_1(x)-S_2(x)\\&=-\ln(1-x)+1+\frac{1}{x}\ln(1-x)\\&=1+\left(\frac{1}{x}-1\right)\ln(1-x)\end{aligned}$$

当 $x=0$ 时，有

$$S(x)=0$$

即

$$S(x)=\begin{cases}1+\left(\frac{1}{x}-1\right)\ln(1-x), x\in[-1,0)\cup(0,1]\\0, x=0\end{cases}$$

(3)令 $t=x-1$，则幂级数 $\sum_{n=1}^{\infty}n(x-1)^n=\sum_{n=1}^{\infty}nt^n$. 容易求出 $\sum_{n=1}^{\infty}nt^n$ 的收敛域为 $(-1,1)$，即有

$$-1<x-1<1$$

即

$$0<x<2$$

故原幂级数的收敛域为 $(0,2)$.

对级数 $\sum_{n=1}^{\infty}nt^n$ 而言，当 $t\in(-1,1)$ 时，令 $S(t)=\sum_{n=1}^{\infty}nt^n$，有

$$\frac{1}{t}S(t)=\sum_{n=1}^{\infty}nt^{n-1}$$

等式两边求积分，有

$$\begin{aligned}\int_0^t\frac{1}{t}S(t)\mathrm{d}t&=\sum_{n=1}^{\infty}\int_0^t nt^{n-1}\mathrm{d}t\\&=\sum_{n=1}^{\infty}t^n=\frac{1}{1-t}-1\end{aligned}$$

即

$$\int_0^t\frac{1}{t}S(t)\mathrm{d}t=\frac{1}{1-t}-1\quad t\in(-1,1)$$

等式两边同时对 t 求导，得

$$\frac{1}{t}S(t)=\frac{1}{(1-t)^2}$$

即

$$S(t)=\frac{t}{(1-t)^2}$$

故

$$\sum_{n=1}^{\infty} n(x-1)^n=\frac{t}{[1-(x-1)]^2}$$
$$=\frac{x-1}{(2-x)^2}\quad x\in(0,2)$$

7. 将下列函数展开成幂级数并求收敛区间.

(1) $\sin\frac{x}{2}$；　　(2) $\ln(a+x)$.

【解】 (1)因为

$$\sin x=x-\frac{x^3}{3!}+\frac{x^5}{5!}+\cdots+(-1)^{n-1}\frac{x^{2n-1}}{(2n-1)!}+\cdots\quad x\in(-\infty,+\infty)$$

所以

$$\sin\frac{x}{2}=\frac{x}{2}-\frac{\left(\frac{x}{2}\right)^3}{3!}+\frac{\left(\frac{x}{2}\right)^5}{5!}+\cdots+(-1)^{n-1}\frac{\left(\frac{x}{2}\right)^{2n-1}}{(2n-1)!}+\cdots$$
$$=\frac{x}{2}-\frac{x^3}{3!\cdot 2^3}+\frac{x^5}{5!\cdot 2^5}+\cdots+(-1)^{n-1}\frac{x^{2n-1}}{(2n-1)!\cdot 2^{2n-1}}+\cdots\quad x\in(-\infty,+\infty)$$

(2)当 $a>0$ 时，$\ln(a+x)=\ln a+\sum_{n=0}^{\infty}\frac{(-1)^n x^{n+1}}{(n+1)a^{n+1}}(-a<x\leqslant a)$.

8. 试由 $\frac{1}{\sqrt{1-x^2}}$ 的展开式，通过逐项积分求出 arcsin x 的展开式.

$$\arcsin x=x+\frac{1}{2}\cdot\frac{x^3}{3}+\frac{1\times 3}{2\times 4}\cdot\frac{x^5}{5}+\frac{1\times 3\times 5}{2\times 4\times 6}\cdot\frac{x^7}{7}+\cdots\quad(|x|<1)$$

【解】 由于

$$(1+x)^{\alpha}=1+\alpha x+\frac{\alpha(\alpha-1)}{2!}x^2+\cdots+\frac{\alpha(\alpha-1)\cdots(\alpha-n+1)}{n!}x^n+\cdots\quad(x\in\mathbf{R})$$

用 $-x^2$ 代替 x，用 $-\frac{1}{2}$ 代替 α，则有

$$[1+(-x^2)]^{-\frac{1}{2}}$$
$$=1+\left(-\frac{1}{2}\right)(-x^2)+\frac{\left(-\frac{1}{2}\right)\left(-\frac{1}{2}-1\right)}{2!}(-x^2)^2+\cdots+$$
$$\frac{\left(-\frac{1}{2}\right)\left(-\frac{1}{2}-1\right)\cdots\left(-\frac{1}{2}-n+1\right)}{n!}(-x^2)^n+\cdots$$
$$=1+\frac{1}{2}x^2+\frac{\frac{1}{2}\left(\frac{1}{2}+1\right)}{2!}x^4+\cdots+\frac{\frac{1}{2}\left(\frac{1}{2}+1\right)\cdots\left(\frac{1}{2}+n-1\right)}{n!}x^{2n}+\cdots$$
$$=1+\frac{1}{2}x^2+\frac{1}{2}\cdot\frac{3}{4}x^4+\frac{1}{2}\cdot\frac{3}{4}\cdot\frac{5}{6}x^6+\cdots\quad x\in(-1,1)$$

所以

$$\begin{aligned}\arcsin x &= \int_0^x \frac{1}{\sqrt{1-x^2}}\mathrm{d}x \\ &= \int_0^x \left(1+\frac{1}{2}x^2+\frac{1}{2}\cdot\frac{3}{4}x^4+\frac{1}{2}\cdot\frac{3}{4}\cdot\frac{5}{6}x^6+\cdots\right)\mathrm{d}x \\ &= x+\frac{1}{2}\cdot\frac{1}{3}x^3+\frac{1}{2}\cdot\frac{3}{4}\cdot\frac{1}{5}x^5+\frac{1}{2}\cdot\frac{3}{4}\cdot\frac{5}{6}\cdot\frac{1}{7}x^7+\cdots \quad (|x|<1)\end{aligned}$$

第 10 章　线 性 代 数

10.1　基 本 要 求

(1)掌握二阶、三阶和 n 阶行列式的求法.
(2)理解行列式的性质,掌握行列式的计算方法.
(3)理解并掌握克莱姆法则.
(4)了解矩阵的基本概念,会对矩阵进行相关运算.
(5)能够对矩阵进行初等行变换,会求矩阵的秩.
(6)掌握线性方程组的解法.

10.2　内 容 提 要

10.2.1　行列式

1. 二阶和三阶行列式

在求解二元线性方程组

$$\begin{cases} a_{11}x_1+a_{12}x_2=b_1 \\ a_{21}x_1+a_{22}x_2=b_2 \end{cases} \tag{10-1}$$

时,将 x_1 和 x_2 的四个系数组成的算式 $a_{11}a_{22}-a_{12}a_{21}$ 简记成

$$\begin{vmatrix} a_{11} & a_{12} \\ a_{21} & a_{22} \end{vmatrix}$$

即有

$$\begin{vmatrix} a_{11} & a_{12} \\ a_{21} & a_{22} \end{vmatrix}=a_{11}a_{22}-a_{12}a_{21} \tag{10-2}$$

$\begin{vmatrix} a_{11} & a_{12} \\ a_{21} & a_{22} \end{vmatrix}$ 称为二阶行列式,其中的数 a_{ij} $(i=1,2;j=1,2)$ 称为该行列式的元素,每个横排称为行列式的行,每个竖排称为行列式的列. 此时,a_{ij} 的第一个下标 i 表示它位于自上而下的第 i 行,第二个下标 j 表示它位于从左到右的第 j 列,即 a_{ij} 是位于行列式第 i 行和第 j

列相交处的一个元素. $a_{11}a_{22}-a_{12}a_{21}$ 称为二阶行列式的展开式,可由对角线法则求得.

对于线性方程组(10-1),若分别记

$$D=\begin{vmatrix} a_{11} & a_{12} \\ a_{21} & a_{22} \end{vmatrix}=a_{11}a_{22}-a_{12}a_{21} \tag{10-3}$$

$$D_1=\begin{vmatrix} b_1 & a_{12} \\ b_2 & a_{22} \end{vmatrix}=b_1a_{22}-b_2a_{12}$$

$$D_2=\begin{vmatrix} a_{11} & b_1 \\ a_{21} & b_2 \end{vmatrix}=b_2a_{11}-b_1a_{21}$$

其中,式(10-3)中等号右边的式子称为二阶行列式 D 的展开式,则当 $D\neq 0$ 时,易验证线性方程组(10-1)的解为

$$\begin{cases} x_1=\dfrac{D_1}{D}=\dfrac{a_{22}b_1-a_{12}b_2}{a_{11}a_{22}-a_{12}a_{21}} \\ x_2=\dfrac{D_2}{D}=\dfrac{a_{11}b_2-a_{21}b_1}{a_{11}a_{22}-a_{12}a_{21}} \end{cases} \tag{10-4}$$

由此可见,二阶行列式就是根据二元一次方程组中未知量 x_1,x_2 的系数和常数项这些元素之间的一种规定所得到的一个数值.

类似地,对于三元一次方程组

$$\begin{cases} a_{11}x_1+a_{12}x_2+a_{13}x_3=b_1 \\ a_{21}x_1+a_{22}x_2+a_{23}x_3=b_2 \\ a_{31}x_1+a_{32}x_2+a_{33}x_3=b_3 \end{cases} \tag{10-5}$$

为了简单地表达它的解,引入三阶行列式的概念,规定三阶行列式的展开式为

$$\begin{aligned} D=&\begin{vmatrix} a_{11} & a_{12} & a_{13} \\ a_{21} & a_{22} & a_{23} \\ a_{31} & a_{32} & a_{33} \end{vmatrix} \\ =&(-1)^{1+1}a_{11}\begin{vmatrix} a_{22} & a_{23} \\ a_{32} & a_{33} \end{vmatrix}+(-1)^{1+2}a_{12}\begin{vmatrix} a_{21} & a_{23} \\ a_{31} & a_{33} \end{vmatrix}+ \\ &(-1)^{1+3}a_{13}\begin{vmatrix} a_{21} & a_{22} \\ a_{31} & a_{32} \end{vmatrix} \\ =&a_{11}(a_{22}a_{33}-a_{23}a_{32})-a_{12}(a_{21}a_{33}-a_{23}a_{31})+a_{13}(a_{21}a_{32}-a_{22}a_{31}) \\ =&a_{11}a_{22}a_{33}+a_{12}a_{23}a_{31}+a_{13}a_{21}a_{32}-a_{13}a_{22}a_{31}-a_{11}a_{23}a_{32}-a_{12}a_{21}a_{33} \end{aligned}$$

三阶行列式也是一个数值,它可以通过转化为二阶行列式的计算而得到.

三阶行列式可以用来解三元一次方程组,若分别记三阶行列式

$$D=\begin{vmatrix} a_{11} & a_{12} & a_{13} \\ a_{21} & a_{22} & a_{23} \\ a_{31} & a_{32} & a_{33} \end{vmatrix},D_1=\begin{vmatrix} b_1 & a_{12} & a_{13} \\ b_2 & a_{22} & a_{23} \\ b_3 & a_{32} & a_{33} \end{vmatrix},$$

$$D_2=\begin{vmatrix} a_{11} & b_1 & a_{13} \\ a_{21} & b_2 & a_{23} \\ a_{31} & b_3 & a_{33} \end{vmatrix},D_3=\begin{vmatrix} a_{11} & a_{12} & b_1 \\ a_{21} & a_{22} & b_2 \\ a_{31} & a_{32} & b_3 \end{vmatrix}$$

如果方程组(10-4)中的系数行列式 $D\neq 0$,那么方程组有唯一解,其解可以简洁地表示为

$$x_1=\frac{D_1}{D},x_2=\frac{D_2}{D},x_3=\frac{D_3}{D}$$

2. n 阶行列式

定义 10.1 将 n^2 个数排列成 n 行 n 列，并在左、右两边各加一竖线的算式，即

$$D_n=\begin{vmatrix} a_{11} & a_{12} & \cdots & a_{1n} \\ a_{21} & a_{22} & \cdots & a_{2n} \\ \vdots & \vdots & & \vdots \\ a_{n1} & a_{n2} & \cdots & a_{nn} \end{vmatrix}$$

称为 n 阶行列式，它代表一个由确定的运算关系所得到的数.

当 $n=2$ 时

$$D_2=\begin{vmatrix} a_{11} & a_{12} \\ a_{21} & a_{22} \end{vmatrix}=a_{11}a_{22}-a_{12}a_{21}$$

当 $n>2$ 时

$$D_n=a_{i1}A_{i1}+a_{i2}A_{i2}+\cdots+a_{in}A_{in}=\sum_{j=1}^{n}a_{ij}A_{ij}$$

其中，数 a_{ij} 称为第 i 行第 j 列的元素；$A_{ij}=(-1)^{i+j}M_{ij}$ 称为 a_{ij} 的代数余子式，M_{ij} 为由 D_n 划去第 i 行和第 j 列后余下的元素构成的 $n-1$ 阶行列式，即

$$M_{ij}=\begin{vmatrix} a_{11} & \cdots & a_{1,j-1} & a_{1,j+1} & \cdots & a_{1n} \\ \vdots & & \vdots & \vdots & & \vdots \\ a_{i-1,1} & \cdots & a_{i-1,j-1} & a_{i-1,j+1} & \cdots & a_{i-1,n} \\ a_{i+1,1} & \cdots & a_{i+1,j-1} & a_{i+1,j+1} & \cdots & a_{i+1,n} \\ \vdots & & \vdots & \vdots & & \vdots \\ a_{n1} & \cdots & a_{n,j-1} & a_{n,j+1} & \cdots & a_{nn} \end{vmatrix}$$

M_{ij} 称为 a_{ij} 的余子式.

3. 行列式的性质

定义 10.2 将行列式 D 的行与列互换后得到的行列式称为 D 的转置行列式，记作 D^{T}. 即如果

$$D=\begin{vmatrix} a_{11} & a_{12} & \cdots & a_{1n} \\ a_{21} & a_{22} & \cdots & a_{2n} \\ \vdots & \vdots & & \vdots \\ a_{n1} & a_{n2} & \cdots & a_{nn} \end{vmatrix}$$

则

$$D^{\mathrm{T}}=\begin{vmatrix} a_{11} & a_{21} & \cdots & a_{n1} \\ a_{12} & a_{22} & \cdots & a_{n2} \\ \vdots & \vdots & & \vdots \\ a_{1n} & a_{2n} & \cdots & a_{nn} \end{vmatrix}$$

性质 10.1 行列式与它的转置行列式相等.

性质 10.2 互换行列式的任意两行(或列)，则行列式变号.

推论 10.1 若行列式两行(或列)的元素对应相等,则行列式的值为零.

性质 10.3 行列式某行(或列)元素都乘以数 k 等于用 k 乘以行列式.

推论 10.2 行列式某一行(或列)中所有元素的公因子可以提到行列式符号的外面.

推论 10.3 若行列式的某两行(或列)元素对应成比例,则行列式的值为零.

性质 10.4 如果行列式中某一行(或列)的所有元素都是两数之和,则这个行列式等于两个行列式的和,而且这两个行列式除了这一行(或列)外,其余的元素与原来行列式的对应元素相同,即

$$\begin{vmatrix} a_{11} & a_{12} & \cdots & a_{1n} \\ \vdots & \vdots & & \vdots \\ b_{k1}+c_{k1} & b_{k2}+c_{k2} & \cdots & b_{kn}+c_{kn} \\ \vdots & \vdots & & \vdots \\ a_{n1} & a_{n2} & \cdots & a_{nn} \end{vmatrix} = \begin{vmatrix} a_{11} & a_{12} & \cdots & a_{1n} \\ \vdots & \vdots & & \vdots \\ b_{k1} & b_{k2} & \cdots & b_{kn} \\ \vdots & \vdots & & \vdots \\ a_{n1} & a_{n2} & \cdots & a_{nn} \end{vmatrix} + \begin{vmatrix} a_{11} & a_{12} & \cdots & a_{1n} \\ \vdots & \vdots & & \vdots \\ c_{k1} & c_{k2} & \cdots & c_{kn} \\ \vdots & \vdots & & \vdots \\ a_{n1} & a_{n2} & \cdots & a_{nn} \end{vmatrix}$$

性质 10.5 将行列式某一行(或列)的各元素都乘以同一常数后,再加到另一行(或列)的对应元素上,则行列式的值不变.

性质 10.6 n 阶行列式等于任意一行(或列)所有元素与其对应的代数余子式的乘积之和.

4. 克莱姆法则

定理 10.1(克莱姆法则) 若含有 n 个未知数 n 个方程的非齐次线性方程组

$$\begin{cases} a_{11}x_1+a_{12}x_2+\cdots+a_{1n}x_n=b_1 \\ a_{21}x_1+a_{22}x_2+\cdots+a_{2n}x_n=b_2 \\ \qquad\qquad\vdots \\ a_{n1}x_1+a_{n2}x_2+\cdots+a_{nn}x_n=b_n \end{cases}$$

的系数行列式 $D=\begin{vmatrix} a_{11} & a_{12} & \cdots & a_{1n} \\ a_{21} & a_{22} & \cdots & a_{2n} \\ \vdots & \vdots & & \vdots \\ a_{n1} & a_{n2} & \cdots & a_{nn} \end{vmatrix} \neq 0$,则方程组有唯一的解

$$x_1=\frac{D_1}{D}, x_2=\frac{D_2}{D}, \cdots, x_n=\frac{D_n}{D}$$

其中,$D_j(j=1,2,\cdots,n)$是将系数行列式 D 中的第 j 列元素对应换成方程组的常数项 $b_1,b_2,\cdots,b_n$ 得到的行列式.

定理 10.2 如果齐次线性方程组

$$\begin{cases} a_{11}x_1+a_{12}x_2+\cdots+a_{1n}x_n=0 \\ a_{21}x_2+a_{22}x_2+\cdots+a_{2n}x_n=0 \\ \qquad\qquad\vdots \\ a_{n1}x_1+a_{n2}x_2+\cdots+a_{nn}x_n=0 \end{cases} \tag{10-6}$$

的系数行列式

$$D=\begin{vmatrix} a_{11} & a_{12} & \cdots & a_{1n} \\ a_{21} & a_{22} & \cdots & a_{2n} \\ \vdots & \vdots & & \vdots \\ a_{n1} & a_{n2} & \cdots & a_{nn} \end{vmatrix} \neq 0$$

那么线性方程组(10-6)只有零解.

定理 10.3 如果非齐次线性方程组无解或有多个解,则其系数行列式 D 为零.

推论 10.4 如果齐次线性方程组(10-6)有非零解,则其系数行列式 D 为零.

10.2.2 矩阵的概念及运算

1. 矩阵的基本概念

定义 10.3 由 $m\times n$ 个数 a_{ij} $(i=1,2,\cdots,m;j=1,2,\cdots,n)$ 排成的 m 行 n 列的矩形数表(用方括号或圆括号表示),即

$$\boldsymbol{A}=\begin{pmatrix} a_{11} & a_{12} & \cdots & a_{1n} \\ a_{21} & a_{22} & \cdots & a_{2n} \\ \vdots & \vdots & & \vdots \\ a_{m1} & a_{m2} & \cdots & a_{mn} \end{pmatrix}$$

称为 m 行 n 列矩阵,简称 $m\times n$ 矩阵. 其中,横排称行,纵排称列,构成矩阵的每一个数称为矩阵的元素,a_{ij} 是位于矩阵第 i 行第 j 列的元素. 通常用大写字母 $\boldsymbol{A},\boldsymbol{B},\cdots$ 表示矩阵,记作 $\boldsymbol{A}_{m\times n}$ 或 $\boldsymbol{A}=(a_{ij})_{m\times n}$,也可简记为 $\boldsymbol{A}$ 或 $\boldsymbol{A}=(a_{ij})$.

元素为实数的矩阵称为实矩阵,元素为复数的矩阵称为复矩阵.

当 $m=n$ 时,矩阵 $\boldsymbol{A}$ 称为 n 阶方阵,记作 $\boldsymbol{A}_n$ 或 $\boldsymbol{A}=(a_{ij})_n$,即

$$\boldsymbol{A}_n=\begin{pmatrix} a_{11} & a_{12} & \cdots & a_{1n} \\ a_{21} & a_{22} & \cdots & a_{2n} \\ \vdots & \vdots & & \vdots \\ a_{n1} & a_{n2} & \cdots & a_{nn} \end{pmatrix}$$

其中,$a_{11},a_{22},\cdots,a_{nn}$ 称为主对角元.

当 $m=1$ 时,只有一行,称为行矩阵,记作 $\boldsymbol{A}=(a_{11} \quad a_{12} \quad \cdots \quad a_{1n})$.

当 $n=1$ 时,只有一列,称为列矩阵,记作 $\boldsymbol{A}=\begin{pmatrix} a_{11} \\ a_{21} \\ \vdots \\ a_{m1} \end{pmatrix}$.

当矩阵的所有元素都是零时,称为零矩阵,记作 $\boldsymbol{O}$.

若两个矩阵的行数相等,列数也相等,则称这两个矩阵为同型矩阵.

定义 10.4 若矩阵 $\boldsymbol{A}=(a_{ij})_{m\times n}$ 与 $\boldsymbol{B}=(b_{ij})_{s\times t}$ 满足以下条件.

(1) $m=s,n=t$.

(2) $a_{ij}=b_{ij}$ $(i=1,2,\cdots,m;j=1,2,\cdots,n)$.

则称矩阵 $\boldsymbol{A}$ 与矩阵 $\boldsymbol{B}$ 相等,记作 $\boldsymbol{A}=\boldsymbol{B}$.

2. 矩阵的运算

定义 10.5 将两个 $m\times n$ 矩阵 $\boldsymbol{A}=(a_{ij})_{m\times n}$ 和 $\boldsymbol{B}=(b_{ij})_{m\times n}$ 的对应元素相加,得到矩阵

$$C=\begin{pmatrix} a_{11}+b_{11} & a_{12}+b_{12} & \cdots & a_{1n}+b_{1n} \\ a_{21}+b_{21} & a_{22}+b_{22} & \cdots & a_{2n}+b_{2n} \\ \vdots & \vdots & & \vdots \\ a_{m1}+b_{m1} & a_{m2}+b_{m2} & \cdots & a_{mn}+b_{mn} \end{pmatrix}=(a_{ij}+b_{ij})_{m\times n}$$

则称矩阵 $\boldsymbol{C}$ 为矩阵 $\boldsymbol{A}$ 与 $\boldsymbol{B}$ 的和，记为 $\boldsymbol{C}=\boldsymbol{A}+\boldsymbol{B}$. 求矩阵和的运算称为矩阵的加法.

注意：只有两个同型矩阵才能进行矩阵的加法运算.

定义 10.6 将矩阵 $\boldsymbol{A}=(a_{ij})_{m\times n}$ 的所有元素都改变符号，得到的矩阵称为矩阵 $\boldsymbol{A}$ 的负矩阵，记作 $-\boldsymbol{A}$，即 $-\boldsymbol{A}=-(a_{ij})_{m\times n}=(-a_{ij})_{m\times n}$.

由此可定义矩阵的减法为

$$\boldsymbol{A}-\boldsymbol{B}=\boldsymbol{A}+(-\boldsymbol{B})$$

即若 $\boldsymbol{A}=(a_{ij})_{m\times n}$，$\boldsymbol{B}=(b_{ij})_{m\times n}$，则

$$\boldsymbol{A}-\boldsymbol{B}=\boldsymbol{A}+(-\boldsymbol{B})=(a_{ij})_{m\times n}+(-b_{ij})_{m\times n}=(a_{ij}-b_{ij})_{m\times n}$$

矩阵的加法满足下列运算律.

(1)交换律：$\boldsymbol{A}+\boldsymbol{B}=\boldsymbol{B}+\boldsymbol{A}$.

(2)结合律：$(\boldsymbol{A}+\boldsymbol{B})+\boldsymbol{C}=\boldsymbol{A}+(\boldsymbol{B}+\boldsymbol{C})$.

(3)$\boldsymbol{A}+\boldsymbol{O}=\boldsymbol{A}$.

(4)$\boldsymbol{A}+(-\boldsymbol{A})=\boldsymbol{O}$.

其中，$\boldsymbol{A},\boldsymbol{B},\boldsymbol{C}$ 均为 $m\times n$ 矩阵；$\boldsymbol{O}$ 为 $m\times n$ 的零矩阵.

定义 10.7 设 k 是一个常数，$\boldsymbol{A}=(a_{ij})_{m\times n}$，用数 k 乘矩阵 $\boldsymbol{A}$ 的所有元素得到的矩阵

$$\begin{pmatrix} ka_{11} & ka_{12} & \cdots & ka_{1n} \\ ka_{21} & ka_{22} & \cdots & ka_{2n} \\ \vdots & \vdots & & \vdots \\ ka_{m1} & ka_{m2} & \cdots & ka_{mn} \end{pmatrix}=(ka_{ij})_{m\times n}$$

称为数 k 与矩阵 $\boldsymbol{A}$ 的乘积，记作 $k\boldsymbol{A}$ 或 $\boldsymbol{A}k$. 求数与矩阵乘积的运算叫作矩阵的数量乘法.

矩阵的数量乘法满足下列运算律.

(1)分配律：$k(\boldsymbol{A}+\boldsymbol{B})=k\boldsymbol{A}+k\boldsymbol{B}$，$(k+l)\boldsymbol{A}=k\boldsymbol{A}+l\boldsymbol{A}$.

(2)结合律：$(kl)\boldsymbol{A}=k(l\boldsymbol{A})$.

其中，l,k 为常数；$\boldsymbol{A},\boldsymbol{B}$ 为 $m\times n$ 矩阵.

定义 10.8 设 $\boldsymbol{A}=(a_{ij})_{m\times s}$，$\boldsymbol{B}=(b_{ij})_{s\times n}$，则矩阵 $\boldsymbol{C}=(c_{ij})_{m\times n}$ 称为矩阵 $\boldsymbol{A}$ 左乘矩阵 $\boldsymbol{B}$ 的乘积，其中 $c_{ij}=a_{i1}b_{1j}+a_{i2}b_{2j}+\cdots+a_{is}b_{sj}=\sum\limits_{k=1}^{s}a_{ik}b_{kj}\,(i=1,2,\cdots,m;j=1,2,\cdots,n)$，记作 $\boldsymbol{C}=\boldsymbol{AB}=(c_{ij})_{m\times n}$.

该定义说明，只有当第一个矩阵 $\boldsymbol{A}$(左矩阵)的列数等于第二个矩阵 $\boldsymbol{B}$(右矩阵)的行数时，乘积 $\boldsymbol{AB}$ 才有意义；$\boldsymbol{A}$ 与 $\boldsymbol{B}$ 的乘积 $\boldsymbol{C}$ 中第 i 行第 j 列的元素等于矩阵 $\boldsymbol{A}$ 中第 i 行元素与矩阵 $\boldsymbol{B}$ 的第 j 列对应元素的乘积之和；并且矩阵 $\boldsymbol{C}$ 的行数等于矩阵 $\boldsymbol{A}$ 的行数，矩阵 $\boldsymbol{C}$ 的列数等于矩阵 $\boldsymbol{B}$ 的列数.

矩阵乘法满足下列运算律.

(1)结合律：$(\boldsymbol{AB})\boldsymbol{C}=\boldsymbol{A}(\boldsymbol{BC})$，$k(\boldsymbol{AB})=(k\boldsymbol{A})\boldsymbol{B}=\boldsymbol{A}(k\boldsymbol{B})$($k$ 为常数).

(2)分配律：$\boldsymbol{C}(\boldsymbol{A}+\boldsymbol{B})=\boldsymbol{CA}+\boldsymbol{CB}$，$(\boldsymbol{A}+\boldsymbol{B})\boldsymbol{C}=\boldsymbol{AC}+\boldsymbol{BC}$.

定义 10.9 把矩阵 $\boldsymbol{A}$ 的行与列依次互换得到的新矩阵称为矩阵 $\boldsymbol{A}$ 的转置矩阵,记作 $\boldsymbol{A}'$ 或 $\boldsymbol{A}^{\mathrm{T}}$,即若 $\boldsymbol{A}=\begin{pmatrix} a_{11} & a_{12} & \cdots & a_{1n} \\ a_{21} & a_{22} & \cdots & a_{2n} \\ \vdots & \vdots & & \vdots \\ a_{m1} & a_{m2} & \cdots & a_{mn} \end{pmatrix}_{m\times n}$,则 $\boldsymbol{A}'=\begin{pmatrix} a_{11} & a_{21} & \cdots & a_{n1} \\ a_{12} & a_{22} & \cdots & a_{n2} \\ \vdots & \vdots & & \vdots \\ a_{1n} & a_{2n} & \cdots & a_{nm} \end{pmatrix}_{n\times m}$.

矩阵的转置运算有如下运算律.

(1)$(\boldsymbol{A}')'=\boldsymbol{A}$.

(2)$(\boldsymbol{A}+\boldsymbol{B})'=\boldsymbol{A}'+\boldsymbol{B}'$.

(3)$(k\boldsymbol{A})'=k\boldsymbol{A}'$($k$ 为常数).

(4)$(\boldsymbol{AB})'=\boldsymbol{B}'\boldsymbol{A}'$.

10.2.3 矩阵的初等行变换与矩阵的秩

1. 矩阵的初等行变换

定义 10.10 对矩阵的行(列)施行下列三种变换,称为矩阵的初等行(列)变换.

(1)交换矩阵的第 i,j 两行(列),记作 $r_i\leftrightarrow r_j(c_i\leftrightarrow c_j)$;

(2)用数 $k\neq 0$ 乘矩阵的第 i 行(列),记作 $kr_i(kc_i)$;

(3)用数 k 乘矩阵的第 j 行(列)加到第 i 行(列)上,记作 $r_i+kr_j(c_i+kc_j)$.

矩阵的初等行变换与初等列变换统称为矩阵的初等变换.

定义 10.11 若矩阵 $\boldsymbol{A}$ 经过有限次初等行变换化为矩阵 $\boldsymbol{B}$,则称矩阵 $\boldsymbol{A}$ 等价于矩阵 $\boldsymbol{B}$,记作 $\boldsymbol{A}\leftrightarrow\boldsymbol{B}$.

定义 10.12 若一个矩阵中每个非零行的首元素(第一个非零元素)出现在上一行非零首元素右边,同时没有一个非零行出现在零行之下,则称这个矩阵为行阶梯形矩阵.

定义 10.13 每一个非零行的非零首元素为 1,且包含非零首元素的列中其他元素均为零的行阶梯形矩阵称为行最简阶梯形矩阵.

定理 10.4 任何非零矩阵 $\boldsymbol{A}=(a_{ij})_{m\times n}$ 都可通过若干次初等行变换化为行阶梯形矩阵.

定义 10.14 单位矩阵 $\boldsymbol{E}$ 经过一次初等变换得到的矩阵,称为初等矩阵(或初等方阵).

定理 10.5 对一个 $m\times n$ 矩阵 $\boldsymbol{A}$ 做一次初等行(列)变换,相当于在 $\boldsymbol{A}$ 的左(右)边乘一个相应的 $m(n)$ 阶初等矩阵,即若 $\boldsymbol{A}=(a_{ij})_{m\times n}$,则

(1)交换 $\boldsymbol{A}$ 的第 i,j 两行相当于 $\boldsymbol{E}_m(i,j)\boldsymbol{A}$,交换 $\boldsymbol{A}$ 的第 i,j 两列相当于 $\boldsymbol{AE}_n(i,j)$;

(2)用数 k 乘 $\boldsymbol{A}$ 的第 i 行相当于 $\boldsymbol{E}_m[i(k)]\boldsymbol{A}$,用数 k 乘 $\boldsymbol{A}$ 的第 i 列相当于 $\boldsymbol{AE}_n[i(k)]$;

(3)用数 k 乘 $\boldsymbol{A}$ 的第 j 行加到第 i 行上相当于 $\boldsymbol{E}_m[i,j(k)]\boldsymbol{A}$,用数 k 乘 $\boldsymbol{A}$ 的第 i 列加到第 j 列上相当于 $\boldsymbol{AE}_n[i,j(k)]$.

定义 10.15 设 $\boldsymbol{A}$ 为 n 阶方阵,如果存在一个 n 阶方阵 $\boldsymbol{C}$,使得 $\boldsymbol{CA}=\boldsymbol{AC}=\boldsymbol{E}$,则称矩阵 $\boldsymbol{A}$ 是可逆矩阵,矩阵 $\boldsymbol{C}$ 为矩阵 $\boldsymbol{A}$ 的逆矩阵,记为 $\boldsymbol{A}^{-1}$,即 $\boldsymbol{C}=\boldsymbol{A}^{-1}$.

定义 10.16 设 $\boldsymbol{A}=(a_{ij})_{m\times n}$ 为 n 阶矩阵($n\geqslant 2$),记 A_{ij} 为 $|\boldsymbol{A}|$ 中元素 a_{ij} 的代数余子式($i,j=1,2,\cdots,n$),则称矩阵 $\begin{pmatrix} A_{11} & A_{12} & \cdots & A_{n1} \\ A_{21} & A_{22} & \cdots & A_{n2} \\ \vdots & \vdots & & \vdots \\ A_{1n} & A_{2n} & \cdots & A_{nn} \end{pmatrix}$ 为矩阵 $\boldsymbol{A}$ 的伴随矩阵,记作 $\boldsymbol{A}^*$.

定理 10.6 n 阶矩阵 $\boldsymbol{A}$ 可逆的充分必要条件是其行列式 $|\boldsymbol{A}|\neq 0$，且当 $\boldsymbol{A}$ 可逆时，有 $\boldsymbol{A}^{-1}=\frac{1}{|\boldsymbol{A}|}\boldsymbol{A}^{*}$.

定理 10.7 若 n 阶方阵 $\boldsymbol{A}$ 可逆，则 $\boldsymbol{A}$ 经过有限次初等行变换可化为 n 阶单位矩阵.

2. 矩阵的秩

定义 10.17 在矩阵 $\boldsymbol{A}=(a_{ij})_{m\times n}$ 中任取 k 行 k 列 $[1\leqslant k\leqslant \min\{m,n\}]$，由这些行和列相交处的元素按原来的相应位置组成的 k 阶行列式，称为矩阵 $\boldsymbol{A}$ 的一个 k 阶子式.

定义 10.18 在矩阵 $\boldsymbol{A}=(a_{ij})_{m\times n}$ 中，一切非零子式的最高阶数称为矩阵 $\boldsymbol{A}$ 的秩. 即矩阵 $\boldsymbol{A}$ 中至少有一个 r 阶子式不等于零，且所有 $r+1$ 阶子式(若有的话)都等于零，则称 r 为矩阵 $\boldsymbol{A}$ 的秩，记作 $R(\boldsymbol{A})=r$.

规定:零矩阵的秩为零.

由定义 10.18 可知，$R(\boldsymbol{A})\leqslant\min\{m,n\}$，当 $R(\boldsymbol{A})=\min\{m,n\}$ 时，称 $\boldsymbol{A}$ 为满秩矩阵；当 $R(\boldsymbol{A})<\min\{m,n\}$ 时，称 $\boldsymbol{A}$ 为降秩矩阵.

定理 10.8 初等变换不会改变矩阵的秩.

10.2.4 线性方程组的解法

1. 齐次线性方程组的解法

定理 10.9 齐次线性方程组 $\boldsymbol{AX}=\boldsymbol{0}$ 有非零解的充分必要条件是方程组系数矩阵 $\boldsymbol{A}$ 的列向量组 $\boldsymbol{\beta}_1,\boldsymbol{\beta}_2,\cdots,\boldsymbol{\beta}_n$ 是线性相关的.

推论 10.5 齐次线性方程组 $\boldsymbol{AX}=\boldsymbol{0}$ 只有零解的充分必要条件是方程组系数矩阵的列向量组 $\boldsymbol{\beta}_1,\boldsymbol{\beta}_2,\cdots,\boldsymbol{\beta}_n$ 是线性无关的.

定理 10.10(齐次线性方程组有非零解的判别定理) 齐次线性方程组 $\boldsymbol{AX}=\boldsymbol{0}$ 有非零解的充分必要条件是它的系数矩阵 $\boldsymbol{A}$ 的秩 $R(\boldsymbol{A})<n$.

推论 10.6 如果齐次线性方程组 $\boldsymbol{AX}=\boldsymbol{0}$ 中的方程个数 m 小于未知数个数 n，那么方程组必有非零解.

推论 10.7 如果齐次线性方程组 $\boldsymbol{AX}=\boldsymbol{0}$ 中的方程个数 m 等于未知数个数 n，即系数矩阵 $\boldsymbol{A}$ 是一个方阵，那么方程组 $\boldsymbol{AX}=\boldsymbol{0}$ 有非零解的充分必要条件是 $|\boldsymbol{A}|=0$.

定理 10.11 设 $\boldsymbol{\alpha}_1,\boldsymbol{\alpha}_2$ 是齐次线性方程组 $\boldsymbol{AX}=\boldsymbol{0}$ 的两个解，k_1,k_2 是两个任意常数，则 $k_1\alpha_1+k_2\alpha_2$ 也是方程组 $\boldsymbol{AX}=\boldsymbol{0}$ 的解.

定义 10.19 设 $\boldsymbol{\alpha}_1,\boldsymbol{\alpha}_2,\cdots,\boldsymbol{\alpha}_t$ 均是齐次线性方程组 $\boldsymbol{AX}=\boldsymbol{0}$ 的解向量，如果满足

(1)$\boldsymbol{\alpha}_1,\boldsymbol{\alpha}_2,\cdots,\boldsymbol{\alpha}_t$ 是线性无关的.

(2)$\boldsymbol{AX}=\boldsymbol{0}$ 的任意一个解向量 $\boldsymbol{\beta}$ 均可由 $\boldsymbol{\alpha}_1,\boldsymbol{\alpha}_2,\cdots,\boldsymbol{\alpha}_t$ 线性表出.

则称 $\boldsymbol{\alpha}_1,\boldsymbol{\alpha}_2,\cdots,\boldsymbol{\alpha}_t$ 为方程组 $\boldsymbol{AX}=\boldsymbol{0}$ 的一个基础解系.

定理 10.12 设 $\boldsymbol{\alpha}_1,\boldsymbol{\alpha}_2,\cdots,\boldsymbol{\alpha}_t$ 和 $\boldsymbol{\beta}_1,\boldsymbol{\beta}_2,\cdots,\boldsymbol{\beta}_t$ 是齐次线性方程组 $\boldsymbol{AX}=\boldsymbol{0}$ 的两个基础解系，则由这两组基础解系分别确定的解集合

$$S=\{k_1\boldsymbol{\alpha}_1+k_2\boldsymbol{\alpha}_2+\cdots+k_t\boldsymbol{\alpha}_t\mid k_1,k_2,\cdots,k_t \text{ 是任意常数}\}$$

和

$$T=\{l_1\boldsymbol{\beta}_1+l_2\boldsymbol{\beta}_2+\cdots+l_t\boldsymbol{\beta}_t\mid l_1,l_2,\cdots,l_t \text{ 是任意常数}\}$$

是相等的,即 $S=T$.

定理 10.13 设 $\boldsymbol{A}$ 是一个 $m\times n$ 矩阵. 如果齐次线性方程组 $\boldsymbol{AX}=\boldsymbol{0}$ 有非零解,即当 $R(\boldsymbol{A})=r<n$ 时,那么方程组存在基础解系,并且基础解系含有 $n-r$ 个解向量.

2. 非齐次线性方程组的解法

定理 10.14(非齐次线性方程组有解的判别定理) 非齐次线性方程组 $\boldsymbol{AX}=\boldsymbol{\beta}$ 有解的充分必要条件是它的系数矩阵 $\boldsymbol{A}$ 的秩与增广矩阵 $\overline{\boldsymbol{A}}$ 的秩相等,即 $R(\boldsymbol{A})=R(\overline{\boldsymbol{A}})$,且

(1)当 $R(\boldsymbol{A})=R(\overline{\boldsymbol{A}})=n$ 时,方程组存在唯一解.

(2)当 $R(\boldsymbol{A})=R(\overline{\boldsymbol{A}})<n$ 时,方程组存在无穷多组解.

推论 10.8 如果非齐次线性方程组 $\boldsymbol{AX}=\boldsymbol{\beta}$ 中的方程个数 m 等于未知数个数 n,即系数矩阵 $\boldsymbol{A}$ 是一个方阵,那么当 $|\boldsymbol{A}|\neq 0$ 时,方程组 $\boldsymbol{AX}=\boldsymbol{\beta}$ 存在唯一解.

定义 10.20 设 $\boldsymbol{AX}=\boldsymbol{\beta}$ 是形如 $\begin{cases} a_{11}x_1+a_{12}x_2+\cdots+a_{1n}x_n=b_1 \\ a_{21}x_1+a_{22}x_2+\cdots+a_{2n}x_n=b_2 \\ \qquad\vdots \\ a_{m1}x_1+a_{m2}x_2+\cdots+a_{mn}x_n=b_m \end{cases}$ 的一个非齐次线性方程组. 将 $\boldsymbol{AX}=\boldsymbol{\beta}$ 的常数项中的每个常数都换成 0,就得到一个与之对应的齐次线性方程组 $\boldsymbol{AX}=\boldsymbol{0}$,称这个齐次方程组 $\boldsymbol{AX}=\boldsymbol{0}$ 为方程组 $\boldsymbol{AX}=\boldsymbol{\beta}$ 的导出组.

定理 10.15 设 $\boldsymbol{\xi}$ 是方程组 $\boldsymbol{AX}=\boldsymbol{\beta}$ 的一个解,$\boldsymbol{\eta}$ 是 $\boldsymbol{AX}=\boldsymbol{\beta}$ 的导出组 $\boldsymbol{AX}=\boldsymbol{0}$ 的一个解,则 $\boldsymbol{\xi}+\boldsymbol{\eta}$ 也是方程组 $\boldsymbol{AX}=\boldsymbol{\beta}$ 的一个解.

定理 10.16 设 $\boldsymbol{\xi}_1,\boldsymbol{\xi}_2$ 是方程组 $\boldsymbol{AX}=\boldsymbol{\beta}$ 的两个解,则 $\boldsymbol{\xi}_1-\boldsymbol{\xi}_2$ 是 $\boldsymbol{AX}=\boldsymbol{\beta}$ 的导出组 $\boldsymbol{AX}=\boldsymbol{0}$ 的一个解.

定理 10.17 设矩阵 $\boldsymbol{A}$ 是一个 $m\times n$ 矩阵. 如果非齐次线性方程组 $\boldsymbol{AX}=\boldsymbol{\beta}$ 有解,令 $\boldsymbol{\xi}_0$ 是 $\boldsymbol{AX}=\boldsymbol{\beta}$ 的某一个解(通常称为特解).

(1)当 $R(\boldsymbol{A})=R(\overline{\boldsymbol{A}})=n$ 时,$\boldsymbol{\xi}_0$ 是 $\boldsymbol{AX}=\boldsymbol{\beta}$ 的唯一解.

(2)当 $R(\boldsymbol{A})=R(\overline{\boldsymbol{A}})<n$ 时,方程组 $\boldsymbol{AX}=\boldsymbol{\beta}$ 的导出组 $\boldsymbol{AX}=\boldsymbol{0}$ 存在无穷多个解,则方程组 $\boldsymbol{AX}=\boldsymbol{\beta}$ 的解集合为

$$S=\{\boldsymbol{\xi}_0+k_1\boldsymbol{\eta}_1+k_2\boldsymbol{\eta}_2+\cdots+k_s\boldsymbol{\eta}_s\mid k_1,k_2,\cdots,k_s \text{ 是任意常数}\}$$

其中 $\boldsymbol{\eta}_1,\boldsymbol{\eta}_2,\cdots,\boldsymbol{\eta}_s$ 是 $\boldsymbol{AX}=\boldsymbol{0}$ 的一个基础解系.

10.3 习题解答

习题 10.1

1. 求下列二阶、三阶行列式的值.

(1) $\begin{vmatrix} \cos 55^\circ & \sin 55^\circ \\ \sin 35^\circ & \cos 35^\circ \end{vmatrix}$; (2) $\begin{vmatrix} 3 & 4 & -5 \\ 11 & 6 & -1 \\ 2 & 3 & 6 \end{vmatrix}$; (3) $\begin{vmatrix} 3 & 2 & 1 \\ 4 & 4 & 4 \\ 1 & 2 & 3 \end{vmatrix}$.

【解】 (1) $\begin{vmatrix} \cos 55° & \sin 55° \\ \sin 35° & \cos 35° \end{vmatrix} = \cos 55°\cos 35° - \sin 55°\sin 35° = 0$.

(2) $\begin{vmatrix} 3 & 4 & -5 \\ 11 & 6 & -1 \\ 2 & 3 & 6 \end{vmatrix} = 3\times6\times6+11\times3\times(-5)+4\times(-1)\times2-2\times6\times(-5)-4\times11\times6-$

$3\times3\times(-1) = -260$.

(3) $\begin{vmatrix} 3 & 2 & 1 \\ 4 & 4 & 4 \\ 1 & 2 & 3 \end{vmatrix} = 3\times4\times3+4\times2\times1+2\times4\times1-1\times4\times1-4\times2\times3-2\times4\times3=0$.

2. 用行列式性质证明.

(1) $\begin{vmatrix} a_1+b_1 & b_1+c_1 & c_1+a_1 \\ a_2+b_2 & b_2+c_2 & c_2+a_2 \\ a_3+b_3 & b_3+c_3 & c_3+a_3 \end{vmatrix} = 2\begin{vmatrix} a_1 & b_1 & c_1 \\ a_2 & b_2 & c_2 \\ a_3 & b_3 & c_3 \end{vmatrix}$;

(2) $\begin{vmatrix} a^2 & ab & b^2 \\ 2a & a+b & 2b \\ 1 & 1 & 1 \end{vmatrix} = (a-b)^3$.

【证明】 (1) $\begin{vmatrix} a_1+b_1 & b_1+c_1 & c_1+a_1 \\ a_2+b_2 & b_2+c_2 & c_2+a_2 \\ a_3+b_3 & b_3+c_3 & c_3+a_3 \end{vmatrix} = \begin{vmatrix} a_1 & b_1+c_1 & c_1+a_1 \\ a_2 & b_2+c_2 & c_2+a_2 \\ a_3 & b_3+c_3 & c_3+a_3 \end{vmatrix} + \begin{vmatrix} b_1 & b_1+c_1 & c_1+a_1 \\ b_2 & b_2+c_2 & c_2+a_2 \\ b_3 & b_3+c_3 & c_3+a_3 \end{vmatrix}$

$= \begin{vmatrix} a_1 & b_1+c_1 & c_1 \\ a_2 & b_2+c_2 & c_2 \\ a_3 & b_3+c_3 & c_3 \end{vmatrix} + \begin{vmatrix} a_1 & b_1+c_1 & a_1 \\ a_2 & b_2+c_2 & a_2 \\ a_3 & b_3+c_3 & a_3 \end{vmatrix} +$

$\begin{vmatrix} b_1 & b_1 & c_1+a_1 \\ b_2 & b_2 & c_2+a_2 \\ b_3 & b_3 & c_3+a_3 \end{vmatrix} + \begin{vmatrix} b_1 & c_1 & c_1+a_1 \\ b_2 & c_2 & c_2+a_2 \\ b_3 & c_3 & c_3+a_3 \end{vmatrix}$

$= \begin{vmatrix} a_1 & b_1 & c_1 \\ a_2 & b_2 & c_2 \\ a_3 & b_3 & c_3 \end{vmatrix} + \begin{vmatrix} b_1 & c_1 & a_1 \\ b_2 & c_2 & a_2 \\ b_3 & c_3 & a_3 \end{vmatrix} = 2\begin{vmatrix} a_1 & b_1 & c_1 \\ a_2 & b_2 & c_2 \\ a_3 & b_3 & c_3 \end{vmatrix}$.

(2) $\begin{vmatrix} a^2 & ab & b^2 \\ 2a & a+b & 2b \\ 1 & 1 & 1 \end{vmatrix} = a^2(a+b)+ab\cdot 2b+2ab^2-(a+b)b^2-2ba^2-2a^2b$

$= a^3-3a^2b+3ab^2-b^3$

$= (a-b)^3$.

3. 计算下列行列式.

(1) $\begin{vmatrix} a-1 & -2 & 4 \\ -2 & a-2 & 2 \\ 4 & 2 & a-5 \end{vmatrix}$; (2) $\begin{vmatrix} 0 & 1 & 1 & 1 \\ 1 & 0 & 1 & 1 \\ 1 & 1 & 0 & 1 \\ 1 & 1 & 1 & 0 \end{vmatrix}$; (3) $\begin{vmatrix} 1 & 2 & 3 & 4 \\ 1 & 0 & 1 & 2 \\ 3 & -1 & -1 & 0 \\ 1 & 2 & 0 & -5 \end{vmatrix}$.

【解】 (1) $\begin{vmatrix} a-1 & -2 & 4 \\ -2 & a-2 & 2 \\ 4 & 2 & a-5 \end{vmatrix}=(a-1)(a-2)(a-5)+(-2)\times2\times4+(-2)\times2\times4-$

$$4\times4(a-2)-2\times2(a-1)-(-2)\times(-2)(a-5)$$
$$=a^3-8a^2-7a+14.$$

(2) $\begin{vmatrix} 0 & 1 & 1 & 1 \\ 1 & 0 & 1 & 1 \\ 1 & 1 & 0 & 1 \\ 1 & 1 & 1 & 0 \end{vmatrix}=\begin{vmatrix} -1 & 0 & 0 & 0 \\ 0 & -1 & 0 & 0 \\ 0 & 0 & -1 & 0 \\ 1 & 1 & 1 & 1 \end{vmatrix}=-1.$

(3) $\begin{vmatrix} 1 & 2 & 3 & 4 \\ 1 & 0 & 1 & 2 \\ 3 & -1 & -1 & 0 \\ 1 & 2 & 0 & -5 \end{vmatrix}\xlongequal[r_4+2r_3]{r_1+2r_3}\begin{vmatrix} 7 & 0 & 1 & 4 \\ 1 & 0 & 1 & 2 \\ 3 & -1 & -1 & 0 \\ 7 & 0 & -2 & -5 \end{vmatrix}$

$$=(-1)\times(-1)^{3+2}\begin{vmatrix} 7 & 1 & 4 \\ 1 & 1 & 2 \\ 7 & -2 & -5 \end{vmatrix}\xlongequal[r_3+2r_2]{r_1-r_2}\begin{vmatrix} 6 & 0 & 2 \\ 1 & 1 & 2 \\ 9 & 0 & -1 \end{vmatrix}$$

$$=1\times(-1)^{2+2}\begin{vmatrix} 6 & 2 \\ 9 & -1 \end{vmatrix}=-6-18=-24.$$

4. 用克莱姆法则解下列问题.

(1)医院营养师为病人配制的一份菜肴由蔬菜、鱼和肉松组成,这份菜肴需含 1 200 cal 热量、30 g 蛋白质和 300 mg 维生素 C,已知三种食物每 100 g 中有关营养的含量如表 10-1 所示.

表 10-1

营养物质	组成成分		
	蔬　　菜	鱼	肉　　松
热量/cal	60	300	600
蛋白质/g	3	9	6
维生素 C/mg	90	60	30

试求所配菜肴中每种食物的数量.

(2)设曲线 $y=a_0+a_1x+a_2x^2+a_3x^3$ 通过四点(1,3),(2,4),(3,3),(4,−3),求系数 a_0,a_1,a_2,a_3.

【解】 (1)设每份菜肴中蔬菜、鱼、肉松的数量分别为 x_1,x_2,x_3(单位:100 g),则可建立如下线性方程组

$$\begin{cases} 60x_1+300x_2+600x_3=1\ 200 \\ 3x_1+9x_2+6x_3=30 \\ 90x_1+60x_2+30x_3=300 \end{cases}$$

化简得

$$\begin{cases}x_1+5x_2+10x_3=20\\x_1+3x_2+2x_3=10\\3x_1+2x_2+x_3=10\end{cases}$$

则

$$D=\begin{vmatrix}1&5&10\\1&3&2\\3&2&1\end{vmatrix}=-46$$

因为 $D\neq0$,所以方程组有唯一解,由克莱姆法则得

$$D_1=\begin{vmatrix}20&5&10\\10&3&2\\10&2&1\end{vmatrix}=-70,D_2=\begin{vmatrix}1&20&10\\1&10&2\\3&10&1\end{vmatrix}=-110,D_3=\begin{vmatrix}1&5&20\\1&3&10\\3&2&10\end{vmatrix}=-30$$

所以

$$x_1=\frac{D_1}{D}=1.52,x_2=\frac{D_2}{D}=2.39,x_3=\frac{D_3}{D}=0.65$$

即每份菜肴中应有蔬菜 152 g,鱼 239 g,肉松 65 g.

(2)把四个点的坐标代入曲线方程,可得如下线性方程组

$$\begin{cases}a_0+a_1+a_2+a_3=3\\a_0+2a_1+4a_2+8a_3=4\\a_0+3a_1+9a_2+27a_3=3\\a_0+4a_1+16a_2+64a_3=-3\end{cases}$$

因为

$$D=\begin{vmatrix}1&1&1&1\\1&2&4&8\\1&3&9&27\\1&4&16&64\end{vmatrix}=\begin{vmatrix}1&1&1&1\\1&2&2^2&2^3\\1&3&3^2&3^3\\1&4&4^2&4^3\end{vmatrix}=12\neq0$$

故由克莱姆法则得

$$D_1=\begin{vmatrix}3&1&1&1\\4&2&4&8\\3&3&9&27\\-3&4&16&64\end{vmatrix}=36,D_2=\begin{vmatrix}1&1&1&1\\1&4&4&8\\1&3&9&27\\1&-3&16&64\end{vmatrix}=-18,$$

$$D_3=\begin{vmatrix}1&1&3&1\\1&2&4&8\\1&3&3&27\\1&4&-3&64\end{vmatrix}=24,D_4=\begin{vmatrix}1&1&1&3\\1&2&4&4\\1&3&9&3\\1&4&16&-3\end{vmatrix}=-6$$

所以

$$a_0=\frac{D_1}{D}=3,a_1=\frac{D_2}{D}=-\frac{3}{2},a_2=\frac{D_3}{D}=2,a_3=\frac{D_4}{D}=-\frac{1}{2}$$

即曲线方程为

$$y=3-\frac{3}{2}x+2x^2-\frac{1}{2}x^3$$

习题 10.2

1. 设 $A=\begin{pmatrix}1&2&1&2\\2&1&2&1\\1&2&3&4\end{pmatrix}$, $B=\begin{pmatrix}4&3&2&1\\-2&1&-2&1\\0&-1&0&-1\end{pmatrix}$,计算:

(1)$3A-B$; (2)$2A+3B$; (3)若 X 满足 $A+X=B$,求 X.

【解】 (1)$3A-B=3\begin{pmatrix}1&2&1&2\\2&1&2&1\\1&2&3&4\end{pmatrix}-\begin{pmatrix}4&3&2&1\\-2&1&-2&1\\0&-1&0&-1\end{pmatrix}$

$$=\begin{pmatrix}-1&3&1&5\\8&2&8&2\\3&7&9&13\end{pmatrix}.$$

(2)$2A+3B=2\begin{pmatrix}1&2&1&2\\2&1&2&1\\1&2&3&4\end{pmatrix}+3\begin{pmatrix}4&3&2&1\\-2&1&-2&1\\0&-1&0&-1\end{pmatrix}=\begin{pmatrix}14&13&8&7\\-2&5&-2&5\\2&1&6&5\end{pmatrix}$.

(3)由题可知,$X=B-A$,即

$$X=B-A=\begin{pmatrix}4&3&2&1\\-2&1&-2&1\\0&-1&0&-1\end{pmatrix}-\begin{pmatrix}1&2&1&2\\2&1&2&1\\1&2&3&4\end{pmatrix}=\begin{pmatrix}3&1&1&-1\\-4&0&-4&0\\-1&-3&-3&-5\end{pmatrix}$$

2. 计算下列各式.

(1)$\begin{pmatrix}4&3&2\\1&-2&3\\5&7&0\end{pmatrix}\begin{pmatrix}7\\2\\1\end{pmatrix}$; (2)$\begin{pmatrix}1&2&3\\2&4&6\\3&6&9\end{pmatrix}\begin{pmatrix}-1&-2&-4\\-1&-2&-4\\1&2&4\end{pmatrix}$;

(3)$(1\quad 2\quad 3)\begin{pmatrix}3\\2\\1\end{pmatrix}$; (4)$\begin{pmatrix}3\\2\\1\end{pmatrix}(1\quad 2\quad 3)$;

(5)$\begin{pmatrix}1&2&3\\-2&1&2\end{pmatrix}\begin{pmatrix}1&2&0\\0&1&1\\3&0&-1\end{pmatrix}$.

【解】 (1)$\begin{pmatrix}4&3&2\\1&-2&3\\5&7&0\end{pmatrix}\begin{pmatrix}7\\2\\1\end{pmatrix}=\begin{pmatrix}36\\6\\49\end{pmatrix}$.

(2)$\begin{pmatrix}1&2&3\\2&4&6\\3&6&9\end{pmatrix}\begin{pmatrix}-1&-2&-4\\-1&-2&-4\\1&2&4\end{pmatrix}=\begin{pmatrix}0&0&0\\0&0&0\\0&0&0\end{pmatrix}$.

(3)$(1\quad 2\quad 3)\begin{pmatrix}3\\2\\1\end{pmatrix}=(10)$.

(4) $\begin{pmatrix}3\\2\\1\end{pmatrix}(1 \quad 2 \quad 3)=\begin{pmatrix}3&6&9\\2&4&6\\1&2&3\end{pmatrix}$.

(5) $\begin{pmatrix}1&2&3\\-2&1&2\end{pmatrix}\begin{pmatrix}1&2&0\\0&1&1\\3&0&-1\end{pmatrix}=\begin{pmatrix}10&4&-1\\4&-3&-1\end{pmatrix}$.

3. 设 $\boldsymbol{A}=\begin{pmatrix}1&1&1\\1&1&-1\\1&-1&1\end{pmatrix}$，$\boldsymbol{B}=\begin{pmatrix}1&2&3\\-1&-2&4\\0&5&1\end{pmatrix}$，求 $3\boldsymbol{AB}-2\boldsymbol{A}$ 及 $\boldsymbol{A}^{\mathrm{T}}\boldsymbol{B}$.

【解】 $3\boldsymbol{AB}-2\boldsymbol{A}=3\begin{pmatrix}1&1&1\\1&1&-1\\1&-1&1\end{pmatrix}\begin{pmatrix}1&2&3\\-1&-2&4\\0&5&1\end{pmatrix}-2\begin{pmatrix}1&1&1\\1&1&-1\\1&-1&1\end{pmatrix}$

$$=3\begin{pmatrix}0&5&8\\0&-5&6\\2&9&0\end{pmatrix}-2\begin{pmatrix}1&1&1\\1&1&-1\\1&-1&1\end{pmatrix}$$

$$=\begin{pmatrix}-2&13&22\\-2&-17&20\\4&29&-2\end{pmatrix}$$

$$\boldsymbol{A}^{\mathrm{T}}\boldsymbol{B}=\begin{pmatrix}1&1&1\\1&1&-1\\1&-1&1\end{pmatrix}^{\mathrm{T}}\begin{pmatrix}1&2&3\\-1&-2&4\\0&5&1\end{pmatrix}=\begin{pmatrix}0&5&8\\0&-5&6\\2&9&0\end{pmatrix}$$

4. 某商店一周内售出商品甲、乙、丙的数量及单位如表 10-2 所示.

表 10-2

商品	日销售量							单价/元
	日	一	二	三	四	五	六	
甲	11	9	3	0	10	7	2	4
乙	12	7	5	8	11	9	0	3
丙	10	6	4	5	6	10	3	2

试用矩阵计算和表示每天的销售额.

【解】 由题可知，设 $\boldsymbol{D}$ 为每天的销售额.则可列矩阵为

$$\boldsymbol{D}=(4 \quad 3 \quad 2)\begin{pmatrix}11&9&3&0&10&7&2\\12&7&5&8&11&9&0\\10&6&4&5&6&10&3\end{pmatrix}$$

$$=(100 \quad 69 \quad 35 \quad 34 \quad 85 \quad 75 \quad 14)$$

习题 10.3

1. 已知矩阵 $\boldsymbol{A}=\begin{pmatrix}3&2&9&6\\-1&-3&4&-17\\1&4&-7&3\\-1&-4&7&-3\end{pmatrix}$，对其做初等行变换，求：

(1)行阶梯形矩阵；

(2)行最简阶梯形矩阵.

【解】 (1)$\boldsymbol{A}=\begin{pmatrix}3&2&9&6\\-1&-3&4&-17\\1&4&-7&3\\-1&-4&7&-3\end{pmatrix}\xrightarrow{r_1\leftrightarrow r_3}\begin{pmatrix}1&4&-7&3\\-1&-3&4&-17\\3&2&9&6\\-1&-4&7&-3\end{pmatrix}$

$$\xrightarrow[r_1+r_4]{\substack{r_1+r_2\\(-3)r_1+r_3}}\begin{pmatrix}1&4&-7&3\\0&1&-3&-14\\0&-10&30&-3\\0&0&0&0\end{pmatrix}\xrightarrow{10r_2+r_3}\begin{pmatrix}1&4&-7&3\\0&1&-3&-14\\0&0&0&-143\\0&0&0&0\end{pmatrix}.$$

(2)对行阶梯形矩阵做初等变换，可得行最简阶梯形矩阵.

$$\begin{pmatrix}1&4&-7&3\\0&1&-3&-14\\0&0&0&-143\\0&0&0&0\end{pmatrix}\xrightarrow{\left(-\frac{1}{143}\right)r_3}\begin{pmatrix}1&4&-7&3\\0&1&-3&-14\\0&0&0&1\\0&0&0&0\end{pmatrix}\xrightarrow{\substack{14r_3+r_2\\(-3)r_3+r_1}}\begin{pmatrix}1&4&-7&0\\0&1&-3&0\\0&0&0&1\\0&0&0&0\end{pmatrix}$$

$$\xrightarrow{(-4)r_2+r_1}\begin{pmatrix}1&0&5&0\\0&1&-3&0\\0&0&0&1\\0&0&0&0\end{pmatrix}$$

2. 设 $\boldsymbol{A}=\begin{pmatrix}1&2&3\\2&2&1\\3&4&3\end{pmatrix}$，求 $\boldsymbol{A}^{-1}$.

【解】 $(\boldsymbol{A}|\boldsymbol{E})=\left(\begin{array}{ccc|ccc}1&2&3&1&0&0\\2&2&1&0&1&0\\3&4&3&0&0&1\end{array}\right)\xrightarrow{\substack{(-2)r_1+r_2\\(-3)r_1+r_3}}\left(\begin{array}{ccc|ccc}1&2&3&1&0&0\\0&-2&-5&-2&1&0\\0&-2&-6&-3&0&1\end{array}\right)$

$$\xrightarrow{\substack{r_2+r_1\\(-1)r_2+r_3}}\left(\begin{array}{ccc|ccc}1&0&-2&-1&1&0\\0&-2&-5&-2&1&0\\0&0&-1&-1&-1&1\end{array}\right)$$

$$\xrightarrow[(-5)r_3+r_2]{(-2)r_3+r_1}\left(\begin{array}{ccc|ccc}1&0&0&1&3&-2\\0&-2&0&3&6&-5\\0&0&-1&-1&-1&1\end{array}\right)$$

$$\xrightarrow{\substack{r_2\times\left(-\frac{1}{2}\right)\\r_3\times(-1)}}\left(\begin{array}{ccc|ccc}1&0&0&1&3&-2\\0&1&0&-\frac{3}{2}&-3&\frac{5}{2}\\0&0&1&1&1&-1\end{array}\right)$$

所以

$$A^{-1}=\begin{pmatrix}1 & 3 & -2\\ -\frac{3}{2} & -3 & \frac{5}{2}\\ 1 & 1 & -1\end{pmatrix}$$

3. 设矩阵 $A=\begin{pmatrix}1 & -5 & 6 & -2\\ 2 & -1 & 3 & -2\\ -1 & -4 & 3 & 0\end{pmatrix}$，试计算 A 的全部三阶子式，并求 $R(A)$.

【解】 A 的三阶子式共有 $C_3^3C_4^3=4$ 个，分别计算如下.

$$\begin{vmatrix}1 & -5 & 6\\ 2 & -1 & 3\\ -1 & -4 & 3\end{vmatrix}=0,\begin{vmatrix}1 & -5 & -2\\ 2 & -1 & -2\\ -1 & -4 & 0\end{vmatrix}=0,$$

$$\begin{vmatrix}1 & 6 & -2\\ 2 & 3 & -2\\ -1 & 3 & 0\end{vmatrix}=0,\begin{vmatrix}-5 & 6 & -2\\ -1 & 3 & -2\\ -4 & 3 & 0\end{vmatrix}=0$$

由于二阶子式 $\begin{vmatrix}1 & -5\\ 2 & -1\end{vmatrix}=9\neq0$，所以 $R(A)=2$.

4. 将矩阵 $A=\begin{pmatrix}2 & 1 & 2 & 3\\ 4 & 1 & 3 & 5\\ 2 & 0 & 1 & 2\end{pmatrix}$ 化为标准形.

【解】 $$A=\begin{pmatrix}2 & 1 & 2 & 3\\ 4 & 1 & 3 & 5\\ 2 & 0 & 1 & 2\end{pmatrix}\to\begin{pmatrix}2 & 0 & 0 & 0\\ 0 & -1 & -1 & -1\\ 0 & -1 & -1 & -1\end{pmatrix}\to\begin{pmatrix}1 & 0 & 0 & 0\\ 0 & -1 & -1 & -1\\ 0 & 0 & 0 & 0\end{pmatrix}$$

$$\to\begin{pmatrix}1 & 0 & 0 & 0\\ 0 & -1 & 0 & 0\\ 0 & 0 & 0 & 0\end{pmatrix}\to\begin{pmatrix}1 & 0 & 0 & 0\\ 0 & 1 & 0 & 0\\ 0 & 0 & 1 & 0\end{pmatrix}.$$

5. 求下列矩阵方程中的未知矩阵.

(1) $\begin{pmatrix}2 & 5\\ 1 & 3\end{pmatrix}X=\begin{pmatrix}4 & -6\\ 2 & 1\end{pmatrix}$； (2) $X\begin{pmatrix}2 & 1 & -1\\ 2 & 1 & 0\\ 1 & -1 & 1\end{pmatrix}=\begin{pmatrix}1 & -1 & 3\\ 4 & 3 & 2\\ 1 & -2 & 5\end{pmatrix}$.

【解】 (1) $X=\begin{pmatrix}2 & 5\\ 1 & 3\end{pmatrix}^{-1}\begin{pmatrix}4 & -6\\ 2 & 1\end{pmatrix}=\begin{pmatrix}3 & -5\\ -1 & 2\end{pmatrix}\begin{pmatrix}4 & -6\\ 2 & 1\end{pmatrix}=\begin{pmatrix}2 & -23\\ 0 & 8\end{pmatrix}$.

(2) $$X=\begin{pmatrix}1 & -1 & 3\\ 4 & 3 & 2\\ 1 & -2 & 5\end{pmatrix}\begin{pmatrix}2 & 1 & -1\\ 2 & 1 & 0\\ 1 & -1 & 1\end{pmatrix}^{-1}=\begin{pmatrix}-2 & 2 & 1\\ -\frac{8}{3} & 5 & -\frac{2}{3}\\ -\frac{10}{3} & 3 & \frac{5}{3}\end{pmatrix}.$$

6. 设 $A=\frac{1}{2}\begin{pmatrix}0 & 0 & 2\\ 1 & 3 & 0\\ 2 & 5 & 0\end{pmatrix}$，则 A^{-1} 为多少？

【解】 $A=\frac{1}{2}\begin{pmatrix}0&0&2\\1&3&0\\2&5&0\end{pmatrix}=\begin{pmatrix}0&0&1\\ \frac{1}{2}&\frac{3}{2}&0\\1&\frac{5}{2}&0\end{pmatrix}$,构造矩阵 $(A\quad E)$,则 $(A\quad E)\xrightarrow{\text{初等行变换}}(E\quad A^{-1})$. 所以

$$A^{-1}=\begin{pmatrix}0&-10&6\\0&4&-2\\1&0&0\end{pmatrix}$$

习题 10.4

1. 判断下列线性方程组是否有解,若有解,求其所有解.

(1) $\begin{cases}2x_1-x_2+3x_3=3\\3x_1+x_2-5x_3=0\\4x_1-x_2+x_3=3\\x_1+3x_2-13x_3=-6\end{cases}$;　(2) $\begin{cases}x_1-x_2+3x_3-x_4=0\\2x_1-x_2+3x_3-2x_4=-1\\3x_1-2x_2-x_3+2x_4=4\end{cases}$;

(3) $\begin{cases}x_1-2x_2+3x_3-4x_4=4\\x_2-x_3+x_4=-3\\x_1+3x_2-3x_4=1\\-7x_2+3x_3+x_4=-1\end{cases}$;　(4) $\begin{cases}x_1-2x_2-3x_3+x_4=1\\2x_1-4x_2-x_3-3x_4+5x_5=-3\\-x_1+2x_2+3x_3+x_4+2x_5=3\end{cases}$.

【解】 (1) $\widetilde{A}=\begin{pmatrix}2&-1&3&3\\3&1&-5&0\\4&-1&1&3\\1&3&-13&-6\end{pmatrix}\xrightarrow{r_1\leftrightarrow r_4}\begin{pmatrix}1&3&-13&-6\\3&1&-5&0\\4&-1&1&3\\2&-1&3&3\end{pmatrix}$

$$\xrightarrow[\substack{(-4)r_1+r_3\\(-2)r_1+r_4}]{(-3)r_1+r_2}\begin{pmatrix}1&3&-13&-6\\0&-8&34&18\\0&-13&53&27\\0&-7&29&-9\end{pmatrix}\to\begin{pmatrix}1&0&0&1\\0&1&0&2\\0&0&1&1\\0&0&0&0\end{pmatrix}.$$

因为 $R(\widetilde{A})=R(A)=3=n$,所以方程组有唯一解 $\begin{cases}x_1=1\\x_2=2\\x_3=1\end{cases}$.

(2) $\widetilde{A}=\begin{pmatrix}1&-1&3&-1&0\\2&-1&3&-2&-1\\3&-2&-1&2&4\end{pmatrix}\xrightarrow{\text{初等变换}}\begin{pmatrix}1&0&0&1&1\\0&1&0&1&0\\0&0&1&-1&-1\end{pmatrix}$.

因为 $R(\widetilde{A})=R(A)=3<n$,所以方程组有无穷多组解,且解为

$$\begin{pmatrix}x_1\\x_2\\x_3\\x_4\end{pmatrix}=\begin{pmatrix}1-C\\-C\\-1+C\\C\end{pmatrix}\quad(C\text{ 为任意常数})$$

$$(3)\widetilde{\mathbf{A}}=\begin{pmatrix}1&-2&3&-4&4\\0&1&1&1&-3\\1&3&0&-3&1\\0&-7&3&4&-1\end{pmatrix}\xrightarrow{\text{初等变换}}\begin{pmatrix}1&0&0&0&-8\\0&1&0&0&\frac{11}{3}\\0&0&1&0&\frac{22}{3}\\0&0&0&1&\frac{2}{3}\end{pmatrix}.$$

因为 $R(\widetilde{\mathbf{A}})=R(\mathbf{A})=4=n$,所以方程有唯一解 $\begin{pmatrix}x_1\\x_2\\x_3\\x_4\end{pmatrix}=\begin{pmatrix}-8\\\frac{11}{3}\\\frac{22}{3}\\\frac{2}{3}\end{pmatrix}$.

$$(4)\widetilde{\mathbf{A}}=\begin{pmatrix}1&-2&-3&1&0&1\\2&-4&-1&-3&5&-3\\-1&2&3&1&2&3\end{pmatrix}\xrightarrow{\text{初等变换}}\begin{pmatrix}1&-2&0&0&5&2\\0&0&1&0&2&1\\0&0&0&1&1&2\end{pmatrix}.$$

因为 $R(\widetilde{\mathbf{A}})=R(\mathbf{A})=3<n$,所以方程组有无穷多组解

$$\begin{pmatrix}x_1\\x_2\\x_3\\x_4\\x_5\end{pmatrix}=\begin{pmatrix}2-5C_2+2C_1\\C_1\\1-2C_2\\2-C_2\\C_2\end{pmatrix}\quad(\text{其中},C_1,C_2\text{ 为任意常数})$$

2.求下列齐次线性方程组的所有解.

$$(1)\begin{cases}x_1-x_2+x_3-x_4=0\\x_1-x_2-x_3+x_4=0\\x_1-x_2-2x_3+2x_4=0\end{cases};\qquad(2)\begin{cases}3x_1+4x_2+x_3+2x_4+3x_5=0\\5x_1+7x_2+x_3+3x_4+4x_5=0\\4x_1+5x_2+2x_3+x_4+5x_5=0\\7x_1+10x_2+x_3+6x_4+5x_5=0\end{cases}.$$

【解】 (1)$\mathbf{A}=\begin{pmatrix}1&-1&1&-1\\1&-1&-1&1\\1&-1&-2&2\end{pmatrix}\xrightarrow{\text{初等变换}}\begin{pmatrix}1&-1&0&0\\0&0&1&-1\\0&0&0&0\end{pmatrix}$.因为 $R(\mathbf{A})=2<n$,所以此齐次线性方程组有解.由简化的阶梯形矩阵得到同解方程组

$$\begin{cases}x_1-x_2=0\\x_3-x_4=0\end{cases}$$

解得

$$\begin{cases}x_1=C_1\\x_2=C_1\\x_3=C_2\\x_4=C_2\end{cases}\quad(C_1,C_2\text{ 为任意常数})$$

(2)$\mathbf{A}=\begin{pmatrix}3&4&1&2&3\\5&7&1&3&4\\4&5&2&1&5\\7&10&1&6&5\end{pmatrix}\xrightarrow{\text{初等变换}}\begin{pmatrix}1&0&3&0&5\\0&1&-2&0&-3\\0&0&0&1&0\\0&0&0&0&0\end{pmatrix}$. 因为 $R(\mathbf{A})=4<5$,所以此方程组有解,同解方程组为

$$\begin{cases}x_1+3x_3+5x_5=0\\x_2-2x_3-3x_5=0\\x_4=0\end{cases}$$

解得

$$\begin{cases}x_1=-3C_1-5C_2\\x_2=2C_1+3C_2\\x_3=C_1\\x_4=0\\x_5=C_2\end{cases}\qquad (C_1,C_2\text{ 为任意常数})$$

3. 求 p,q 为何值时,非齐次线性方程组$\begin{cases}x_1+2x_2+x_3=4\\x_1+3x_2+2x_3=5\\2x_1+3x_2+px_3=q\end{cases}$

(1)无解; (2)有唯一解; (3)有无穷多组解,并求其所有解.

【解】 $\widetilde{\mathbf{A}}=\begin{pmatrix}1&2&1&4\\1&3&2&5\\2&3&p&q\end{pmatrix}\xrightarrow[(-2)r_1+r_3]{(-1)r_1+r_2}\begin{pmatrix}1&2&1&4\\0&1&1&1\\0&-1&p-2&q-8\end{pmatrix}$

$\xrightarrow{r_2+r_3}\begin{pmatrix}1&2&1&4\\0&1&1&1\\0&0&p-1&q-7\end{pmatrix}$.

(1)当 $p=1,q\neq7$ 时,$R(\widetilde{\mathbf{A}})\neq R(\mathbf{A})$,无解.

(2)当 $p\neq1,q\neq7$ 时,$R(\widetilde{\mathbf{A}})=R(\mathbf{A})=3$,有唯一解$\begin{cases}x_1=\dfrac{2p+q+15}{p-1}\\x_2=\dfrac{p-q-6}{p-1}\\x_3=\dfrac{q-7}{p-1}\end{cases}$.

(3)当 $p=1,q=7$ 时,有无穷多组解$\begin{cases}x_1=2+C\\x_2=1-C(C\text{ 为任意常数}).\\x_3=C\end{cases}$

复 习 题 十

1. 填空题.

(1)$\begin{vmatrix}1&-1&4\\2&0&6\\3&5&7\end{vmatrix}$的代数余子式 $A_{23}=$________________.

(2) $\begin{vmatrix} 1 & 1 & 1 & 1 \\ 1 & 1 & -1 & -1 \\ 1 & -1 & 1 & -1 \\ x & -1 & -1 & 1 \end{vmatrix}=0$ 的根是__________.

(3) $(\boldsymbol{ABC})^{-1}=$__________.

(4)矩阵 $\boldsymbol{A}_{m\times n}$ 与 $\boldsymbol{B}_{r\times s}$ 满足______时，方可相乘，积 $\boldsymbol{AB}$ 是一个______矩阵.

(5)互换 $m\times n$ 矩阵 $\boldsymbol{A}$ 的 i,j 两行，相当于用______阶的初等方阵 $\boldsymbol{E}(i,j)$______乘矩阵 $\boldsymbol{A}$.

【解】 (1)答案：-8.

解析：$A_{23}=(-1)^{2+3}\begin{vmatrix} 1 & -1 \\ 3 & 5 \end{vmatrix}=(-1)\times[1\times5-(-1)\times3]=-8$.

(2)答案：-3.

(3)答案：$\boldsymbol{C}^{-1}\boldsymbol{B}^{-1}\boldsymbol{A}^{-1}$.

(4)答案：$n=r$，$m\times s$.

(5)答案：m，左.

2. 选择题.

(1)设矩阵 $\boldsymbol{A}=\begin{pmatrix} 1 & 2 \\ 3 & 4 \end{pmatrix}$，则 $\boldsymbol{A}$ 的伴随矩阵 $\boldsymbol{A}^*$ 为(　　).

A. $\begin{pmatrix} 4 & -2 \\ -3 & 1 \end{pmatrix}$　　B. $\begin{pmatrix} 1 & -2 \\ -3 & 4 \end{pmatrix}$

C. $\begin{pmatrix} 4 & 3 \\ 2 & 1 \end{pmatrix}$　　D. $\begin{pmatrix} 1 & 3 \\ 2 & 4 \end{pmatrix}$

(2)若 $\boldsymbol{A},\boldsymbol{B}$ 为 n 阶方阵，则必有(　　).

A. $|\boldsymbol{A}+\boldsymbol{B}|=|\boldsymbol{A}|+|\boldsymbol{B}|$　　B. $\boldsymbol{AB}=\boldsymbol{BA}$

C. $|\boldsymbol{AB}|=|\boldsymbol{BA}|$　　D. $(\boldsymbol{A}+\boldsymbol{B})^{-1}=\boldsymbol{A}^{-1}+\boldsymbol{B}^{-1}$

(3)已知 $f(x)=\begin{vmatrix} x & 1 & 2 \\ 2 & x & 1 \\ 1 & 2 & x \end{vmatrix}$，则 $f(x)=$(　　).

A. x^3+9　　B. x^3-6x^2+6x+9

C. x^3+6x^2+6x+9　　D. x^3-6x+9

(4)设矩阵 $\boldsymbol{A}=a\begin{pmatrix} 1 & a & a \\ a & 1 & a \\ a & a & 1 \end{pmatrix}$ 的秩为 2，则常数 a 的值为(　　).

A. 1　　B. $-\frac{1}{2}$

C. $\frac{1}{2}$　　D. 2

(5)若 n 维向量组 $\boldsymbol{\alpha}_1,\boldsymbol{\alpha}_2,\cdots,\boldsymbol{\alpha}_m$ 线性相关($m<n$)，则该向量组的秩 r 满足(　　).

A. $r>m$　　B. $r>n$

C. $r<m$　　　　D. $r<n$

【解】 (1)C　(2)C　(3)D　(4)B　(5)C

3. 计算下列行列式的值.

(1) $\begin{vmatrix} 1 & 0 & -2 \\ 2 & 1 & 3 \\ -2 & 3 & 1 \end{vmatrix}$;　　(2) $\begin{vmatrix} a & b & c \\ a^2 & b^2 & c^2 \\ b+c & c+a & a+b \end{vmatrix}$;

(3) $\begin{vmatrix} 3 & 1 & 4 & 1 \\ 3 & -1 & 2 & 1 \\ 1 & 2 & -3 & 2 \\ 5 & 0 & 6 & 2 \end{vmatrix}$;　　(4) $\begin{vmatrix} a & b & b & b \\ b & a & a & a \\ b & b & a & a \\ b & b & b & a \end{vmatrix}$.

【解】 (1) $\begin{vmatrix} 1 & 0 & -2 \\ 2 & 1 & 3 \\ -2 & 3 & 1 \end{vmatrix}=1+2\times3\times(-2)+0-(-2)\times(-2)-0-3\times3=-24.$

(2) $\begin{vmatrix} a & b & c \\ a^2 & b^2 & c^2 \\ b+c & c+a & a+b \end{vmatrix}=ab^3+a^3c+bc^3-b^3c-ac^3-a^3b.$

(3) $\begin{vmatrix} 3 & 1 & 4 & 1 \\ 3 & -1 & 2 & 1 \\ 1 & 2 & -3 & 2 \\ 5 & 0 & 6 & 2 \end{vmatrix}\xrightarrow[c_4+c_2]{\substack{(-3)c_4+c_1 \\ (-2)c_4+c_3}}\begin{vmatrix} 0 & 2 & 2 & 1 \\ 0 & 0 & 0 & 1 \\ -5 & 4 & -7 & 2 \\ -1 & 2 & 2 & 2 \end{vmatrix}=(-1)^{2+4}\begin{vmatrix} 0 & 2 & 2 \\ -5 & 4 & -7 \\ -1 & 2 & 2 \end{vmatrix}=22.$

(4) $\begin{vmatrix} a & b & b & b \\ b & a & a & a \\ b & b & a & a \\ b & b & b & a \end{vmatrix}=\begin{vmatrix} a & b & 0 & 0 \\ b & a & 0 & 0 \\ b & b & a-b & 0 \\ b & b & 0 & a-b \end{vmatrix}=(a+b)(a-b)^3.$

4. 设 $F(x)=\begin{vmatrix} x & x^2 & x^3 \\ 1 & 2x & 3x^2 \\ 0 & 2 & 6x \end{vmatrix}$,求 $F'(x)$.

【解】 $F'(x)=\begin{vmatrix} x & 1 & 0 \\ x^2 & 2x & 2 \\ x^3 & 3x^2 & 6x \end{vmatrix}=12x^3+2x^3-6x^3-6x^3=2x^3.$

5. 用克莱姆法则解下列方程组.

(1) $\begin{cases} x+2y+4z=31 \\ 5x+y+2z=29 \\ 3x-y+z=10 \end{cases}$;　　(2) $\begin{cases} 2a+3b+11c+5d=6 \\ a+b+5c+2d=2 \\ 2a+b+3c+4d=2 \\ a+b+3c+4d=2 \end{cases}$.

【解】 (1) $D=\begin{vmatrix} 1 & 2 & 4 \\ 5 & 1 & 2 \\ 3 & -1 & 1 \end{vmatrix}=27, D_1=\begin{vmatrix} 31 & 2 & 4 \\ 29 & 1 & 2 \\ 10 & -1 & 1 \end{vmatrix}=-81,$

$$D_2=\begin{vmatrix}1&31&4\\5&29&2\\3&10&1\end{vmatrix}=-108,D_3=\begin{vmatrix}1&2&31\\5&1&29\\3&-1&10\end{vmatrix}=-135.$$

所以，$x=\dfrac{D_1}{D}=-3,y=\dfrac{D_2}{D}=-4,z=\dfrac{D_3}{D}=-5.$

$$(2)D=\begin{vmatrix}2&3&11&5\\1&1&5&2\\2&1&3&4\\1&1&3&4\end{vmatrix}=10,D_1=\begin{vmatrix}6&3&11&5\\2&1&5&2\\2&1&3&4\\2&1&3&4\end{vmatrix}=0,$$

$$D_2=\begin{vmatrix}2&6&11&5\\1&2&5&2\\2&2&3&4\\1&2&3&4\end{vmatrix}=20,D_3=\begin{vmatrix}2&3&6&5\\1&1&2&2\\2&1&2&4\\1&1&2&4\end{vmatrix}=0,\ D_4=\begin{vmatrix}2&3&11&6\\1&1&5&2\\2&1&3&2\\1&1&3&2\end{vmatrix}=0.$$

所以 $a=0,b=2,c=0,d=0.$

6. k 取什么值时，齐次线性方程组 $\begin{cases}(5-k)x+2y+2z=0\\2x+(6-k)y=0\\2x+(4-k)z=0\end{cases}$ 有非零解？

【解】 由题可知，当 $D=0$ 时，齐次线性方程组有非零解，即 $D=\begin{vmatrix}5-k&2&2\\2&6-k&0\\2&0&4-k\end{vmatrix}=0$ 时，齐次线性方程组有非零解. 从而有

$$(5-k)(6-k)(4-k)-4(6-k)-4(4-k)=0$$

解得

$$k_1=2,k_2=5,k_3=8$$

所以，当 k 取 2 或 5 或 8 时，该方程组有非零解.

7. 计算下列矩阵的乘积.

(1) $\begin{pmatrix}1\\2\\3\\4\end{pmatrix}(-1\quad 2)$； (2) $\begin{pmatrix}1&2&3\\-2&1&2\end{pmatrix}\begin{pmatrix}1&2&0\\0&1&1\\3&0&-1\end{pmatrix}$；

(3) $\begin{pmatrix}3&1&2\\0&3&1\end{pmatrix}\begin{pmatrix}1&0&1\\0&2&-1\\-1&1&0\end{pmatrix}\begin{pmatrix}1\\-1\\0\end{pmatrix}$.

【解】 (1) $\begin{pmatrix}1\\2\\3\\4\end{pmatrix}(-1\quad 2)=\begin{pmatrix}-1&2\\-2&4\\-3&6\\-4&8\end{pmatrix}$.

(2) $\begin{pmatrix}1&2&3\\-2&1&2\end{pmatrix}\begin{pmatrix}1&2&0\\0&1&1\\3&0&-1\end{pmatrix}=\begin{pmatrix}10&4&-1\\4&-3&-1\end{pmatrix}$.

(3) $\begin{pmatrix}3 & 1 & 2\\0 & 3 & 1\end{pmatrix}\begin{pmatrix}1 & 0 & 1\\0 & 2 & -1\\-1 & 1 & 0\end{pmatrix}\begin{pmatrix}1\\-1\\0\end{pmatrix}=\begin{pmatrix}-3\\-8\end{pmatrix}$.

8. 求下列矩阵的逆矩阵.

(1) $\begin{pmatrix}5 & 2\\3 & 1\end{pmatrix}$； (2) $\begin{pmatrix}1 & 2 & -3\\0 & 1 & 2\\0 & 0 & 1\end{pmatrix}$；

(3) $\begin{pmatrix}2 & 2 & 3\\1 & -1 & 0\\-1 & 2 & 1\end{pmatrix}$； (4) $\begin{pmatrix}2 & 3 & 0 & 0\\4 & 5 & 0 & 0\\0 & 0 & 4 & 1\\0 & 0 & 6 & 2\end{pmatrix}$.

【解】 (1)由$(\boldsymbol{A}\quad\boldsymbol{E})\xrightarrow{\text{初等变换}}(\boldsymbol{E}\quad\boldsymbol{A}^{-1})$得

$$\left(\begin{array}{cc|cc}5 & 2 & 1 & 0\\3 & 1 & 0 & 1\end{array}\right)\to\left(\begin{array}{cc|cc}1 & 0 & -1 & 2\\0 & 1 & 3 & -5\end{array}\right)$$

所以$\boldsymbol{A}^{-1}=\begin{pmatrix}-1 & 2\\3 & -5\end{pmatrix}$.

(2)由$(\boldsymbol{A}\quad\boldsymbol{E})\xrightarrow{\text{初等变换}}(\boldsymbol{E}\quad\boldsymbol{A}^{-1})$得

$$\left(\begin{array}{ccc|ccc}1 & 2 & -3 & 1 & 0 & 0\\0 & 1 & 2 & 0 & 1 & 0\\0 & 0 & 1 & 0 & 0 & 1\end{array}\right)\to\left(\begin{array}{ccc|ccc}1 & 0 & 0 & 1 & -2 & 7\\0 & 1 & 0 & 0 & 1 & -2\\0 & 0 & 1 & 0 & 0 & 1\end{array}\right)$$

所以$\boldsymbol{A}^{-1}=\begin{pmatrix}1 & -2 & 7\\0 & 1 & -2\\0 & 0 & 1\end{pmatrix}$.

(3)由$(\boldsymbol{A}\quad\boldsymbol{E})\xrightarrow{\text{初等变换}}(\boldsymbol{E}\quad\boldsymbol{A}^{-1})$得

$$\left(\begin{array}{ccc|ccc}2 & 2 & 3 & 1 & 0 & 0\\-1 & 0 & 0 & 1 & 1 & 0\\-1 & 2 & 1 & 0 & 0 & 1\end{array}\right)\to\left(\begin{array}{ccc|ccc}1 & 0 & 0 & 1 & -4 & -3\\0 & 1 & 0 & 1 & -5 & -3\\0 & 0 & 1 & -1 & 6 & 4\end{array}\right)$$

所以$\boldsymbol{A}^{-1}=\begin{pmatrix}1 & -4 & -3\\1 & -5 & -3\\-1 & 6 & 4\end{pmatrix}$.

(4)由$(\boldsymbol{A}\quad\boldsymbol{E})\xrightarrow{\text{初等变换}}(\boldsymbol{E}\quad\boldsymbol{A}^{-1})$得

$$\left(\begin{array}{cccc|cccc}2 & 3 & 0 & 0 & 1 & 0 & 0 & 0\\4 & 5 & 0 & 0 & 0 & 1 & 0 & 0\\0 & 0 & 4 & 1 & 0 & 0 & 1 & 0\\0 & 0 & 6 & 2 & 0 & 0 & 0 & 1\end{array}\right)\to\left(\begin{array}{cccc|cccc}1 & 0 & 0 & 0 & -\frac{5}{2} & \frac{3}{2} & 0 & 0\\0 & 1 & 0 & 0 & 2 & -1 & 0 & 0\\0 & 0 & 1 & 0 & 0 & 0 & 1 & -\frac{1}{2}\\0 & 0 & 0 & 1 & 0 & 0 & -3 & 2\end{array}\right)$$

$$\text{所以 } \boldsymbol{A}^{-1}=\begin{pmatrix} -\frac{5}{2} & \frac{3}{2} & 0 & 0 \\ 2 & -1 & 0 & 0 \\ 0 & 0 & 1 & -\frac{1}{2} \\ 0 & 0 & -3 & 2 \end{pmatrix}.$$

9. 求下列矩阵的秩.

(1) $\begin{pmatrix} 3 & 1 & 0 & 2 \\ 1 & -1 & 2 & -1 \\ 1 & 3 & -4 & 4 \end{pmatrix}$； (2) $\begin{pmatrix} 1 & 2 & 2 & 2 & 1 \\ 0 & 2 & 1 & 5 & -1 \\ 2 & 0 & 3 & -1 & 3 \\ 1 & 1 & 0 & 4 & -1 \end{pmatrix}$；

(3) $\begin{pmatrix} 1 & 1 & 1 & 0 & 5 \\ 2 & 1 & -1 & 1 & 1 \\ 1 & 2 & -1 & 1 & 2 \\ 0 & 1 & 2 & 3 & 3 \end{pmatrix}$.

【解】 (1) $\begin{pmatrix} 3 & 1 & 0 & 2 \\ 1 & -1 & 2 & -1 \\ 1 & 3 & -4 & 4 \end{pmatrix} \xrightarrow{\text{初等变换}} \begin{pmatrix} 1 & 0 & \frac{1}{2} & \frac{1}{4} \\ 0 & 1 & -\frac{3}{2} & \frac{5}{4} \\ 0 & 0 & 0 & 0 \end{pmatrix}$，所以 $r=2$.

(2) $\begin{pmatrix} 1 & 2 & 2 & 2 & 1 \\ 0 & 2 & 1 & 5 & -1 \\ 2 & 0 & 3 & -1 & 3 \\ 1 & 1 & 0 & 4 & -1 \end{pmatrix} \xrightarrow{\text{初等变换}} \begin{pmatrix} 1 & 0 & 0 & 0 & \frac{1}{3} \\ 0 & 1 & 0 & 0 & 0 \\ 0 & 0 & 1 & 0 & \frac{2}{3} \\ 0 & 0 & 0 & 1 & -\frac{1}{3} \end{pmatrix}$，所以 $r=4$.

(3) $\begin{pmatrix} 1 & 1 & 1 & 0 & 5 \\ 2 & 1 & -1 & 1 & 1 \\ 1 & 2 & -1 & 1 & 2 \\ 0 & 1 & 2 & 3 & 3 \end{pmatrix} \xrightarrow{\text{初等变换}} \begin{pmatrix} 1 & 0 & 0 & 0 & 1 \\ 0 & 1 & 0 & 0 & 2 \\ 0 & 0 & 1 & 0 & 2 \\ 0 & 0 & 0 & 1 & -1 \end{pmatrix}$，所以 $r=4$.

10. 设 n 维向量组 $\boldsymbol{\alpha}_1,\boldsymbol{\alpha}_2,\cdots,\boldsymbol{\alpha}_s$ 线性无关，证明：向量组 $\boldsymbol{\beta}_1=\boldsymbol{\alpha}_2+\boldsymbol{\alpha}_3+\cdots+\boldsymbol{\alpha}_s,\boldsymbol{\beta}_2=\boldsymbol{\alpha}_1+\boldsymbol{\alpha}_3+\cdots+\boldsymbol{\alpha}_s,\cdots,\boldsymbol{\beta}_s=\boldsymbol{\alpha}_1+\boldsymbol{\alpha}_2+\cdots+\boldsymbol{\alpha}_{s-1}$ 线性无关.

【证明】 略.

提示：可利用向量 $\boldsymbol{\alpha}_1,\boldsymbol{\alpha}_2,\cdots,\boldsymbol{\alpha}_m$ 线性相关的充分必要条件 $R(\boldsymbol{A})=m$ 证得.

11. 判断向量组的线性相关性.

(1) $\boldsymbol{\alpha}_1=(1,2,3,4),\boldsymbol{\alpha}_2=(2,4,6,8),\boldsymbol{\alpha}_3=(-1,-5,7,11)$；

(2) $\boldsymbol{\alpha}_1=(1,0,0,5),\boldsymbol{\alpha}_2=(0,1,0,4),\boldsymbol{\alpha}_3=(0,0,1,7),\boldsymbol{\alpha}_4=(2,-3,4,12)$.

【解】 (1) 设 $x_1\boldsymbol{\alpha}_1+x_2\boldsymbol{\alpha}_2+x_3\boldsymbol{\alpha}_3=\boldsymbol{0}$，则系数矩阵 $\boldsymbol{A}$ 为

$$A=\begin{pmatrix}1&2&-1\\2&4&-5\\3&6&7\\4&8&11\end{pmatrix}\xrightarrow{\text{初等行变换}}\begin{pmatrix}1&2&0\\0&0&1\\0&0&0\\0&0&0\end{pmatrix}$$

因为 $R(\boldsymbol{A})=2<3$,所以 $\boldsymbol{\alpha}_1,\boldsymbol{\alpha}_2,\boldsymbol{\alpha}_3$ 线性相关.

(2)设 $x_1\boldsymbol{\alpha}_1+x_2\boldsymbol{\alpha}_2+x_3\boldsymbol{\alpha}_3+x_4\boldsymbol{\alpha}_4=\boldsymbol{0}$,则系数矩阵 $\boldsymbol{A}$ 为

$$A=\begin{pmatrix}1&0&0&2\\0&1&0&-3\\0&0&1&4\\5&4&7&12\end{pmatrix}\xrightarrow{\text{初等行变换}}\begin{pmatrix}1&0&0&0\\0&1&0&0\\0&0&1&0\\0&0&0&1\end{pmatrix}$$

因为 $R(\boldsymbol{A})=4=m$,所以 $\boldsymbol{\alpha}_1,\boldsymbol{\alpha}_2,\boldsymbol{\alpha}_3,\boldsymbol{\alpha}_4$ 线性相关.

12. 求下列线性方程组的通解.

(1) $\begin{cases}3x_1+4x_2+2x_3+2x_4-2x_5=2\\2x_1+3x_2+x_3+x_4-3x_5=0\\3x_1+5x_2+x_3+x_4-7x_5=-2\end{cases}$;　　(2) $\begin{cases}x_1+2x_2+3x_3-x_4=1\\3x_1+2x_2+x_3-x_4=1\\2x_1+3x_2+x_3+x_4=1\\2x_1+2x_2+2x_3-x_4=1\end{cases}$.

【解】 (1) $\widetilde{\boldsymbol{A}}=\begin{pmatrix}3&4&2&2&-2&2\\2&3&1&1&-3&0\\3&5&1&1&-7&-2\end{pmatrix}\rightarrow\begin{pmatrix}1&0&2&2&6&6\\0&1&-1&-1&-5&-4\\0&0&0&0&0&0\end{pmatrix}$. 由 $R(\widetilde{\boldsymbol{A}})=R(\boldsymbol{A})=2<3$ 得自由未知量为 3 个.

由简化的阶梯形矩阵得到同解方程组为

$$\begin{cases}x_1+2x_3+2x_4+6x_5=6\\x_2-x_3-x_4-x_5=-4\end{cases}$$

由此得到一个特解为 $\boldsymbol{r}_0=(6,\ -4,\ 0,\ 0,\ 0)^{\mathrm{T}}$.

基础解系为

$$\begin{cases}\boldsymbol{y}_1=(-2,\ 1,\ 1,\ 0,\ 0)^{\mathrm{T}}\\\boldsymbol{y}_2=(-2,\ 1,\ 0,\ 1,\ 0)^{\mathrm{T}}\\\boldsymbol{y}_3=(-6,\ 5,\ 0,\ 0,\ 1)^{\mathrm{T}}\end{cases}$$

所以方程组的通解为

$$\begin{pmatrix}x_1\\x_2\\x_3\\x_4\end{pmatrix}=\boldsymbol{r}_0+C_1\boldsymbol{y}_1+C_2\boldsymbol{y}_2+C_3\boldsymbol{y}_3$$

$$=\begin{pmatrix}6\\-4\\0\\0\\0\end{pmatrix}+C_1\begin{pmatrix}-2\\1\\1\\0\\0\end{pmatrix}+C_2\begin{pmatrix}-2\\1\\0\\1\\0\end{pmatrix}+C_3\begin{pmatrix}-6\\5\\0\\0\\1\end{pmatrix}$$ (其中 C_1,C_2,C_3 为任意常数)

(2)$\widetilde{\boldsymbol{A}}=\begin{pmatrix}1&2&3&-1&1\\3&2&1&-1&1\\2&3&1&1&1\\2&2&2&-1&1\end{pmatrix}\rightarrow\begin{pmatrix}1&0&0&-\frac{5}{6}&\frac{1}{6}\\0&1&0&\frac{1}{6}&\frac{1}{6}\\0&0&1&-\frac{5}{6}&\frac{1}{6}\\0&0&0&0&0\end{pmatrix}$，由 $R(\widetilde{\boldsymbol{A}})=R(\boldsymbol{A})=3<4$ 得自由未知量为 1 个.

由简化的阶梯形矩阵得到同解方程组为

$$\begin{cases}x_1-\frac{5}{6}x_4=\frac{1}{6}\\x_2+\frac{7}{6}x_4=\frac{1}{6}\\x_3-\frac{5}{6}x_4=\frac{1}{6}\end{cases}$$

由此得到特解为 $\boldsymbol{r}_0=\left(\frac{1}{6},\frac{1}{6},\frac{1}{6},0\right)^{\mathrm{T}}$.

从而得到通解为

$$\begin{pmatrix}x_1\\x_2\\x_3\\x_4\end{pmatrix}=\begin{pmatrix}\frac{1}{6}\\\frac{1}{6}\\\frac{1}{6}\\0\end{pmatrix}+C\begin{pmatrix}\frac{5}{6}\\-\frac{7}{6}\\\frac{5}{6}\\1\end{pmatrix}\quad（其中 C 为任意常数）$$

13. 问 a,b 为何值时，线性方程组$\begin{cases}x_1+x_2+x_3+x_4=0\\x_2+2x_3+2x_4=1\\-x_2+(a-3)x_3-2x_4=b\\3x_1+2x_2+x_3+ax_4=-1\end{cases}$有唯一解、无解、无穷多组解？并求出其通解.

【解】 $\widetilde{\boldsymbol{A}}=\begin{pmatrix}1&1&1&1&0\\0&1&2&2&1\\0&-1&a-3&-2&b\\3&2&1&a&-1\end{pmatrix}\xrightarrow{(-3)r_1+r_4}\begin{pmatrix}1&1&1&1&0\\0&1&2&2&1\\0&-1&a-3&-2&b\\0&-1&-2&a-3&-1\end{pmatrix}$

$$\xrightarrow[r_2+r_4]{r_2+r_3}\begin{pmatrix}1&1&1&1&0\\0&1&2&2&1\\0&0&a-1&0&b+1\\0&0&0&a-1&0\end{pmatrix}.$$

所以，结论如下.

(1)当 $a=1,b\neq-1$ 时，方程组无解，$R(\widetilde{\boldsymbol{A}})=3\neq2=R(\boldsymbol{A})$.

(2)当 $a\neq 1$ 时,$R(\widetilde{\mathbf{A}})=R(\mathbf{A})=4$,方程组有唯一解 $\begin{pmatrix}x_1\\x_2\\x_3\\x_4\end{pmatrix}=\begin{pmatrix}\dfrac{a-b-2}{a-1}\\ \dfrac{a-2b-3}{a-1}\\ \dfrac{b+1}{a-1}\\ 0\end{pmatrix}$.

(3)当 $a=1,b=-1$ 时,$R(\widetilde{\mathbf{A}})=R(\mathbf{A})=2<4$,方程组有无穷多解,即

$$\begin{pmatrix}x_1\\x_2\\x_3\\x_4\end{pmatrix}=\begin{pmatrix}-1\\1\\0\\0\end{pmatrix}+C_1\begin{pmatrix}1\\-2\\1\\0\end{pmatrix}+C_2\begin{pmatrix}1\\-2\\0\\1\end{pmatrix}\quad \text{(其中 } C_1,C_2 \text{ 为任意常数)}$$